高等职业教育（本科）
机电类专业系列教材

液压与
气压传动

时彦林　李爽　赵锦辉　主编

Hydraulic and
Pneumatic Transmission

化学工业出版社
·北京·

内容简介

本教材共两篇，主要介绍液压传动和气压传动基础知识。第一篇液压传动内容包括液压传动概论、液压传动基础、液压油、液压动力元件、液压缸、液压马达、液压控制阀、液压辅助装置、液压基本回路、典型液压系统和液压系统设计。第二篇气压传动内容包括气源装置及辅助元件、气动执行元件、气动控制元件、气动基本回路和典型气压系统。

本教材重点内容突出，并有视频、动画以二维码形式置于相关知识点，读者通过手机扫描二维码即可观看，便于学习和理解。本书设计了综合练习题，题型包括选择题、填空题、问答题和分析题，并配有参考答案和详解过程，供读者参考。本书配套有电子课件和教案，可登录化学工业出版社教学资源网查询和下载。

本教材可作为普通高等院校、高等职业院校、职工大学、函授学院、成人教育学院相关专业教材，也可供工程技术工作人员参考。

图书在版编目（CIP）数据

液压与气压传动/时彦林，李爽，赵锦辉主编. 北京：化学工业出版社，2024.10.—（高等职业教育（本科）机电类专业系列教材）.—ISBN 978-7-122-45873-5

Ⅰ.TH137；TH138

中国国家版本馆 CIP 数据核字第 2024U7Z471 号

责任编辑：廉　静　韩庆利　　装帧设计：史利平

责任校对：边　涛

出版发行：化学工业出版社
（北京市东城区青年湖南街 13 号　邮政编码 100011）
印　　装：三河市双峰印刷装订有限公司
787mm×1092mm　1/16　印张 17　字数 419 千字
2024 年 8 月北京第 1 版第 1 次印刷

购书咨询：010-64518888　　售后服务：010-64518899
网　　址：http://www.cip.com.cn
凡购买本书，如有缺损质量问题，本社销售中心负责调换。

定　　价：58.00 元　　版权所有　违者必究

前言

本教材由液压与气压传动基础、综合练习题、故事汇、项目设计等主要栏目内容组成。

"液压与气压传动基础"栏目,将视频、动画以二维码形式置于相关知识点,学生扫描二维码学习微课、现场视频、图片等颗粒化教学资源,便于学习和理解。

"综合练习题"栏目,综合练习题的题型包括选择题、填空题、问答题和分析题,并配有参考答案和详解过程,需要者请与 sylyyyy@163.com 联系。

"故事汇"栏目,内容包括先驱人物、数字液压托起中国制造升级梦想、绿色发展、液压技术应用等,能激发学生的民族自豪感与自信心,增强学生使命感,使学生树立绿色发展、创新驱动发展的理念。

"项目设计"栏目,借鉴 CDIO 工程教育模式,保证职教本科人才培养目标的有效实施,内容包括回路设计并实际搭建回路和液压系统设计,突出学生动手和设计创新能力。

本教材以职业能力和技术创新能力培养为重点,充分体现职业性、实践性和创新性。

(1) 挖掘思政元素,突出育人功能:在专业内容讲授的同时,注意体现劳动光荣、技能宝贵、创造伟大的理念,注重培养学生的劳动精神、劳模精神和工匠精神;在专业知识、能力、技能培养同时,落实德技兼修,融入思政元素,积极引导学生树立正确价值观、人生观。通过项目设计培养劳动精神、工匠精神,实现教材立德树人功能。

(2) 突出学生主体,培养创新能力:贯彻落实国家职教本科教育文件要求,突出学生主体性,满足学生职业发展和个性发展需求,将"故事汇"内容进行有机融合,注重培养学生的批判性和创造性思维,增强学生使命感,创新驱动发展的理念。鼓励学生在项目设计中的创新设计,激发学生文化创新创造活力,增强实现中华民族伟大复兴的精神力量。

(3) 对接职业标准,设计教学内容:本教材依据专业教学标准和职业标准制定,教材内容与机电设备点检 1+X 证书标准相对接,课程内容适应液压与气压行业转型升级,并紧跟设备点检发展趋势,将新技术、新工艺、新规范纳入教学内容。实现了"岗课赛证"融通,将设备点检员岗位技能要求、国家职业技能等级证书内容有机融入教材。

(4) 融合理论实践,提升培养质量:重视技能、强化实训,教材中增加项目设计内容。通过理论讲授,指导学生实训设计的高效开展和技能提高;通过学生技能实训,促进理论知识的运用和理解。教材中理论和项目设计紧紧围绕人才培养质量提高这一核心,使理论与实践形成一个有机的整体。

本教材是新形态融媒体教材,能实现线上线下融合。有与教材配套的职教云、学习通等网络课程资源。本教材配有电子教案和课件,可登陆化学工业出版社教学资源网查询。

本教材由时彦林、李爽、赵锦辉任主编，亓俊杰、张海臣任副主编，袁建路任主审，张晓杰、付菁嫒、张保玉、秦凤婷、郝赳赳、韩立浩参编。

在教材编写过程中，编者参考了很多相关的资料和书籍，在此向有关资料和书籍的作者表示感谢。

限于编者的水平和经验，教材中难免有不足和疏漏之处，恳请广大学生批评指正。

2024 年 3 月

目录

第一篇 液压传动 … 1

1 ▶ 液压传动概论 … 2
1.1 液压传动的工作原理及系统组成 … 2
1.2 液压系统的分类 … 5
1.3 液压传动的特点 … 5
1.4 中国液压技术的发展 … 6
思考题 … 7

2 ▶ 液压传动基础 … 8
2.1 液体静力学基础 … 8
2.2 液体动力学方程 … 12
2.3 流体流经小孔或间隙的流量 … 16
2.4 液压系统中的压力损失 … 19
2.5 液压冲击和气穴现象 … 20
思考题 … 21

3 ▶ 液压油 … 22
3.1 液体的物理性质 … 22
3.2 液压油的类型和选择 … 24
3.3 液压油的污染及控制 … 26
3.4 液压油的使用及管理 … 29
思考题 … 30

4 ▶ 液压动力元件 … 31
4.1 液压泵概述 … 31
4.2 齿轮泵 … 33
4.3 叶片泵 … 39
4.4 柱塞泵 … 47
4.5 各类液压泵的性能比较及应用 … 56
思考题 … 56

5 ▶ 液压缸 ... 58
- 5.1 液压缸的分类及特点 ... 58
- 5.2 典型液压缸及其工作原理 ... 59
- 5.3 液压缸的结构 ... 63
- 5.4 液压缸的拆装修理 ... 65
- 5.5 液压缸常见故障及排除方法 ... 67
- 思考题 ... 68

6 ▶ 液压马达 ... 69
- 6.1 液压马达类型及应用范围 ... 69
- 6.2 齿轮液压马达 ... 70
- 6.3 叶片液压马达 ... 71
- 6.4 轴向柱塞式液压马达 ... 72
- 6.5 径向柱塞式液压马达 ... 73
- 6.6 摆动液压马达 ... 75
- 思考题 ... 75

7 ▶ 液压控制阀 ... 76
- 7.1 概述 ... 76
- 7.2 方向控制阀 ... 77
- 7.3 压力控制阀 ... 88
- 7.4 流量控制阀 ... 102
- 7.5 电液伺服阀 ... 106
- 7.6 比例阀、插装阀和叠加阀 ... 109
- 思考题 ... 112

8 ▶ 液压辅助装置 ... 114
- 8.1 蓄能器 ... 114
- 8.2 油箱 ... 118
- 8.3 过滤器 ... 119
- 8.4 热交换器 ... 123
- 8.5 压力计和压力计开关 ... 124
- 8.6 油管和管接头 ... 125
- 思考题 ... 126

9 ▶ 液压基本回路 ... 127
- 9.1 压力控制回路 ... 127
- 9.2 速度控制回路 ... 133
- 9.3 方向控制回路 ... 141
- 9.4 多缸控制回路 ... 143
- 思考题 ... 147

10 ▶ 典型液压系统 ········· 149
10.1　Q2-8型液压起重机液压系统 ········· 149
10.2　组合机床动力滑台液压系统 ········· 151
10.3　连铸机中间包滑动水口液压系统 ········· 153
10.4　高炉泥炮液压系统 ········· 157
10.5　液压机液压系统 ········· 161
思考题 ········· 166

11 ▶ 液压系统设计 ········· 167
11.1　液压系统设计 ········· 167
11.2　液压系统计算机辅助设计概述 ········· 170
思考题 ········· 175

第二篇　气压传动　176

12 ▶ 气源装置及辅助元件 ········· 177
12.1　气压传动系统的组成及特点 ········· 177
12.2　气源装置 ········· 178
12.3　辅助元件 ········· 182
思考题 ········· 186

13 ▶ 气动执行元件 ········· 187
13.1　气缸 ········· 187
13.2　气动马达 ········· 193
思考题 ········· 194

14 ▶ 气动控制元件 ········· 195
14.1　方向控制阀 ········· 195
14.2　压力控制阀 ········· 197
14.3　流量控制阀 ········· 200
思考题 ········· 202

15 ▶ 气动基本回路 ········· 203
15.1　换向控制回路 ········· 203
15.2　压力控制回路 ········· 205
15.3　速度控制回路 ········· 207
15.4　位置控制回路 ········· 208
思考题 ········· 210

16 ▶ 典型气压系统 ········· 211
16.1　射芯机气动系统 ········· 211
16.2　气液动力滑台气动系统 ········· 212

综合练习题 ·· 214
故事汇 ·· 236
项目设计 ·· 237
附录　常用液压与气动图形符号 ·································· 258
参考文献 ·· 262

《液压与气压传动》二维码资源目录

序号	二维码编码	资源名称	资源类型	页码
1	1.1	液压千斤顶工作原理	动画	2
2	1.2	机床工作台液压传动系统	动画	3
3	1.3	液压传动应用	动画	5
4	2.1	压力传递	视频	9
5	2.2	流量和速度	视频	13
6	2.3	流动状态和气穴	视频	21
7	3.1	恩氏黏度计	视频	23
8	3.2	液压油作用和类型	视频	24
9	4.1	液压泵工作原理	动画	32
10	4.2	齿轮泵工作原理	视频	34
11	4.3	齿轮泵结构	视频	34
12	4.4	困油现象	动画	35
13	4.5	外啮合齿轮泵拆装	动画	37
14	4.6	双作用叶片泵工作原理	动画	40
15	4.7	双作用叶片泵结构	视频	41
16	4.8	单作用叶片泵工作原理	动画	42
17	4.9	限压式变量叶片泵工作原理	动画	42
18	4.10	斜盘式轴向柱塞泵原理	视频	47
19	4.11	斜盘式轴向柱塞泵结构	视频	48
20	4.12	斜盘式轴向柱塞泵的变量	视频	53
21	4.13	径向柱塞泵工作原理	动画	56
22	5.1	单杆液压缸1	视频	59
23	5.2	单杆液压缸2	动画	59
24	5.3	单杆缸三种速度比较	动画	59
25	5.4	双杆液压缸1	视频	61
26	5.5	双杆液压缸2	动画	61
27	5.6	增压缸	动画	61
28	5.7	液压缸结构	视频	63
29	5.8	单杆缸活塞缸拆装	动画	65
30	6.1	齿轮马达工作原理	动画	70
31	6.2	叶片马达工作原理	动画	71
32	6.3	单作用摆动马达	动画	75
33	6.4	双作用摆动马达	动画	75
34	7.1	普通单向阀	动画	78
35	7.2	液控单向阀	动画	79
36	7.3	液压锁应用	动画	79
37	7.4	机动换向阀	动画	82
38	7.5	手动换向阀	动画	83
39	7.6	电磁换向阀	视频	84
40	7.7	液动换向阀	动画	85
41	7.8	电液换向阀右位	动画	86
42	7.9	电液换向阀左位	动画	86
43	7.10	直动式溢流阀原理	视频	89
44	7.11	直动式溢流阀结构	视频	89
45	7.12	先导式溢流阀原理	动画	90
46	7.13	先导式溢流阀结构	视频	90
47	7.14	先导式减压阀原理	动画	94
48	7.15	先导式减压阀结构	视频	94
49	7.16	直动式顺序阀原理	动画	97
50	7.17	直动式顺序阀结构	视频	97
51	7.18	单向顺序阀	视频	97

续表

序号	二维码编码	资源名称	资源类型	页码
52	7.19	压力继电器原理	动画	100
53	7.20	压力继电器结构	视频	100
54	7.21	节流阀	动画	102
55	7.22	调速阀原理	动画	104
56	7.23	调速阀结构	视频	104
57	8.1	活塞式蓄能器	视频	114
58	8.2	皮囊式蓄能器	视频	114
59	8.3	网式滤油器	动画	120
60	8.4	线隙式过滤器	动画	120
61	8.5	纸芯式过滤器	动画	120
62	8.6	烧结式过滤器	动画	120
63	8.7	过滤器结构	视频	120
64	8.8	冷却器	动画	123
65	9.1	限压回路	动画	127
66	9.2	单级调压回路	动画	127
67	9.3	多级调压回路	动画	128
68	9.4	蓄能器保压回路	动画	128
69	9.5	保压回路	动画	129
70	9.6	单级减压回路	动画	129
71	9.7	二级减压回路	动画	129
72	9.8	三位换向阀的中位机能卸荷	动画	130
73	9.9	二位二通电磁卸荷	动画	130
74	9.10	电磁溢流阀卸荷回路	动画	130
75	9.11	工进卸荷回路	动画	131
76	9.12	单向顺序阀平衡回路1	动画	131
77	9.13	单向顺序阀平衡回路2	动画	131
78	9.14	液控顺序阀的平衡回路	视频	132
79	9.15	单作用增压器增压回路	视频	133
80	9.16	双作用增压器增压回路	动画	134
81	9.17	进口节流调速回路1	动画	134
82	9.18	进口节流调速回路2	动画	134
83	9.19	出口节流调速回路	动画	134
84	9.20	旁路节流调速回路	动画	135
85	9.21	变量泵容积调速回路	动画	138
86	9.22	差压式变量泵和节流阀调速回路	动画	138
87	9.23	差动缸差动连接快速回路1	动画	138
88	9.24	差动缸差动连接快速回路2	动画	138
89	9.25	差动缸差动连接快速回路3	动画	139
90	9.26	采用蓄能器的快速回路	动画	139
91	9.27	电磁换向阀速度换接回路	动画	140
92	9.28	行程阀控制的快慢速换接回路	动画	140
93	9.29	调速阀串联的速度换接回路	动画	141
94	9.30	调速阀并联的速度换接回路	动画	142
95	9.31	液控单向阀锁紧回路	动画	144
96	9.32	行程阀控制的顺序动作回路1	动画	144
97	9.33	行程阀控制的顺序动作回路2	动画	144
98	9.34	行程开关控制的顺序动作回路1	动画	144
99	9.35	行程开关控制的顺序动作回路2	动画	145
100	9.36	压力继电器控制的顺序动作回路1	动画	145
101	9.37	压力继电器控制的顺序动作回路2	动画	145
102	9.38	调速阀控制的同步回路	动画	147
103	9.39	多缸互不干扰回路	动画	152
104	10.1	YT4543型动力滑台液压系统	动画	152

第一篇
液压传动

1 液压传动概论

一部完整的机器由原动机、传动部分、控制部分和工作机构等组成。传动部分是一个中间环节,它的作用是把原动机(电动机、内燃机等)的输出功率传送给工作机构。传动有多种类型,如机械传动、电力传动、液体传动、气压传动以及它们的组合——复合传动等。

用液体作为工作介质进行能量传递的传动方式称为液体传动。按照其工作原理的不同,液体传动又可分为液压传动和液力传动两种形式。液压传动主要是利用液体的压力能来传递能量;而液力传动则主要是利用液体的动能来传递能量。

▶▶ 1.1 液压传动的工作原理及系统组成

液压传动装置本质上是一种能量转换装置,它以液体作为工作介质,通过动力元件液压泵将原动机(如电动机)的机械能转换为液体的压力能,然后通过管道、控制元件(液压阀)把有压液体输往执行元件(液压缸或液压马达),将液体的压力能又转换为机械能,以驱动负载实现直线或回转运动,完成动力传递。

1.1.1 液压千斤顶工作原理

图 1-1 是手动液压千斤顶的工作原理图。液压千斤顶由手动液压泵和液压举升装置两部分组成。杠杆 1、小活塞 2、小缸体 3、单向阀 4 和 5 等组成手动液压泵。大缸体 6、大活塞 7 和卸油阀 9 构成液压举升装置。另外还有连接各元件的油管、储存油液的油箱等辅助元件。

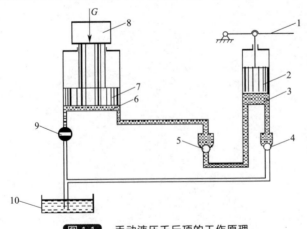

图 1-1 手动液压千斤顶的工作原理

1—杠杆;2—小活塞;3—小缸体;4,5—单向阀;
6—大缸体;7—大活塞;8—重物;9—卸油阀;10—油箱

液压千斤顶的工作过程可以描述如下。

(1) 提升杠杆，完成吸油动作　提起杠杆1使小活塞2向上移动，小活塞下面的油腔容积增大，形成局部的真空。此时，单向阀5的上方压力大于下方压力，其钢球在上、下压力差的作用下，将该处的油路关闭。油箱10中的油液在大气压力作用下，顶开单向阀4的钢球，沿吸油孔路进入小缸体的下腔，完成一次吸油动作。

(2) 下压杠杆，完成压油动作，顶起重物　下压杠杆1使小活塞2向下移动，小缸体3下腔的密封容积减小，腔内油压升高。此时，单向阀4的上方压力大于下方压力，其钢球在上、下压力差的作用下，将吸油孔路关闭。随着活塞的继续下压，小缸体3的下腔压力不断升高，直到单向阀5的下方压力高于上方压力时，其钢球被顶开，油液通过压油孔路进入大缸体6的下腔，推动大活塞向上移动，从而将重物8顶起一定距离，完成一次压油动作。

如此反复提升、下压杠杆1，即可将重物不断升起到预定高度。

(3) 旋转卸油阀，使重物回落　将卸油阀9旋转90°，在重物8的自重作用下，大缸内的油液可通过卸油阀小孔慢慢流回油箱，从而重物缓慢回落到原来高度。

由液压千斤顶的工作过程可知：小液压缸（由缸体3和活塞2组成）与单向阀4和5一起完成吸油与压油，将杠杆的机械能转换成油液的压力能输出，称为（手动）液压泵。大液压缸（由缸体6和大活塞7组成）将油液的压力能转换为机械能输出，完成顶起重物的工作，称为执行元件。

液压千斤顶是一个简单的液压装置，其工作原理说明液压传动是依靠在密闭容积中的油液的压力实现运动与动力的传递的。

1.1.2　机床工作台液压系统的组成

图1-2为一台简化了的机床工作台液压传动系统。其工作情况及工作过程中的方向、速度和压力的控制分析如下。

在图1-2(a)中，液压泵3由电动机（图中未示出）带动旋转，从油箱1中吸油。油液经过滤器2过滤后流往液压泵，经液压泵向系统输送。来自液压泵的压力油流经节流阀5和换向阀6进入液压缸7的左腔，推动活塞连同工作台8向右移动。这时，液压缸7右腔的油通过换向阀经6回油管排回油箱1。

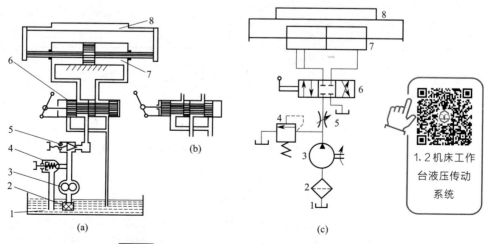

图1-2　机床工作台液压传动系统

1—油箱；2—过滤器；3—液压泵；4—溢流阀；5—节流阀；6—换向阀；7—液压缸；8—工作台

如果将换向阀手柄扳到左边位置,使换向阀处于如图 1-2(b) 所示的状态,则压力油经换向阀 6 进入液压缸 7 的右腔,推动活塞连同工作台向左移动。这时,液压缸 7 左腔的油也经换向阀 6 和回油管排回油箱 1。

工作台的移动速度是通过节流阀 5 来调节的。当节流阀 5 开口较大时,进入液压缸 7 的流量较大,工作台的移动速度也较快;反之,当节流阀 5 开口较小时,工作台移动速度则较慢。

工作台移动时必须克服阻力,例如克服切削力和相对运动表面的摩擦力等。为适应克服不同大小阻力的需要,泵输出油液的压力应当能够调整;另外,当工作台低速移动时节流阀 5 开口较小,泵出口多余的压力油也需排回油箱 1。这些功能是由溢流阀 4 来实现的,调节溢流阀 4 弹簧的预压力就能调整泵出口的油液压力,并让多余的油在相应压力下打开溢流阀 4,经回油管流回油箱 1。

从上述例子可以看出,构成液压系统的各个部分及其作用如表 1-1 所示。液压传动系统在工作过程中的能量转换和传递情况如图 1-3 所示。

表 1-1 液压系统的组成

组成部分		功能作用
原动机	电动机 发动机	向液压系统提供机械能
动力元件	齿轮泵 叶片泵 柱塞泵	把原动机所提供的机械能转变成油液的压力能,输出高压油液
执行元件	液压缸 液压马达 摆动马达	把油液的压力能转变成机械能去驱动负载做功,实现往复直线运动、连续转动或摆动
控制元件	压力控制阀 流量控制阀 方向控制阀	控制从液压泵到执行元件的油液的压力、流量和流动方向,从而控制执行元件的力、速度和方向
液压辅件	油箱	盛放液压油,向液压泵供应液压油,回收来自执行元件的完成了能量传递任务之后的低压油液
	管路	输送油液
	过滤器	滤除油液中的杂质,保持系统正常工作所需的油液清洁度
	密封	在固定连接或运动连接处防止油液泄漏,以保证工作压力的建立
	蓄能器	储存高压液,并在需要时释放
	热交换器	控制油液温度
液压油		是传递能量的工作介质,也起润滑和冷却作用

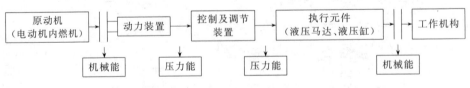

图 1-3 液压传动系统能量传递与转换图

1.1.3 液压传动系统的图形符号

如图 1-2(a) 所示的液压传动系统图中,各个元件都是以半结构图的形式表达的。这种半结构式的工作原理图直观性强,容易理解,当液压系统出现故障时,分析起来也比较方便。但它不能全面反映元件的职能作用,且图形复杂难以绘制,当系统元件数量多时更是如此。在工程实际中,除某些特殊情况外,一般均采用《流体传动系统及元件图形符号和回路图 第1部分:用于常规用途和数据处理的图形符号》(GB/T 786.1—2009)所规定的液压图形符号(见附录)绘制液压传动系统原理图。

在用图形符号绘制液压系统原理图时,应注意以下问题。

① GB/T 786.1—2009所规定的液压图形符号为职能符号。

② 图形符号只表示元件的功能、操作(控制)方法及外部连接口,不表示元件的具体结构和参数,也不表示连接口的实际位置和元件的安装位置。

③ 用液压图形符号绘制液压系统图时,所有元件均以元件的静止位置表示。并且除特别注明的符号或有方向性的元件符号外,其在图中可根据具体情况水平或垂直绘制。

④ 当有些元件无法用图形符号表达或在国家标准中未列入时,可根据标准中规定的符号绘制规则和所给出的符号进行派生。当无法用标准直接引用或派生时,或有必要特别说明系统中某一元件的结构和工作原理时,可采用局部结构简图也可采用其结构或半结构示意图表示。

⑤ 液压元件的名称、型号和参数(如压力、流量、功率、管径等),一般在系统图的元件表中标明,必要时也可标注在元件符号旁边。

⑥ 图形符号的大小应以清晰美观为原则,绘制时可根据图纸幅面大小酌情处理,但应保持图形本身的适当比例。

对于如图1-2(a)所示的液压系统,若用国家标准GB/T 786.1—2009绘制,则其系统原理图如图1-2(c)所示。

1.2 液压系统的分类

按照液压回路的基本构成可以把液压系统划分为开式系统和闭式系统;按照液压系统的主要功用可分为传动系统和控制系统;按实现速度控制的方式可分为阀控制和泵控制;按换向阀中位状态可分为开中位和闭中位;按系统的用途可分为固定设备用和车辆用等。现将开式系统、闭式系统、阀控制、泵控制说明如表1-2所示。

表1-2 液压系统的分类

类别	说 明
开式系统	泵从油箱抽油,经系统回路返回油箱,应用普遍,油箱要足够大
闭式系统	马达排出的油液返回泵的进油口,多用于车辆的行走驱动,用升压泵补油,并且用冲洗阀局部换油
阀控制	通过改变节流口的开度来控制流量,从而控制速度。按节流口与执行元件的相对位置可分为进口节流、出口节流和旁通节流
泵控制	通过改变泵的排量来控制流量,从而控制速度,效率较高

1.3 液压传动的特点

1.3.1 液压传动的主要优点

液压传动在工程机械、矿山机械、冶金机械、机床工业、轻工机械、农业机械等工业部门都有着广泛的应用。之所以如此,是因为它与其他传动形式相比有着许多优点。

1.3 液压传动应用

① 液压传动能方便地实现无级调速，调速范围大。
② 在相同功率情况下，液压传动能量转换元件的体积较小，重量较轻。
③ 工作平稳，换向冲击小，便于实现频繁换向。
④ 便于实现过载保护，而且工作油液能使传动零件实现自润滑，故使用寿命较长。
⑤ 操纵简单，便于实现自动化。特别是和电气控制联合使用时，易于实现复杂的自动工作循环。
⑥ 液压元件易于实现系列化、标准化和通用化。

1.3.2 液压传动的主要缺点

① 液压传动中的泄漏和液体的可压缩性使传动无法保证严格的传动比。
② 液压传动有较多的能量损失（泄漏损失、摩擦损失等），故传动效率不高，不宜作远距离传动。
③ 液压传动对油温的变化比较敏感，不宜在很高和很低的温度下工作。
④ 液压传动出现故障时不易找出原因。

综合上述，液压传动的优点远多于其缺点，所以在各工业领域中获得越来越广泛的应用。

1.4 中国液压技术的发展

中国液压工业经过几十年的发展，已形成了门类齐全、有一定技术水平并初具规模的生产科研体系。中国现有主要生产企业近 300 家，液压产品的年产量约为 450 万件，为机床、工程机械、冶金机械、矿山机械、农业机械、汽车、铁路、船舶、电子、石油化工、国防、纺织、轻工等行业机械设备提供种类比较齐全的产品。目前液压元件约有 1000 个品种，近万个规格。

改革开放以来，中国液压工业先后引进技术几十项，为提高产品质量和扩大生产能力起到了重要作用。目前已和美国、日本、德国、意大利等国家以及我国台湾地区的液压公司建立了一些合资企业，这些企业也为推动中国液压工业的发展做出了应有的贡献。中国通过科研攻关和对引进技术的消化吸收，产品技术水平不断提高，如生产的高压齿轮泵、中高压变量叶片泵、高压斜轴式及斜盘式柱塞泵/马达、高压液压控制阀、叠加阀、电液伺服阀、比例阀、精密过滤器、精密气源处理装置、微型和小型气动电磁阀、无油润滑气缸及阀门、高压往复密封及回转密封等。另外在 CAD 和 CAT 技术、污染控制、故障诊断、机电一体化、现代控制工程技术的应用等方面均取得很好的成果，并已应用于实际生产中。

中国液压、气动工业虽然取得了很大的发展，但与世界先进水平相比还有差距，主要表现如下。
① 产品品种少，产品结构不合理，高新技术产品构成比例低。
② 产品品种单一，系列化程度不高，缺少适应主机的变型、派生和专用产品。因此，可供用户选择的范围小，不适应主机多样化发展的要求。
③ 产品性能指标不高，且国外的液压、气动产品寿命比中国高，中高压叶片泵噪声比中国低。又如产品的清洁度，以电磁阀为例，国外电磁阀（6mm 通径）为 1～5mg，而中国为 10～20mg。国内外液压气动产品性能比较如表 1-3 所示。

表 1-3　国内外液压气动产品性能比较

产品名称	国内	国外
液压电磁阀的寿命/万次	100～300	1000
气动电磁阀的寿命/万次	500～1000	3000～5000
中高压叶片泵噪声/dB	75～80	60～70
电磁阀(6mm 通径)的清洁度/mg	10～20	1～5

④ 设计技术水平不高，缺少必要的试验条件，自我开发能力薄弱。还有 CAD、CAT 技术应用还不普遍，产品设计还处于经验设计、静力学设计阶段。

根据中国液压工业的技术差距，有关部门已拟定出对液压、气动产品的性能和质量的新要求，实际上就是解决差距的措施。

1. 液体传动有哪两种形式？它们的主要区别是什么？
2. 液压传动系统由哪几部分组成？各部分的作用是什么？
3. 液压传动的主要优、缺点是什么？
4. 液压系统中液压元件的表示方法是什么？

2 液压传动基础

2.1 液体静力学基础

液体静力学研究的是液体在静止状态下的平衡规律。静止状态指液体内部质点之间没有相对运动。

2.1.1 压力的概念

液压传动中所说的压力概念是指当液体相对静止时,液体单位面积上所受的法向力,常用符号 p 表示。

静止液体某点处微小面积 ΔA 所受的法向力为 ΔF,则该点的压力为

$$p = \lim_{\Delta A \to 0} \frac{\Delta F}{\Delta A} \tag{2-1}$$

式中　p——液体所受压力,Pa（N/m²）;
　　　ΔF——液体所受法向外力,N;
　　　ΔA——法向力的作用面积,m²。

若法向力 F 均匀地作用在面积 A 上,则压力可表示为:

$$p = \frac{F}{A} \tag{2-2}$$

2.1.2 压力的表示方法

压力有两种表示方法,即绝对压力和相对压力。以绝对真空为基准的压力为绝对压力;以大气压（Pa）为基准的压力为相对压力。大多数测量压力的仪表都受大气压的作用,所以,仪表指示的压力都是相对压力,也称表压力。在液压传动中,如不特别说明,压力均指相对压力。

如果液体中某点处的绝对压力小于大气压力（Pa）,那么,比大气压小的那部分数值叫做该点的真空度。由图 2-1 可知,以大气压为基准计算压力值时,基准以上的正值是表压力,基准以下的负值就是真空度。绝对压力、相对压力、

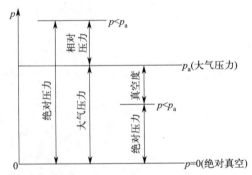

图 2-1　绝对压力、相对压力、真空度

真空度的关系为：

$$绝对压力=大气压力+相对压力$$
$$真空度=大气压力-绝对压力$$

压力的法定计量单位是 Pa（帕），$1Pa=1N/m^2$，工程上常使用 kPa、MPa，$1MPa=10^6Pa$（兆帕）。工程单位制使用的单位有 bar（巴）、at（工程大气压，即 kgf/cm^2）、atm（标准大气压）、液体高度等。各种压力单位之间的换算关系见表 2-1。

表 2-1　各种压力单位换算关系

Pa(帕)	bar(巴)	at(kgf/cm²)(工程大气压)	atm(标准大气压)	mmH₂O(毫米水柱)	mmHg(毫米汞柱)
1×10^5	1	1.01972	0.986923	1.0972×10^4	7.50062×10^2

2.1.3　液体静力学基本方程

如图 2-2 所示，密度为 ρ 的液体在容器内处于静止状态。为求任意深度 h 处的压力，可从液体内部取出如图 2-2(b) 所示垂直小液柱作为研究体，顶面与液面重合，截面积为 ΔA，高为 h。液柱顶面受外加压力 p_0 作用，液柱所受重力 $G=\rho gh\Delta A$，并作用于液柱的重心上，设底面上所受压力为 p，液柱侧面受力相互抵消。由于液柱处于静止状态，相应液柱也处于平衡状态，于是有

$$p=p_0+\rho gh \tag{2-3}$$

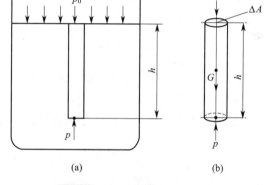

图 2-2　静止液体压力分布规律

式(2-3)即为液体静力学基本方程。由基本方程可知，重力作用下的静止液体，其压力分布有如下特征。

① 静止液体内任一点处的压力由两部分组成：一部分是液面上的压力 p_0；另一部分是该点以上液体自身形成的压力 ρgh。

② 静止液体内的压力随液体深度 h 的增加而增大。

③ 离液面深度相同处各点的压力相等。压力相等的所有组成的面称为等压面（等压面为一水平面）。

2.1.4　压力的传递

液体受外力作用的情况下，外力作用产生的压力 p_0 和液体自重所产生的压力 ρgh 相比大很多，可将压力 ρgh 忽略不计，近似地认为在整个液体内部的压力是相等的。

2.1 压力传递

【例 2-1】　如图 2-3 所示，一垂直安装的密封容器内充满液压油液，密度 $\rho=900kg/m^3$。有效作用面积 $A=10\times10^{-4}m^2$ 的活塞上放一重物，重物重力 $G=3kN$（活塞及活塞杆自重忽略不计）。试用静压力基本方程式计算容器内 A、B、C 三点的静压力并进行比较。

解：静力学基本方程：$p = p_0 + \rho g h$

式中 $p_0 = \dfrac{G}{A} = \dfrac{3 \times 10^3}{10 \times 10^{-4}} \text{N/m}^2 = 30 \times 10^5 \text{N/m}^2 (\text{Pa})$

对于 A 点　$h_A = 0$，$p_A = p_0 = 30 \times 10^5 \text{Pa}$

对于 B 点　$h_B = (2.8 - 1.4)\text{m} = 1.4\text{m}$

$p_B = p_0 + \rho g h_B = (30 \times 10^5 + 900 \times 9.81 \times 1.4)\text{Pa} = 30.12 \times 10^5 \text{Pa}$

对于 C 点　$h_C = 2.8\text{m}$，$p_C = p_0 + \rho g h_C = (30 \times 10^5 + 900 \times 9.81 \times 2.8)\text{Pa} = 30.24 \times 10^5 \text{Pa}$

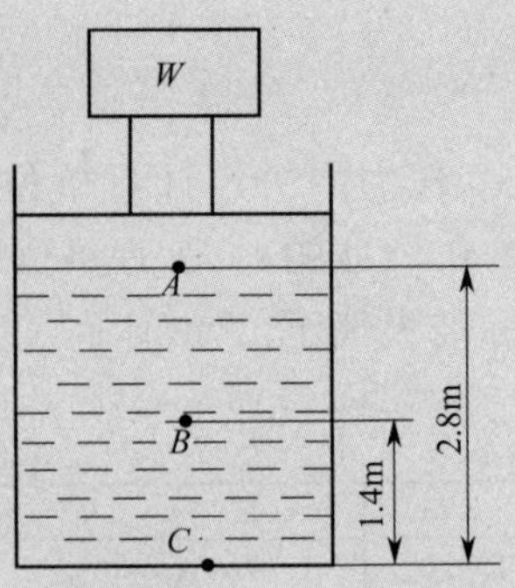

图 2-3　静压力计算

由此可见，$p_A \approx p_B \approx p_C$，可不计液面高度对静压力影响，认为容器内静止液体的压力处处相等。

压力的传递遵循帕斯卡原理或静压传递原理。即在密闭容器内，施加于静止液体上的压力可以等值传递到液体内各点。液压传动就是在这一原理的基础上建立起来的。

2.1.5　工作压力形成

在图 2-4 中，液压泵连续地向液压缸供油，当油液充满后，由于活塞受到外界负载 F 的阻碍作用，使活塞不能向右移动，若液压泵继续强行向液压缸中供油，其挤压作用不断加剧，压力也不断升高，当作用在活塞有效作用面积 A 上的压力升高到足以克服外界负载时，活塞便向右运动，这时系统的压力为 $p = \dfrac{F}{A}$。

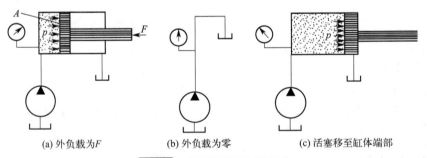

(a) 外负载为 F　　　(b) 外负载为零　　　(c) 活塞移至缸体端部

图 2-4　液压系统压力的形成

如果 F 不再改变，则由于活塞的移动，使液压缸左腔的容积不断增加，这正好容纳了液压泵的连续供油量，此时油液不再受到更大的挤压，因而压力也就不会再继续升高，始终保持相应的 p 值。

如果用压力表实测如图 2-4(b) 和图 2-4(c) 所示的两种情况，则测得如图 2-4(b) 所示状态时的压力等于零。这是因为此时外界的负载为零（不计管道的阻力），油液的流动没有受到阻碍，因此建立不起来压力。在图 2-4(c) 的情况下，当活塞移至缸体的端部时，由于液压泵连续供油，而液压缸左腔的容积却无法增加，所以系统的压力急剧升高，假如系统没有保护措施，系统的薄弱环节将被破坏。

由上述分析得知，液压系统中的压力是由于液体受到各种形式的外界载荷的阻碍，使油液受到挤压，其压力的大小决定于外界载荷的大小。

2.1.6 液体静压力对固体壁面的作用力

静止液体和固体壁面相接触时，固体壁面上各点在某一方向上所受静压作用力的总和，就是液体在该方向上作用于固体壁面上的力。

(1) 液体静压力对平面的作用力　在液压传动中，略去了液体自重产生的压力，液体中各点的静压力是均匀分布的，且垂直作用于受压表面。当固体壁面为一平面时，平面上各点处的静压力大小相等，作用在固体壁面上的力 F 等于静压力 p 与承压面积 A 的乘积，其作用力方向垂直于壁面，即

$$F = pA \tag{2-4}$$

(2) 液体静压力对曲面的作用力　当固体壁面为曲面时，如图 2-5 所示的球面和圆锥面，液压作用力在某方向（如垂直方向）上的总作用力 F 等于液体压力 p 和曲面在该方向投影面积 A 的乘积，即

$$F = pA = \frac{p\pi d^2}{4} \tag{2-5}$$

式中　d——承压部分曲面投影圆的直径。

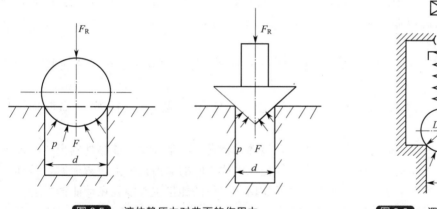

图 2-5　液体静压力对曲面的作用力

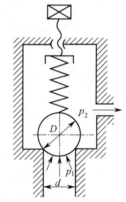

图 2-6　调压弹簧压紧力计算

【例 2-2】　如图 2-6 所示，某球式压力阀开启压力 $p_1=6$MPa。已知钢球的最大直径 $D=15$mm，阀座孔径 $d=10$mm，阀门开启溢流背压 $p_2=0.3$MPa，求溢流时调压弹簧所受的压紧力 F_s。

解：球阀受液体静压力 p_1 作用时，向上的作用力 $F_1=\frac{\pi}{4}d^2 p_1$

受液体静压力 p_2 作用时，向下的作用力 $F_2=F_s+\frac{\pi}{4}d^2 p_2$

球阀受力平衡方程式　$\frac{\pi}{4}d^2 p_1=F_s+\frac{\pi}{4}d^2 p_2$

于是　$F_s=\frac{\pi}{4}d^2(p_1-p_2)=\frac{3.14}{4}\times 0.01^2 \times (60-3)\times 10^5=447.5$(N)

2.2 液体动力学方程

实际中的液压油总是流动的,所以除研究静止液体的形状外,还要研究液体运动时的规律。研究液体流动的基本方程包括连续性方程、伯努利方程和动量方程。

2.2.1 基本概念

在研究流动液体时,为了研究方便,将假设的既无黏性又无压缩性的液体称为理想液体。

液体流动时,若液体中任一点处的压力、速度和密度都不随时间而变化,则这种流动称为恒定流动(也称稳定流动)。反之,只要压力、速度或密度中有一个参数随时间变化,就称非恒定流动。

液体在管道中流动时,其垂直于流动方向的截面称为过流断面(或称通流截面)。

(1) 流量 单位时间内流过某通流截面的液体的体积称为流量,用 q_V 表示,流量的单位为 m^3/s,工程上也用 L/min(L/min)。

(2) 平均流速 液压传动是靠流动着的有压液体来传递动力,油液在油管或液压缸内流动的快慢称为流速。由于流动的液体在油管或液压缸的截面上的每一点的速度并不完全相等,因此通常说的流速都是平均流速,用 v 表示,流速单位为 m/s。

(3) 流动状态

① 层流 层流是指液体流动时,液体质点没有横向运动,互不混杂,呈线状或层状的流动。

② 紊流 紊流是指液体流动时,液体质点有横向运动(或产生小旋涡),做混杂紊乱状态的运动。

层流和紊流是两种不同的流态。层流时,液体的流速低,液体质点受黏性约束,不能随意运动,黏性力起主导作用,液体的能量主要消耗在液体之间的摩擦损失上。紊流时,液体的流速较高,黏性的制约作用减弱,惯性力起主导作用,液体的能量主要消耗在动能损失上。

③ 雷诺数 液体在圆形管路中的流动状态不仅与管内的平均流速 v 有关,还与管路的直径 d、液体的运动黏度 ν 有关。实际上,液体流动状态是由雷诺数(Re)所决定的。

$$Re = \frac{vd}{\nu} \tag{2-6}$$

式中 d——管道直径,m;
v——液体流动速率,m/s;
ν——液体的运动黏度,m^2/s。

雷诺数的物理意义:雷诺数是液流的惯性作用对黏性作用的比。当雷诺数较大时,说明惯性力起主导作用,这时液体处于紊流状态;当雷诺数较小时,说明黏性力起主导作用,这时液体处于层流状态。

雷诺数是液体在管路中流动状态的判别依据。液流由层流转变为紊流时的雷诺数和由紊流转变为层流时的雷诺数是不相同的,后者的数值要小,所以一般都用后者作为判断液流状态的依据,称为临界雷诺数,记作 Re_c。当液流的实际雷诺数 Re 小于临界雷诺数 Re_c 时,液流为层流,反之为紊流。

2.2.2 连续性方程

液体流动的连续性方程是质量守恒定律在流体力学中的一种具体表现形式。

如图 2-7 所示,密度为 ρ 的液体,在横截面不同的管路中定常流动时,设 1、2 两个不同的通流截面的面积分别为 A_1 和 A_2,平均流速分别为 v_1 和 v_2,那么,液体流动的连续性方程可表示为

$$v_1 A_1 = v_2 A_2 = 常数 \tag{2-7}$$

式(2-7)说明液体在管路中作定常流动时(忽略管路变形),对不可压缩液体,流过各截面的体积流量是相等的(即液流是连续的)。因此在管路中流动的液体,其流速 v 和通流截面面积 A 成反比。

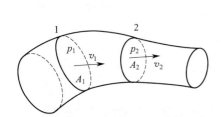

图 2-7 液体在管路中连续流动

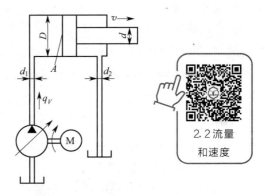

图 2-8 简单液压系统

如图 2-8 所示,液压系统中的流量常指通过油管进入液压缸的流量。以流量为 $q_V(\text{m}^3/\text{s})$ 的液体进入液压缸推动活塞运动,取移动的活塞表面积为有效截面 $A(\text{m}^2)$,显然,液压缸中的液体流动速度与活塞运动速度相等,且为液体平均流速度 v,所以活塞的运动速度为:

$$v = q_V / A \tag{2-8}$$

当液压缸有效面积一定时,活塞的运动速度决定于输入液压缸的流量。

【例 2-3】 如图 2-8 所示液压系统,液压泵流量 $q_V = 25\text{L/min}$,向液压缸供油。已知液压缸活塞直径 $D = 50\text{mm}$,活塞杆直径 $d = 30\text{mm}$,进油管、回油管直径 $d_1 = d_2 = 10\text{mm}$,没有泄漏。求液压缸活塞运动速及进油管、回油管中油液的流速。能否直接用流量连续方程计算进油管、回油管中油液的流速?

解:液压泵的流量全部经进油管进入液压缸,由连续性方程可求得

进油管油液流速:$v_1 = \dfrac{q}{\frac{\pi}{4}d_1^2} = \dfrac{4 \times 25 \times 10^{-3}}{60 \times 3.14 \times 0.01^2} = 5.31(\text{m/s})$

活塞运动速度:$v = \dfrac{q}{\frac{\pi}{4}D^2} = \dfrac{4 \times 25 \times 10^{-3}}{60 \times 3.14 \times 0.05^2} = 0.21(\text{m/s})$

用连续性方程计算液压缸回油管中油液流速:$\dfrac{\pi}{4}d_2^2 v_2 = \dfrac{\pi(D^2 - d^2)}{4} v$

所以 $v_2 = \dfrac{D^2 - d^2}{d_2^2} v = \dfrac{0.05^2 - 0.03^2}{0.01^2} \times 0.21 = 3.36 \text{(m/s)}$

不能直接用流量连续方程计算进油管、回油管中油液的流速，因为液压缸活塞将进油管和回油管隔开，液流已不连续。

2.2.3 伯努利方程

伯努利方程是能量守恒定律在流体力学中的一种具体表现形式。研究液体流动时必须考虑到黏性的影响，这使问题相当复杂，所以在开始分析时，可以假设液体没有黏性，寻找出液体流动的基本规律后，再考虑黏性作用的影响，并通过实验验证的办法对所得出的结论进行补充或修正。对液体的可压缩性问题也可以用这种方法处理。

(1) 理想液体的伯努利方程 理想流体的伯努利方程表示为式(2-9)或式(2-10)的形式：

$$\frac{1}{2}\rho v_1^2 + \rho g h_1 + p_1 = \frac{1}{2}\rho v_2^2 + \rho g h_2 + p_2 \tag{2-9}$$

$$\frac{1}{2}\rho v^2 + \rho g h + p = 常数 \tag{2-10}$$

式(2-9)、式(2-10)中的第一项代表液体具有的动能，第二项代表液体具有的位能，第三项代表液体具有的压力能。

理想液体伯努利方程说明：理想液体作稳定流动时具有三种能量，即动能、位能和压力能。在同管路的任一截面上，动能、位能和压力能三种能量之间可以相互转化，但总能量保持不变，三者之和为一常数。

(2) 实际液体的伯努利方程 实际液体是有黏性的，流动时会因内部摩擦而产生能量损耗。另外，管路的局部形状和尺寸的突然变化，使液体流动受到扰动，也会产生能量损耗。因此，实际液体流动时有能量损失。设两断面间流动的液体单位质量的能量损失为 h_w。

另外，在推导理想流体伯努利方程时，认为通流截面的各点流速相等，但实际并非如此。因此，对动能部分引入修正系数 α_1、α_2 进行相应修正。这样，实际液体伯努利方程可表示为

$$\frac{1}{2}\alpha_1 \rho v_1^2 + \rho g h_1 + p_1 = \frac{1}{2}\alpha_2 \rho v_2^2 + \rho g h_2 + p_2 + \Delta h_\text{w} \tag{2-11}$$

【**例 2-4**】 如果如图 2-9 所示，液压泵的吸油口真空度不够，将导致液压泵吸油不足，影响液压系统正常工作。设油箱液面压力为 p_1，液压泵吸油口处的绝对压力为 p_2，泵吸油口距油箱液面的高度为 h（吸油高度）。分析吸油高度的影响因素，并计算液压泵吸油口的真空度。

解：以油箱液面 1—1 截面为基准，泵的吸油口为 2—2 截面。对该两个截面建立实际液体的伯努利方程，则有：

$$p_1 + \frac{1}{2}\rho \alpha_1 v_1^2 + \rho g h_1 = p_2 + \frac{1}{2}\rho \alpha_2 v_2^2 + \rho g h_2 + \Delta p_\text{w}$$

考虑到如下情况：

① 油箱液面与大气接触，故 p_1 为大气压力，即 $p_1=p_a$；
② v_1 为油箱液面下降速度，由于 v_1 远远小于 v_2，可近似为 $v_1=0$；
③ $h_1=0$，$h_2=h$；
④ 泵吸油口处液体的流速 v_2 等于液体在吸油管内的流速；
⑤ Δp_W 为吸油管路的能量损失。

因此，上式可简化为：

$$p_a = p_2 + \frac{1}{2}\rho\alpha_2 v_2^2 + \rho g h + \Delta p_W$$

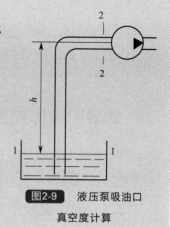

图2-9 液压泵吸油口真空度计算

所以，泵的吸油高度 h 和真空度 p_a-p_2 如下：

$$h = \frac{p_a}{\rho g} - \left(\frac{p_2}{\rho g} + \frac{\alpha v_2^2}{2g} + \frac{\Delta p_W}{\rho g}\right)$$

$$p_a - p_2 = \frac{1}{2}\rho\alpha_2 v_2^2 + \rho g h + \Delta p_W$$

由此可见，泵的吸油高度与以下因素有关。
① 减小油压力 p_2 可以增大吸油高度，但吸油压力 p_2 越小，吸油空真空度越大，当 p_2 小到空气分离压力时，就会产生气穴，引起噪声。因此，为避免泵的吸油口产生气穴，泵的安装高度不能过高。
② 加大吸油管直径，降低流速 v_2 可减少动能的损失，从而增加吸油高度。
③ 减少液压流动中的压力损失，也能增加吸油高度。

为确保液压泵吸油充分，一般要求液压泵安装高度 $h<0.5m$。

液压泵吸油口处的真空度体现了液压泵的吸油能力，由三部分组成：把油液提升到高度 h 所需的压力、将静止液体加速到 v_2 所需的压力、吸油管路的压力损失。

2.2.4 动量方程

动量方程是动量定理在流体力学中的具体应用。在液压传动中，要计算液流作用在固体壁面上的力时，应用动量方程求解比较方便。

由动量定理可知：作用在物体上的外力等于物体在受力方向上的变化率，即

$$\sum F = \frac{mv_2}{\Delta t} - \frac{mv_1}{\Delta t}$$

对于在管道内作稳定流动的液体，若忽略其可压缩性，可将 $m=\rho q_V \Delta t$ 代入上式。并考虑以平均流速代替实际流速会产生误差，因而引入动量修正系数 β，则上式变成

$$\sum F = \rho q_V (\beta_2 v_2 - \beta_1 v_1) \tag{2-12}$$

式中 $\sum F$——作用在液体上所有外力矢量和；
v_1、v_2——液流在前、后两个过流断面处的平均流速矢量；
β_1、β_2——动量修正系数，层流 $\beta=1.33$，紊流 $\beta=1$。

式(2-12)是个矢量方程，在运算中要按指定方向列动量方程，如在 x 方向的动量方程

可写成

$$\sum F_x = \rho q_V (\beta_2 v_{2x} - \beta_1 v_{1x}) \tag{2-13}$$

式(2-13)中的 $\sum F_x$ 是液流所受到的作用力，但在工程上往往需要的是固体壁面所受到的液流作用力，即 $\sum F_x$ 的反作用力 $\sum F'_x$（称为稳态液动力）。

$$\sum F'_x = -\sum F_x = \rho q_V (\beta_1 v_{1x} - \beta_2 v_{2x}) \tag{2-14}$$

▶▶ 2.3 流体流经小孔或间隙的流量

液压传动系统常利用液体流经阀的小孔或缝隙来控制流量和压力，达到调速和调压的目的。液压元件的泄漏也属于间隙流动。

2.3.1 流体流经小孔的流量

小孔可分为三种：当小孔的长径比 $l/d \leqslant 0.5$ 时，称为薄壁孔；当 $l/d > 4$ 时，称为细长孔；当 $0.5 < l/d \leqslant 4$ 时，称为短孔（厚壁孔）。

根据流体力学的理论和试验，上述三种小孔的流量可用下式表示：

$$q_V = K A \Delta p^m \tag{2-15}$$

式中　A，Δp——节流孔过流断面面积和两端压力差；

　　　　K——由节流孔形状、尺寸和液体性质决定的系数，对细长孔 $K = d^2/(32\mu l)$，对薄壁孔和短孔 $K = c_q \sqrt{2/\rho}$，μ 为液体动力黏度，l 为小孔长度，c_q 为流量系数，ρ 为液体密度；

　　　　m——节流孔形状决定的指数，薄壁孔 $m = 0.5$，细长孔 $m = 1$，短孔 $0.5 < m < 1$。

式(2-15)为节流孔的流量特性方程，相应的流量特性曲线如图 2-10 所示。

由式(2-15)可见，不论是哪种小孔，其通过的流量均与小孔的过流断面面积 A 成正比，改变 A 即可改变通过小孔流入液压缸或液压马达的流量，从而达到对运动部件进行调速的目的。在实际应用中，中、小功率的液压系统常用的节流阀就是利用这种原理工作的，这样的调速称为节流调速。

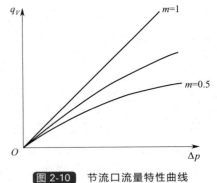

图 2-10　节流口流量特性曲线

从式(2-15)还可看到，当小孔的过流断面面积 A 调定，节流孔流量还受以下因素影响。

(1) 节流孔前后压差　由于负载的变化，引起节流口前后压差 Δp 的变化，从而对流量发生影响。指数 m 越小，压差 Δp 变化对流量的影响也越小，所以节流口应制成薄壁孔口。这种节流调速的缺点就是系统执行元件的运动速度不够准确、平稳，这也是它不能用于传动比要求准确的原因。

(2) 油液温度　油液的温度直接影响油液黏度，使得流量不稳定。薄壁孔式节流口的 K 值与黏度关系很小，而细长孔式节流口的 K 值与黏度关系大，因此薄壁孔口的流量受温度变化的影响很小。

(3) 节流孔的堵塞　流量控制阀工作时，节流孔的过流断面通常是很小的，当系统速度较低时尤其如此。因此节流口很容易被油液中所含的金属屑、尘埃、砂土、渣泥等机械杂质和在高温高压下油液氧化所生成的胶质沉淀物、氧化物等杂质所堵塞。节流口被堵塞的瞬间，油液断流，随之压力很快增高，直到把堵塞的小孔冲开，于是流量突然加大。如此过程不断重复，就造成了周期性的流量脉动。

【例 2-5】 如图 2-11 所示，活塞上作用外力 $F=3000\text{N}$，活塞直径 $D=50\text{mm}$，若是油液从液压缸底部的锐缘孔口流出，设孔口直径 $d=10\text{mm}$，流量系数 $c_q=0.61$，油液密度 $\rho=900\text{kg/m}^3$，不计摩擦，试求作用在缸底壁面上的力。

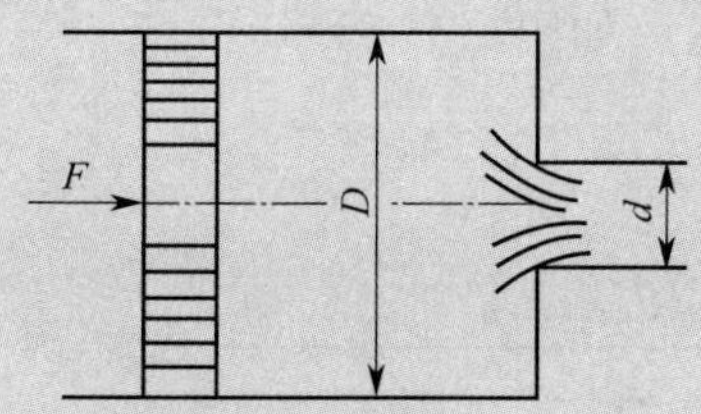

解：当活塞施加压力 F 时，使液压缸内油液产生的压力：

$$p=\frac{F}{A}=\frac{3000\times 4}{3.14\times 0.05^2}=15.25\times 10^5 (\text{Pa})$$

图 2-11 缸底壁面上的力

流经孔口的流量：

$$q_V=c_q A\sqrt{\frac{2}{\rho}\Delta p}=0.61\times \frac{3.14\times 0.01^2}{4}\times \sqrt{\frac{2}{900}\times 15.29\times 10^5}=2.79\times 10^{-3} (\text{m}^3/\text{s})$$

活塞运动速度：$v=\dfrac{q_V}{\dfrac{\pi D^2}{4}}=\dfrac{4\times 2.79\times 10^{-3}}{3.14\times 0.05^2}=1.42 (\text{m/s})$

孔口液流速度：$v_0=\dfrac{q_V}{\dfrac{\pi d^2}{4}}=\dfrac{4\times 2.79\times 10^{-3}}{3.14\times 0.01^2}=35.55 (\text{m/s})$

取缸内液体为控制体，设缸体壁面对液体的总作用力为 $F-R'$，则动量方程 $F-R'=\rho q_V(v_0-v)$

于是得：

$$R'=F-\rho q_V(v_0-v)=3000-900\times 2.79\times 10^{-3}\times (35.55-1.42)=2914.3 (\text{N})$$

即液体作用在缸底壁面的力 $R=-R'=2914.3\text{N}$，方向向右。

2.3.2 流体流经间隙的流量

液压元件内各零件间要保持正常的相对运动，就必须有适当的间隙。间隙太小，会使零件卡死；间隙过大，将使泄漏增大，系统效率降低等。产生泄漏的原因有两个：一个是间隙端存在压力差，称为压差流动；二是组成间隙的两配合表面有相对运动，称为剪切流动。这两种流动同时存在的情况较为常见。

(1) 液体流经平行平板间隙的流量 平行平板间隙分为固定平行平板间隙和相对运动平行平板间隙两种。

① 液体流经固定平行平板间隙的流量（压差流动）。

$$q_V=\frac{bh^3}{12\mu l}\Delta p \tag{2-16}$$

式中，Δp 为间隙两端压力差；l、b、h 分别为间隙的长、宽、高；μ 为液体的动力黏度系数。

可以看出流经固定平行平板间隙的流量与间隙高度的三次方成正比,可见液压元件间隙大小对泄漏的影响很大。

② 液体流经相对运动平行平板间隙的流量(剪切流动)。

$$q_V = vA = \frac{u_0}{2}bh \tag{2-17}$$

式中,u_0 为相对运动速度。

③ 液体在平行平板间隙既有压差流动又有剪切流动的流量(如图 2-12 所示)。

$$q_V = \frac{bh^3}{12\mu l}\Delta p \pm \frac{u_0}{2}bh \tag{2-18}$$

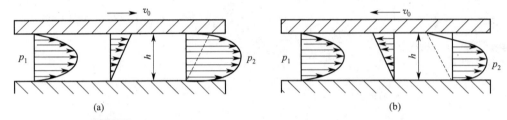

图 2-12 平行平板间隙在压差流动和剪切流动联合作用下的流动图

平行平板有相对运动时,两平板一般为一长一短。式(2-18)中"±"的确定方法为:若长平板相对于短平板的运动方向与压差流动方向相同,取"+";反之,取"-"。

(2) 液体流经环状间隙的流量 由内、外两圆柱围成的间隙称为圆柱环状间隙,分为同心环状间隙和偏心环状间隙两种。液压元件中液压缸的缸体与活塞之间的间隙、阀体与阀芯之间的间隙等,均属于圆柱环状间隙。

① 液体流经同心环状间隙的流量。如图 2-13 所示,圆柱体直径为 d,间隙为 δ,长度为 l。由于液压元件内配合间隙较小,可以将环状间隙间的流动近似看成平行平板间隙内的流动。只要将其代入式(2-19)即可。

$$q_V = \frac{\pi d \delta^3}{12\mu l}\Delta p \pm \frac{\pi d \delta u_0}{2} \tag{2-19}$$

式中,第一项为压差流动的流量;第二项为纯剪切流动的流量;"+"号和"-"号的确定同式(2-18)。

② 液体流经偏心环状间隙的流量。如图 2-14 所示,表示一个偏心环状间隙的横截面,其泄漏量可用下式计算。

$$q_V = \frac{\pi d \delta^3}{12\mu l}\Delta p(1+1.5\varepsilon^2) \pm \frac{\pi d \delta u_0}{2} \tag{2-20}$$

式中,第一项为压差流动的流量;第二项为剪切流动的流量;当长圆柱表面相对于短圆柱表面的运动方向与压差流动方向一致时取"+",反之取"-";$\varepsilon = e/\delta$ 为相对偏心率,δ 为同心时的间隙。

根据上述分析可以得出,间隙 δ 的大小对泄漏量的影响很大,泄漏流量与间隙的三次方成正比。这也就说明液压元件为什么要求具有很高的配合精度,装配质量对泄漏也有很大的影响。

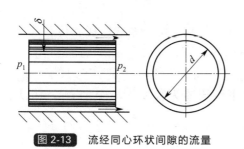
图 2-13 流经同心环状间隙的流量

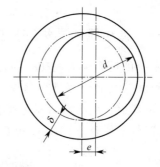
图 2-14 流经偏心环状间隙的流量

2.4 液压系统中的压力损失

实际液体具有黏性,在管道中流动就会产生阻力,这种阻力叫液阻。液体在管道中流动时,一方面必须多克服液阻,另一方面也要抗拒各阀门等元件的干扰,因此产生能量消耗。在液压传动系统中这一能量消耗主要表现为压力损失。

2.4.1 压力损失类型

(1) 沿程损失　液体在等径直管中流动时,由于液体内部的摩擦力而产生的能量损失称为沿程压力损失,其计算公式为:

$$\Delta p_{沿}=\lambda \rho \times \frac{l}{d} \times \frac{v^2}{2} \tag{2-21}$$

式中　λ——沿程阻力系数;
　　　ρ——液体的密度;
　　　l——管道长度;
　　　d——管道的内径;
　　　v——液体的流速。

公式表明,油液在直管中流动时的沿程损失与管长成正比,与管子内径成反比,与流速的平方成正比。管道越长,管径越细,流速越高,则沿程阻力损失越大。

(2) 局部损失　液体流过弯头、各种控制阀门、小孔、缝隙或管道面积突然变化等局部阻碍时,会因流速、流向的改变而产生碰撞、旋涡等现象而产生的压力损失称为局部压力损失,其计算公式为:

$$\Delta p_{局}=\xi \frac{\rho v^2}{2} \tag{2-22}$$

公式表明,局部压力损失与流速的平方成正比。ξ 为局部压力损失系数。

(3) 管路系统总压力损失　整个管路系统的总压力损失,等于管路系统中所有的沿程压力损失和所有的局部压力损失之和,即:

$$\sum \Delta p = \sum \Delta p_{沿} + \sum p_{局} \tag{2-23}$$

压力损失涉及的参数众多,计算烦琐复杂,在工厂很少计算。实践中多采用近似估算的办法。将泵的工作压力取为油缸工作压力的 1.3~1.5 倍,系统简单时取较小值,系统复杂时取较大值。

2.4.2 减小压力损失的措施

管路系统的压力损失使功率损耗,油液发热,泄漏增加,降低系统性能和传动效率。因此,在设计和安装时要尽量注意减小它,常见措施如下。

① 缩短管道,减小截面变化和管道弯曲。
② 管道截面要合理,以限制流速,一般情况下的流速为吸油管小于 1m/s,压油管为 2.5~5m/s,回油管小于 2.5m/s。
③ 管道内壁力求光滑。
④ 选用黏度合适的润滑油。

2.4.3 压力损失的危害及可利用之处

管路总的压力损失增大,势必会降低系统的效率,增加能量消耗。而这些损耗的能量大部分转换为热能,使油液的温度上升,泄漏量加大,影响液压系统的性能,甚至可能使油液氧化而产生杂质,造成管道或阀口堵塞而使系统发生故障。

在液压系统中,流动液体的压力损失尽管对系统的效率、泄漏和工作性能有不良影响,但是只要在管路的设计和安装时予以充分考虑,完全可以把它控制在较小的数值范围内。实际上,一个设计正确的液压系统的压力损失和系统使用的工作压力相比,数值是很小的,它并不影响对液压传动工作原理的分析。压力损失也具有两面性,利用它可以对液压系统的工作进行有效的控制,确切地说,阻力效应是许多液压元件工作原理的基础。溢流阀、减压阀、节流阀都是利用小孔及缝隙的液压阻力来进行工作的,而液压缸的缓冲也是依赖缝隙的阻尼作用。

2.5 液压冲击和气穴现象

2.5.1 液压冲击

在液压系统中,常常由于某些原因而使液体压力突然急剧上升,形成很高的压力峰值,这种现象称为"液压冲击"。

(1) 液压冲击的产生原因　在阀门突然关闭或液压缸快速制动等情况下,液体在系统中的流动会突然受阻。这时,由于液流的惯性作用,液体就从受阻端开始,迅速将动能逐层转换为压力能,因而产生了压力冲击波;此后,又从另一端开始,将压力能逐层转化为动能,液体又反向流动;然后,又再次将动能转换为压力能,如此反复地进行能量转换。由于这种压力波的迅速往复传播,便在系统内形成压力振荡。实际上,由于液体受到摩擦力以及液体和管壁的弹性作用,不断消耗能量才使振荡过程逐渐衰减而趋向稳定。

(2) 液压冲击的危害　系统中出现液压冲击时,液体瞬时压力峰值可以比正常工作压力大好几倍。液压冲击会损坏密封装置、管道或液压元件,还会引起设备振动,产生很大噪声。有时,液压冲击使某些液压元件如压力继电器、顺序阀等产生误动作,影响系统正常工作。

(3) 减小液压冲击的主要措施
① 延长阀门关闭和运动部件制动换向的时间。实践证明,运动部件制动换向时间若能

大于 0.2s，冲击就大为减轻。在液压系统中采用换向时间可调的换向阀就可做到这一点。

② 限制管道流速及运动部件速度。例如在机床液压系统中，通常将管道流速限制在 4.5m/s 以下，液压缸所驱动的运动部件速度一般不宜超过 10m/min 等。

③ 适当加大管道直径，尽量缩短管路长度。必要时还可在冲击区附近安装蓄能器等缓冲装置来达到此目的。

④ 采用软管，以增加系统的弹性。

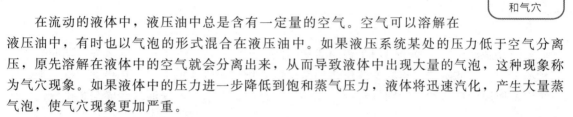

2.3 流动状态和气穴

2.5.2 气穴

在流动的液体中，液压油中总是含有一定量的空气。空气可以溶解在液压油中，有时也以气泡的形式混合在液压油中。如果液压系统某处的压力低于空气分离压，原先溶解在液体中的空气就会分离出来，从而导致液体中出现大量的气泡，这种现象称为气穴现象。如果液体中的压力进一步降低到饱和蒸气压力，液体将迅速汽化，产生大量蒸气泡，使气穴现象更加严重。

液压系统中出现气穴现象时，大量的气泡破坏了液流的连续性，造成流量和压力脉动，气泡随液流进入高压区时又急剧破灭，以致引起局部液压冲击，发出噪声并引起振动，当附着在金属表面上的气泡破灭时，所产生的局部高温和高压会使金属剥蚀，这种由气穴造成的腐蚀作用称为"气蚀"。

为减少气穴和气蚀的危害，通常采取下列措施。

① 减小小孔或缝隙前后的压力降。

② 降低泵的吸油高度，适当加大吸油管内径，限制吸油管流速，尽量减少吸油管路中的压力损失（如及时清洗过滤器）。

③ 提高液压零件的抗气蚀能力，采用抗腐蚀能力强的金属材料。

 思考题

1. 液体静压力如何传递？
2. 试述液压传动的压力的形成。
3. 压力损失如何分类？如何减小压力损失？
4. 什么叫压力冲击？如何减小压力冲击？
5. 什么叫气穴？如何减小气穴影响？

3 液压油

液压油是液压传动系统中用来传递能量的液体工作介质。除了传递能量外，同时对系统起到润滑、冷却和防锈等作用。液压传动系统能否可靠、有效地工作，在很大程度上取决于系统中所使用的液压油。特别是在液压元件已定型的情况下，液压油的性能与正确应用则成为首要问题。

3.1 液体的物理性质

3.1.1 液体的密度

液体单位体积内的质量称为密度，通常用符号 ρ 来表示：

$$\rho=\frac{m}{V} \tag{3-1}$$

式中　m——液体的质量，kg；
　　　V——液体的体积，m³。

液压油的密度随压力的增加而增大，随温度的升高而减小，但变化幅度很小。在常用的压力和温度范围内可近似认为其值不变。

3.1.2 液体的黏度

(1) 液体的黏度　液体在外力作用下流动时，液体分子间的内聚力会阻碍其产生相对运动，即在液体内部的分子间产生了内摩擦力。这种在流动的液体内部产生的摩擦力的性质，称为液体黏性。静止液体不呈现黏性。黏性是液体的重要物理性质，是选择液压油的重要依据。

液体黏性的大小用黏度来度量。黏度大，液层间内摩擦力就大，油液就"稠"；反之，油液就"稀"。

液体黏性的大小用黏度来表示。常用的液体黏度表示方法有三种，即动力黏度、运动黏度和相对黏度。

① 动力黏度 μ。动力黏度又称为绝对黏度，可以表示为式(3-2)。

$$\mu=\tau\frac{\mathrm{d}y}{\mathrm{d}u}=\frac{\tau}{\frac{\mathrm{d}u}{\mathrm{d}y}} \tag{3-2}$$

液体动力黏度的物理意义是：液体在单位速度梯度下流动或有流动趋势时，相接触的液层间单位面积上产生的内摩擦力。动力黏度的法定计量单位为 Pa·s (1Pa·s=1N·s/m²)。

② 运动黏度 ν。液体的动力黏度 μ 与其密度 ρ 的比值称为液体的运动黏度，即：

$$\nu = \frac{\mu}{\rho} \tag{3-3}$$

液体的运动黏度没有明确的物理意义，因为理论分析和计算中常用到 μ 与 ρ 的比，为方便起见用 ν 表示。运动黏度的计量单位为 m^2/s（因为其单位有长度和时间的量纲，类似于运动学的量，所以被称为运动黏度），以前沿用的单位为 St（斯），$1m^2/s = 10^4 St = 10^6 cSt$（厘斯）。

我国液压油的牌号是用温度为 40℃ 时的运动黏度的平均值来表示的。例如 32 号液压油就是指其在 40℃ 时的运动黏度平均值为 $32 mm^2/s$。

③ 相对黏度。动力黏度和运动黏度是理论分析和计算时使用的黏度，但两者均难以直接测量。因此，工程上常使用相对黏度。相对黏度又称为条件黏度，是采用特定的黏度计在规定的条件下测量出来的黏度。

用相对黏度计测量出相对黏度后，再根据相应的关系式换算出运动黏度或动力黏度。中国、德国、俄罗斯等国家采用的相对黏度是恩氏度 °E。

恩氏黏度用恩氏黏度计测定。其方法是：将 200mL 温度为 t（℃）的被测液体装入恩氏黏度计的容器内，测出液体经容器底部直径为 2.8mm 的小孔流尽所需时间 t_1。再测出 200mL 温度为 20℃ 的蒸馏水在同一黏度计流尽所需时间 t_2。这两个时间的比值 t_1/t_2 即为被测液体在温度 t（℃）下的恩氏黏度。

3.1 恩氏黏度计

$$°E = \frac{t_1}{t_2} \tag{3-4}$$

一般以 20℃、40℃ 及 100℃ 作为测定液体恩氏黏度的标准温度，其相应的恩氏黏度分别用 °E20、°E40 和 °E100 表示。

恩氏黏度与运动黏度之间的换算关系式为：

$$\nu = \left(7.31°Et - \frac{6.31}{°Et}\right) \times 10^{-6} \tag{3-5}$$

式中，ν 的单位为 m^2/s。

(2) 液体黏度与压力及温度的关系　液体的黏度随其压力增大而增大。但在一般液压系统的压力范围内，黏度增大的值很小，可忽略不计。

液压油的黏度对温度的变化十分敏感，如图 3-1 所示。温度升高，黏

图 3-1　液压油的黏温特性

度显著下降，液压油的这种性质称为黏温特性。液压油的种类不同其黏温特性也不同，黏温特性好的液压油，黏度随温度的变化较小。黏温特性通常用黏度指数（VI）表示，黏度指数高，黏温曲线平缓，黏温特性好。一般液压油的黏度指数要求在 90 以上。

3.1.3　液体的可压缩性

液体受压力作用而体积减小的性质称为液体的可压缩性，液压油具有可压缩性，即受压

后其体积会发生变化。

液压油可压缩性的大小用压缩系数 k 表示。设体积为 V 的液体，在压力变化量为 Δp 时，其体积的绝对变化量为 ΔV。那么，其压缩系数 k 为：

$$k = -\frac{1}{\Delta p} \times \frac{\Delta V}{V} \tag{3-6}$$

式中 k——液体的体积压缩系数。

因为压力增大时液体的体积减小，所以上式的右边加一负号，以便使液体的体积压缩系数 k 为正值。

液压油的可压缩性对液压传动系统的动态性能影响较大，但当液压传动系统在静态（稳态）下工作时，一般可以不考虑液体的压缩性的影响。

3.1.4 液压油的其他性质

液压油还有其他一些物理化学性质，如抗燃性、抗凝性、抗氧化性、抗泡沫性、抗乳化性、防锈性、润滑性、导热性、相容性（主要是指对密封材料不侵蚀、不溶胀的性质）以及纯净性等，都对液压系统工作性能有一定影响。

3.2 液压油的类型和选择

3.2.1 液压油的类型

液压油的品种很多，主要分为三大类型：矿油型、乳化型和合成型。液压油的主要品种及其特性和用途列于表 3-1。

表 3-1 液压油的主要品种及其特性和用途

类型	名称	ISO 代号	特性和用途
矿油型	普通液压油	L-HL	精制矿油加添加剂,提高抗氧化和防锈性能,适用于室内一般设备的中低压系统
	抗磨液压油	L-HM	L-HL 油加添加剂,改善抗磨性能,适用于工程机械、车辆液压系统
	低温液压油	L-HV	L-HM 油加添加剂,改善黏温特性,可用于环境温度在 $-20 \sim -40{}^\circ\!C$ 的高压系统
	高黏度指数液压油	L-HR	L-HL 油加添加剂,改善黏温特性,VI 值达 175 以上,适用于对黏温特性有特殊要求的低压系统,如数控机床液压系统
	液压导轨油	L-HG	L-HM 油加添加剂,改善黏滑性能,适用于机床中液压和导轨润滑合用的系统
	全损耗系统油	L-HH	浅度精制矿油,抗氧化性、抗泡沫性较差,主要用于机械润滑,可作液压代用油,用于要求不高的低压系统
	汽轮机油	L-TSA	深度精制矿油加添加剂,改善抗氧化、抗泡沫等性能,为汽轮机专用油,可作液压代用油,用于一般液压系统
乳化型	水包油乳化液	L-HFA	又称高水基液,特点是难燃、黏温特性好,有一定的防锈能力,润滑性差,易泄漏。适用于有抗燃要求、油液用量大且泄漏严重的系统
	油包水乳化液	L-HFB	既具有矿油型液压油的抗磨、防锈性能,又具有抗燃性,适用于有抗燃要求的中压系统
合成型	水-乙二醇液	L-HFC	难燃,黏温特性和抗蚀性好,能在 $-30 \sim 60{}^\circ\!C$ 温度下使用,适用于有抗燃要求的中低压系统
	磷酸酯液	L-HFDR	难燃,润滑抗磨性能和抗氧化性能良好,能在 $-54 \sim 135{}^\circ\!C$ 温度范围内使用;缺点是有毒。适用于有抗燃要求的高压精密液压系统

矿油型液压油润滑性和防锈性好，黏度等级范围较宽，因而在液压系统中应用很广。据统计，目前有 90% 以上的液压系统采用矿油型液压油作为工作介质。

矿油型液压液是以精炼后的机械油为基料，按需要加入适当的添加剂而制成的。添加剂一般有两类；一类是用来改善油液化学性质的，如抗氧化剂、防锈剂等。另一类是用来改善液压油物理性质的，如增黏剂、抗磨剂等。

矿物油型液压油润滑性好，但抗燃性差。在一些高温、易燃、易爆的工作场合，为了安全起见，应该在液压系统中使用难燃性液体，如水包油、油包水等乳化液，或水-乙二醇、磷酸酯等合成液，以满足耐高温、热稳定、不腐蚀、无毒、不挥发、防火等要求。

3.2.2 液压油的使用要求

不同的液压传动系统、不同的使用条件对液压油的要求也不相同。一般液压传动系统的液压油应满足下列要求。

① 合适的黏度，润滑性能好，具有较好的黏温特性。
② 质地纯净、杂质少，对金属和密封件有良好的相容性。
③ 对高温、氧化、水解和剪切有良好的稳定性。
④ 抗泡沫性、抗乳化性和防锈性好，腐蚀性小。
⑤ 体积膨胀系数小，比热容大，流动点和凝固点低，闪点和燃点高。
⑥ 对人体无害，对环境污染小，成本低。

3.2.3 液压油的选择

液压油的选用，首先应根据液压传动系统的工作环境和工作条件选择合适的液压油类型，然后选择液压油的黏度。

(1) 环境条件

① 环境温度。主要指热区、寒区、北方、南方、室内、室外等。环境温度与液压泵的启动温度有关系，而泵的启动温度又与油的低温黏度有关系。在低温下要使液压泵顺利启动，应选用在该温度下低温黏度小的液压油。

② 环境恶劣程度。主要指潮湿（包括有无水接触）、航海、野外作业和温差等。这些条件主要与液压油的防锈性、黏度指数和抗乳化度等指标有密切关系。

③ 有无靠近火源、易爆气体或高温（300～400℃）设备。这主要是考虑应选择矿油型油还是难燃型液。

(2) 工作条件

① 液压泵类型、工作压力、工作油温、油箱中有无加热或冷却设备。液压泵类型与其工作压力相比主要考虑液压泵的工作压力。凡是中、高压液压系统，必须选用具有良好抗磨性的液压油（液）。工作油温越高、油的变质倾向越大，应选用具有良好氧化安定性的油。如果油箱中有加热装置，则对油的低温黏度指标要求可放宽些，也不一定选用低温液压油（寒区和严寒区除外）。若油箱中有冷却设备，油温不高，则可适当延长换油期。

② 液压泵的金属材料。这特别是指柱塞泵（钢对青铜合金摩擦副）应选用高档抗磨型液压油，即应选用抗氧化性、过滤性、水解安定性等指标优良的抗磨型液压油。对于柱塞头镀银的液压泵，应选用对银腐蚀试验合格的抗银液压油或抗氧防锈型液压油。

(3) 其他　应考虑伺服阀间隙的大小，是否为开环系统数控机床、液压设备新旧程度、换油期和维修期长短，密封和涂料材料，经济性（油价和管理方便），毒性、有无与食品接触等。

在液压传动系统中，液压泵的工作条件最为严峻。一般根据液压泵的要求确定液压油的黏度，并使泵和系统在液压油的最佳黏度范围内工作。对各种不同的液压泵，在不同的工作压力和工作温度下，液压油的推荐黏度范围及用油见表 3-2。

表 3-2　液压泵的推荐用油及黏度范围表

名　称	黏度范围 /(mm²/s)		工作压力 /MPa	工作温度 /℃	推荐用油
	允许	最佳			
叶片泵(1200r/min) 叶片泵(1800r/min)	16～220 20～220	26～54 25～54	7	5～40	L-HH32,L-HH46
				40～80	L-HH46,L-HH68
			14 以上	5～40	L-HL32,L-HL46
				40～80	L-HL46,L-HL68
齿轮泵	4～220	25～54	12.5 以下	5～40	L-HL32,L-HL46
				40～80	L-HL46,L-HL68
			10～20	5～40	L-HL46,L-HL68
				40～80	L-HM46,L-HM68
			16～32	5～40	L-HM32,L-HM68
				40～80	L-HM46,L-HM68
径向柱塞泵 轴向柱塞泵	10～65 4～76	16～48 16～47	14～35	5～40	L-HM32,L-HM46
				40～80	L-HM46,L-HM68
			35 以上	5～40	L-HM32,L-HM68
				40～80	L-HM68,L-HM100
螺杆泵	19～49		10.5 以上	5～40	L-HL32,L-HL46
				40～80	L-HL46,L-HL68

▶▶ 3.3　液压油的污染及控制

在从事液压技术的工作实践中，人们总结出一句名言——80％以上的故障来源于液压油和液压系统中的污染。可见液压油的污染对液压系统的性能和可靠性有很大影响，故应高度重视液压油的污染问题，并对此加以严格控制。

3.3.1　污染的危害

液压油被污染指的是液压油中含有水分、空气、微小固体颗粒及胶状生成物等杂质。液压油污染对液压系统造成的危害主要是：

① 固体颗粒和胶状生成物堵塞过滤器，使液压泵运转困难，产生噪声；堵塞阀类元件小孔或缝隙，使阀动作失灵。

② 微小固体颗粒会加速零件磨损，使元件不能正常工作；同时，也会擦伤密封件，使泄漏增加。

③ 水分和空气的混入会降低液压油的润滑能力，并使其氧化变质；产生气蚀，使元件加速损坏；使液压系统出现振动、爬行等现象。

3.3.2　污染的原因与控制

液压系统油液中的污染物来源是多方面的，可概括为系统内部固有的，工作中外界侵入的和内部生成的。为了有效地控制污染，必须针对一切可能的污染源采取必要的控制措施。表 3-3 归纳了可能的污染源及相应的控制措施。

表 3-3 污染源与控制措施

污染源		控制措施
固有污染物	液压元件加工装配残留污染物	元件出厂前清洗,使达到规定的清洁度。对受污染的元件在装入系统前进行清洗
	管件、油箱残留污染物及锈蚀物	系统组装前对管件和油箱进行清洗(包括酸洗和表面处理),使达到规定的清洁度
	系统组装过程中残留污染物	系统组装后进行循环清洗,使达到规定的清洁度要求
外界侵入污染物	更换和补充油液	对新油进行过滤净化
	油箱呼吸孔	采用密闭油箱,安装空气滤清器和干燥器
	液压缸活塞杆	采用可靠的活塞杆防尘密封,加强对密封的维护
	维护和检修	保持工作环境和工具的清洁 彻底清除与工作油液不相容的清洗液或脱脂剂 维修后循环过滤,清洗整个系统
	侵入水	油液除水处理
	侵入空气	排放空气,防止油箱内油液中气泡吸入泵内
内部生成污染物	元件磨损产物(磨粒)	过滤净化,滤除尺寸与元件关键运动副油膜厚度相当的颗粒污染物,制止磨损的链式反应
	油液氧化产物	去除油液中水和金属微粒(对油液氧化起强烈的催化作用),控制油温,抑制油液氧化

3.3.3 污染度等级

油液污染度是指单位体积油液中固体颗粒污染物的含量，即油液中固体颗粒污染物的浓度。对于其他污染物、如水和空气，则用水含量和空气含量来表述。油液污染度是评定油液污染程度的一项重要指标。

目前油液污染度主要采用以下两种表示方法。

① 质量污染度：单位体积油液中所含固体颗粒污染物的质量，一般用 mg/L 表示。

② 颗粒污染度：单位体积油液中所含各种尺寸的颗粒数。颗粒尺寸范围可用区间表示，如 $5\sim15\mu m$，$15\sim25\mu m$ 等；也可用大于某一尺寸表示，如 $>5\mu m$、$>15\mu m$ 等。

质量污染度表示方法虽然比较简单，但不能反映颗粒污染物的尺寸及分布，而颗粒污染物对元件和系统的危害作用与其颗粒尺寸分布及数量密切相关，因而随着颗粒计数技术的发展，目前已普遍采用颗粒污染度的表示方法。

目前常用的污染度等级标准有两个，一个是 ISO4406 油液污染度等级国际标准，另一个是美国 NAS1638 油液污染度等级标准。

ISO4406 等级标准用两个代号表示油液的污染度，前面的代号表示 1mL 油液中尺寸大于 $5\mu m$ 颗粒数的等级，后面的代号表示 1mL 油液中尺寸大于 $15\mu m$ 颗粒数的等级，两个代号间用一斜线分隔。代号的含义如表 3-4 所示。例如，等级代号为 19/16 的液压油，表示它在 1mL 内尺寸大于 $5\mu m$ 的颗粒数在 2500～5000 之间，尺寸大于 $15\mu m$ 的颗粒数在 320～640 之间。这种双代号标志法说明实质性工程问题是很科学的，因为 $5\mu m$ 左右的颗粒对堵塞液压元件缝隙的危害性最大，而大于 $15\mu m$ 的颗粒对液压元件的磨损作用最为显著，用它们来反映油液的污染度最为恰当，因而这种标准得到了普遍采用。

表 3-4 ISO4406 污染度等级标准

1mL 油液中的颗粒数	等级代号	1mL 油液中的颗粒数	等级代号
>5000000	30	>80～160	14
>2500000～5000000	29	>40～80	13
>1300000～2500000	28	>20～40	12
>640000～1300000	27	>10～20	11
>320000～640000	26	>5～10	10
>160000～320000	25	>2.5～5	9
>80000～160000	24	>1.3～2.5	8
>40000～80000	23	>0.64～1.3	7
>20000～40000	22	>0.32～0.64	6
>10000～20000	21	>0.16～0.32	5
>5000～10000	20	>0.08～0.16	4
>2500～5000	19	>0.04～0.08	3
>1300～2500	18	>0.02～0.04	2
>640～1300	17	>0.01～0.02	1
>320～640	16	≤0.01	0
>160～320	15		

美国 NAS1638 污染度等级标准如表 3-5 所示。它以颗粒浓度为基础，按 100mL 油液中在给定的 5 个颗粒尺寸区间内的最大允许颗粒数划分为 14 个等级，最清洁的为 00 级，污染度最高的为 12 级。

表 3-5 NAS1638 污染度等级标准

尺寸范围 /μm	污染度等级													
	00	0	1	2	3	4	5	6	7	8	9	10	11	12
	每 100mL 油液中所含颗粒的数目													
5～15	125	250	500	1000	2000	4000	8000	16000	32000	64000	128000	256000	512000	1024000
15～25	22	44	89	178	356	712	1425	2850	5700	11400	22800	45600	91200	182400
25～50	4	8	16	32	63	126	253	506	1012	2025	4050	8100	16200	32400
50～100	1	2	3	6	11	22	45	90	180	360	720	1440	2880	5760
>100	0	0	1	1	2	4	8	16	32	64	128	256	512	1024

为有效控制液压系统的污染，保证液压系统的工作可靠性和液压元件的使用寿命，国家制定的典型液压元件和液压系统清洁度等级见表 3-6 和表 3-7。

表 3-6 典型液压元件清洁度等级

液压元件类型	优等品	一等品	合格品	液压元件类型	优等品	一等品	合格品
各种类型液压泵	16/13	18/15	19/16	活塞和活塞缸	16/13	18/15	19/16
一般液压阀	16/13	18/15	19/16	摆动缸	17/4	19/16	20/17
伺服阀	13/10	14/11	15/12	液压蓄能器	16/13	18/15	19/16
比例控制阀	14/11	15/12	16/13	过滤器	15/12	16/13	17/14
液压马达	16/13	18/15	19/16				

表 3-7 典型液压系统清洁等级

液压系统类型	清洁度等级									
	12/9	13/10	14/11	15/12	16/13	17/14	18/15	19/16	20/17	21/18	22/19
对污染敏感的系统	—	—	—	—							
伺服系统			—	—							
高压系统				—	—	—					
中压系统						—	—	—			
低压系统								—	—	—	—

续表

液压系统类型	清洁度等级										
	12/9	13/10	14/11	15/12	16/13	17/14	18/15	19/16	20/17	21/18	22/19
低敏感系统										—	—
数控机床液压系统	—	—	—	—	—				—	—	—
机床液压系统								—	—	—	—
一般机械液压系统									—	—	—
行走机械液压系统										—	—
重型机械液压系统											—
重型和行走设备液压系统											
冶金轧钢设备液压系统				—	—	—	—	—	—	—	—

▶▶ 3.4 液压油的使用及管理

3.4.1 液压油保管

液压油的存放与保管主要应该注意以下问题。

（1）在清洁处存放　要在清洁处存放油液。如果油液已被弄脏，最简单的办法是从容器上部抽取油液并用一个清洁、干燥、与油液相容的过滤器（不是活性土型）过滤之。然后废弃已被污染的底部油液。或者，如果有设备的话，可以让脏油通过一个离心分离机来去除脏物。输送油液的任何器物在使用之前都要清洗净。

（2）保持干燥　液压油中主要通过空气中水蒸气的凝结而混入水分，过多的水会毁掉油液。最好定期给油箱放水。如果有设备的话，也可以用过滤器或离心机脱水。

（3）油桶存储方法

① 油桶以侧面存放且借助木质垫板或滑行架保持底面清洁，以防腐蚀、锈蚀。

② 油桶以侧面放置在适当高度的木质托架上，用排油龙头排放油液。排油龙头下应备有集液槽。

③ 桶直立放置，借助于手动泵汲取油液。

（4）油箱存油方法　当油液存储量较多时，可以采用油箱。油液在大容器中存储时，很可能产生冷凝水，并与精细的灰尘结合在箱底形成一层淤泥。因此，油箱底应设计为倾斜面，并在底面设计排泄孔与油塞，以便定期排除。有条件时，还应制订油箱储油日常净化保养制度。

（5）定期检查油液　一些成套的仪器和试剂可以用于在现场评定油液状态，也可以把油样送到实验室去评定。然而，有些油液变质的简单迹象，如颜色变深，透明度下降，产生异味，或油样中出现粗渣之类，可直接观察评定。

3.4.2 液压油使用

合理使用液压油的要点如下。

① 换油前清洗液压系统。液压系统首次使用液压油前，必须彻底清洗干净，在更换同一品种液压油时，也要用新换的液压油冲洗1～2次。

② 液压油不能随意混用。如已确定选用某一牌号液压油则必须单独使用。未经液压设备生产制造厂家同意和没有科学根据时，不得随意与不同黏度牌号液压油，或是同一黏度牌

号但不是同一厂家的液压油混用,更不得与其他类别的油混用。

③ 确保液压系统密封良好。使用液压油的液压系统必须保持严格的密封,防止泄漏和外界各种尘杂水液介质混入。

④ 根据换油指标及时更换液压油。对液压设备中的液压油应定期取样化验,一旦油中的理化指标达到换油指标后(单项达到或几项达到)就要换油。

3.4.3 废油再生

废油再生指排除使油液报废的因素,延长液压油液的寿命。废油再生的方法很多,要根据废油的性状及再生油的用途(作液压油、切削油还是润滑油)来确定。

废液再生方法如下。

① 过滤:是让油液流过滤材以去除杂质的方法。过滤时适当提高温度可以改善过滤效果,但会促进氧化劣化产物,添加剂分解产物等有机杂质的溶解从而影响它们的清除。

② 吸附:是用活性白土、活性铝矾土、活性炭等吸附液压油的劣化产生、分解产物等而将它们清除的方法。

③ 静电分离:是让油液流过加有直流高电压的电极之间,使油中的杂质极化,用集尘纸捕捉而除去它们的方法。

受条件限制,油液报废后无法就地再生处理时,应请油料公司回收处理,而不应随意烧掉或倒掉,否则既污染环境也造成浪费。

思考题

1. 液压油的物理性质有哪些?对液压油有何要求?
2. 液压油有几类?
3. 选择液压油考虑哪些问题?
4. 液压污染有哪些危害?如何控制液压污染?
5. 如何使用和保管液压油?
6. 废油再生的方法有哪些?

4 液压动力元件

4.1 液压泵概述

4.1.1 液压泵的用途和分类

液压泵是能量转换装置,能将原动机提供的机械能转换为液压能,是液压系统中的液压能源,是组成液压系统的心脏,用它向液压系统输送足够量的压力油,从而推动执行元件对外做功。

液压泵的分类方式有多种。按其结构不同,液压泵可分为齿轮泵、叶片泵、柱塞泵和螺杆泵;按其压力不同,又可分为低压泵、中压泵、中高压泵、高压泵和超高压泵;按其输出流量能否调节,又分为定量泵和变量泵。液压泵的大致类型如下。

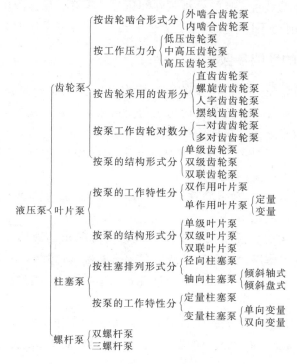

4.1.2 液压泵工作原理

液压泵的类型不同,但它们的工作原理是相同的,其工作原理如图4-1所示。

当偏心轮1由原动机带动旋转时,柱塞2作往复运动。柱塞右移时,弹簧3使之从密封工作腔4中推出,密封容积逐渐增大,形成局部真空,油箱中的油液在大气压力作用下,通过单向阀

5 进入工作腔 4，这是吸油过程。当柱塞左移被偏心轮压入工作腔时，密封容积逐渐减小，使腔内油液打开单向阀 6 进入系统，这是压油过程。偏心轮不断旋转，泵就不断地吸油和压油。

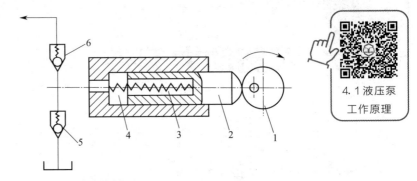

图 4-1　液压泵的工作原理

1—凸轮；2—柱塞；3—弹簧；4—密封工作腔；5—吸油阀；6—压油阀

上述单个柱塞泵工作原理也适合各种容积式液压泵，其构成条件如下。

① 必须有若干个密封且可周期性变化的空间。液压泵的理论输出流量与此空间的容积变化量及单位时间内变化次数成正比，和其他因素无关。

② 油箱内的液体绝对压力恒等于或大于大气压力，为了能正确吸油，油箱必须与大气相通或采用充气油箱。

③ 必须有合适的配流装置，目的是将吸油和压油腔隔开，保证液压泵有规律地连续地吸油、排油。液压泵结构原理不同，其配流装置也不同。图 4-1 是采用两个止回阀实现配流的。

4.1.3　液压泵的性能参数

(1) 工作压力和额定压力　液压泵的工作压力（用 p 表示）是指实际工作时输出的压力，它主要取决于执行元件的外负载，而与泵的流量无关。泵的铭牌上标出的额定压力是根据泵的强度、寿命、效率等使用条件而规定的正常工作的压力上限，超过此值就是过载。

(2) 排量和流量　液压泵的排量（用 V 表示）是指泵在无泄漏情况下每转一周，由其密封油腔几何尺寸变化而决定的排出液体的体积。

若泵的转速为 n(r/min)，则泵的理论流量 $q_{Vt}=nV$。泵的铭牌上标出的额定流量是泵在额定压力下所能输出的实际流量。

考虑液压泵泄漏损失时，液压泵在单位时间内实际输出的液体的体积叫实际流量（用 q_V 表示）。当液压泵的工作压力升高时，液压泵的泄漏量 Δq 增大，实际流量 q_V 会减小。

(3) 效率　液压泵在能量转换过程中必然存在功率损失，功率损失可分为容积损失和机械损失两部分。

容积损失是因泵的内泄漏造成的流量损失。随着泵的工作压力的增大，内泄增大，实际输出流量 q_V 比理论流量 q_{Vt} 减少。泵的容积损失可用容积效率 η_V 表示，即

$$\eta_V = q_V/q_{Vt} \tag{4-1}$$

各种液压泵产品都在铭牌上注明在额定工作压力下的容积效率 η_V。

液压泵在工作中，由于泵内轴承等相对运动零件之间的机械摩擦以及泵内转子和周围液体的摩擦以及泵从进口到出口间的流动阻力也产生功率损失，这些都归结为机械损失。机械损失导致泵的实际输入转矩 T_i 总是大于理论上所需的转矩 T_t，两者之比称为机械效率，以 η_m 表示，即

$$\eta_m = T_t/T_i \tag{4-2}$$

液压泵的总效率等于容积效率与机械效率的乘积，即

$$\eta = \eta_V \eta_m \tag{4-3}$$

(4) 驱动液压泵的电机功率　液压泵由电动机驱动，输入机械能，而输出的是液体压力和流量，即压力能。由于容积损失和机械损失的存在，在选定电机功率时要大于泵的输出功率，用下式计算：

$$P = pq_V/\eta \tag{4-4}$$

式中　P——驱动液压泵的电机功率；
　　　p——液压泵工作压力；
　　　q_V——液压泵流量；
　　　η——液压泵的总效率。

若压力以 Pa 代入，流量 q_V 以 m^3/s 代入，则上式的功率单位为 W（瓦，N·m/s）；
若压力以 MPa 代入，流量 q_V 以 L/min 代入，则电机功率为 kW，可用式(4-5) 计算：

$$P = pq_V/(60\eta) \tag{4-5}$$

【例 4-1】 某液压泵额定压力为 2.5MPa，$\eta_m = 0.9$，由实际测得：①当泵的转速 $n = 1450$r/min，泵的出口压力为零时，其流量 $q_{V1} = 106$L/min。当泵的出口压力为 2.5MPa 时其流量 $q_{V2} = 100.7$L/min。试求泵在额定压力下的容积效率。②当泵的转速 $n = 500$r/min，压力为额定压力时，泵的流量为多少？容积效率为多少？

解：① 出口压力为零时的流量为理论流量，所以 $\eta_V = 100.7/106 = 0.95$。

② 当转速 $n = 500$r/min 时，泵的理论流量为 $q_{Vt} = 106 \times \dfrac{500}{1450} = 36.55$(L/min)，压力仍为额定压力，故此时的泵的流量 $q_V = q_{Vt}\eta_V = 36.55 \times 0.95 = 34.72$(L/min)，容积效率不变 $\eta_V = 0.95$。

4.2 齿轮泵

齿轮泵的分类方法很多，如按齿轮啮合形式、齿轮形式、齿形曲线、轴承形式、密封形式、组合形式、外连接形式、泵体材质等分类。按齿轮啮合形式、齿形曲线等分类见表 4-1。重点介绍外啮合齿轮泵工作原理和结构性能。

表 4-1　齿轮泵的分类及特点

分　类	结构形式	特　点
齿轮啮合形式	外啮合渐开线齿形 内啮合渐开线齿形	结构简单,工艺性好,相对噪声较叶片泵、柱塞泵大 相对外啮合齿轮泵噪声低,工艺性好,加工复杂
齿形曲线	渐开线齿形 圆弧齿形 摆线齿形 直线及其共轭齿形	工艺性好,加工方便,成本低 传动强度大 用于内啮合泵,结构紧凑 传动平稳,低噪声,加工工艺装备特殊
齿轮形式	直齿 斜齿 人字齿	加工容易 重合度大(很少采用) 受力均匀(很少采用)

4.2.1 外齿轮泵工作原理

齿轮泵的工作原理如图 4-2 所示。当齿轮按图示方向旋转时,齿轮泵右侧(吸油腔)轮齿脱开啮合,齿槽内密封容积增大,形成局部真空,在外界大气压的作用下,从油箱中吸油。随着齿轮的旋转,吸入的油液被齿间槽带入左侧的压油腔。泵的左腔(压油腔)轮齿进入啮合,使密封齿槽内的容积逐渐减小,压力升高,由于液体的体积变化很小,故经管道输出给液压系统,这就是压油。泵轴不停地转动,油箱中的油就源源不断地被泵送入液压系统。

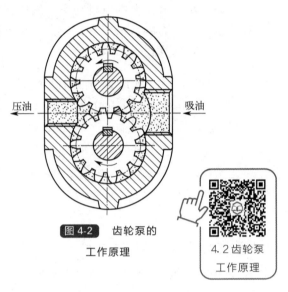

图 4-2　齿轮泵的工作原理

4.2.2 典型外齿轮泵的结构

CB 型齿轮泵(高压齿轮泵)广泛应用在工程机械、起重机和拖拉机等设备的液压系统中。CB-B 型齿轮泵是我国自行设计制造的产品,早已大量生产,得到广泛使用。

如图 4-3 所示为 CB-B 型齿轮泵的结构。它为三片式结构,三片是指前、后泵盖 4、8 和泵体 7。泵体 7 内装有一对齿数和模数均相等,宽度与泵体相等,又互相啮合的齿轮 6。这对齿轮的齿间槽与两端盖及泵体内壁形成一个个密封腔,而两齿轮的啮合处的接触面则将泵进、出油口处的密封腔分为两部分,即吸油腔和压油腔。两齿轮分别用键固定在由滚针轴承

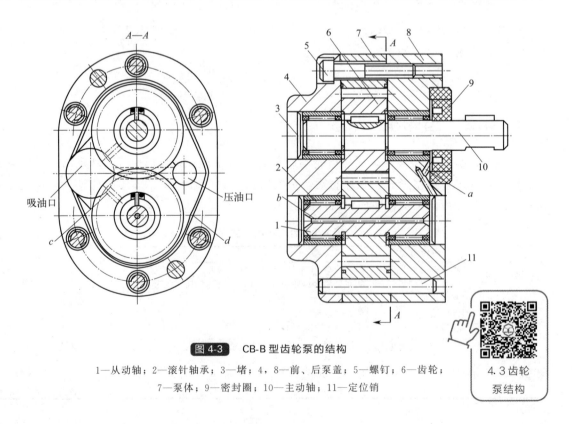

图 4-3　CB-B 型齿轮泵的结构

1—从动轴;2—滚针轴承;3—堵;4、8—前、后泵盖;5—螺钉;6—齿轮;7—泵体;9—密封圈;10—主动轴;11—定位销

支撑的主动轴 10 和从动轴 1 上，主动轴由电动机带动旋转。泵的前后盖和泵体由两个定位销 11 定位，用 6 个螺钉 5 固紧。在齿轮端面和泵盖之间有适当的轴向间隙，小流量泵的间隙为 0.025～0.04mm，大流量泵为 0.04～0.06mm，以使齿轮转动灵活，又能保证油的泄漏最小。齿轮的齿顶与泵体内表面间的间隙（径向间隙）一般为 0.13～0.16mm，由于齿顶油液泄漏的方向与齿顶的运动方向相反，故径向间隙稍大一些。

在泵体的两端面上开有卸荷槽 d，其作用是将渗入泵体和泵盖间的压力油引入吸油腔。在泵盖和从动轴上设有小孔 a、b、c，其作用是将润滑轴承后由轴承端部泄漏出的油引入吸油腔。

4.2.3 外啮合齿轮泵在结构上存在的几个问题

(1) 困油现象　齿轮泵要平稳工作，齿轮啮合的重叠系数必须大于 1，于是总有两对轮齿同时啮合，并有一部分油液被围困在两对轮齿所形成的封闭空腔之间，如图 4-4 所示。这个封闭的容积随着齿轮的转动在不断地发生变化。封闭容腔由大变小时，被封闭的油液受挤压并从缝隙中挤出而产生很高的压力，油液发热，并使轴承受到额外负载；而封闭容腔由小变大，又会造成局部真空，使溶解在油中的气体分离出来，产生气穴现象。这些都将使泵产生强烈的振动和噪声。这就是齿轮泵的困油现象。

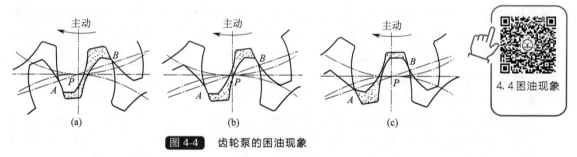

图 4-4　齿轮泵的困油现象

为减小困油现象的危害，常在齿轮泵啮合部位侧面的泵盖上开卸荷槽，使密闭腔在其容积由大变小时，通过卸荷槽与压油腔相连通，避免了压力急剧上升；密闭腔在其容积由小变大时，通过卸荷槽与吸油腔相连通，避免形成真空。两个卸荷槽间须保持合适的距离，以便吸、压油腔在任何时候都不连通，避免增大泵的泄漏量。齿轮泵盖上两个卸荷槽的位置向吸油腔偏移一小段距离。实测证明，偏移后的效果比对称分布更好一些。

矩形卸荷槽形状简单，加工容易，基本上能满足使困油卸荷的使用要求。但是封闭油腔与泵的吸、压油腔通道仍不够通畅，困油现象造成的压力脉动还部分地存在，而采用图 4-5 所示的几种异形困油卸荷槽，则能使困油及时顺利地导出，对改善齿轮泵的工作，对较彻

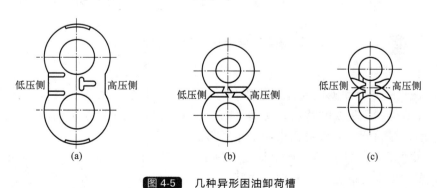

图 4-5　几种异形困油卸荷槽

地解除困油现象更有利一些。

（2）径向不平衡力　齿轮泵工作时，作用在齿轮外圆上的压力是不均匀的。在压油腔和吸油腔，齿轮外圆分别承受着系统工作压力和吸油压力；在齿轮齿顶圆与泵体内孔的径向间隙中，可以认为油液压力由高压腔压力逐级下降到吸油腔压力。这些液体压力综合作用的合力相当于给齿轮一个径向不平衡作用力，使齿轮和轴承受载。工作压力越大，径向不平衡力越大，严重时会造成齿顶与泵体接触，产生磨损。

通常采取缩小压油口的办法来减小径向不平衡力，使高压油仅作用在一个到两个齿的范围内。

（3）泄漏　外啮合齿轮泵高压腔（压油腔）的压力油向低压腔（吸油腔）泄漏有三条路径。一是通过齿轮啮合处的间隙；二是泵体内表面与齿顶圆间的径向间隙；三是通过齿轮两端面与两侧端盖间的端面轴向间隙。三条路径中，端面轴向间隙的泄漏量最大，占总泄漏量的70%~80%。因此，普通齿轮泵的容积效率较低，输出压力也不容易提高。要提高齿轮泵的压力，首要的问题是要减小端面轴向间隙。

4.2.4　提高外啮合齿轮泵压力的措施

要提高外啮合齿轮泵的工作压力，必须减小端面轴向间隙泄漏，一般采用齿轮端面间隙自动补偿的办法来解决这个问题。齿轮端面间隙自动补偿原理，是利用特制的通道，把泵内压油腔的压力油引到浮动轴套外侧，作用在一定形状和大小的面积（用密封圈分隔构成）上，产生液压作用力，使轴套压向齿轮端面这个液压力的大小必须保证浮动轴套始终紧贴齿轮端面，减小端面轴向间隙泄漏，达到提高工作压力的目的。

① 浮动轴套式。浮动轴套式的间隙补偿装置如图4-6(a)所示。泵的出口压力油直接引入齿轮轴上的浮动轴套3的外侧A腔，在油压作用下，使浮动轴套紧贴齿轮1的左侧面，因而可以消除间隙，并可补偿侧面与轴套的磨损量。泵在启动前，靠弹簧4产生预紧力，保证了端面间隙的密封。

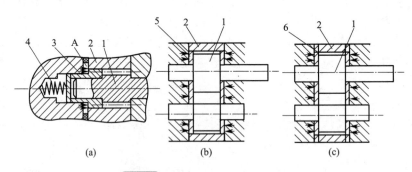

图4-6　端面间隙补偿装置示意图

1—齿轮；2—泵体；3—浮动轴套；4—弹簧；5—浮动侧板；6—挠性侧板

② 浮动侧板式。浮动侧板式补偿装置与浮动轴套式工作原理基本相同，也是利用泵的出口压力油印到浮动侧板5的背面，使其紧贴于齿轮1的端面来减小端面间隙，如图4-6(b)所示。启动前，浮动侧板靠密封圈来产生预紧力。

③ 挠性侧板式。挠性侧板式补偿装置如图4-6(c)所示。当泵的出口压力油引到侧板6的背面时，靠侧板本身的变形来补偿端面间隙。侧板的厚度较薄，内侧面耐磨。

4.2.5 齿轮泵轴承的润滑

齿轮泵轴承的润滑方式见表 4-2。

(1) 滚动轴承的润滑。采用滚动轴承的齿轮泵轴承润滑方式，有的将端面间隙高压油泄漏引到轴承腔，有的采用轴承腔和吸油腔相连的低压润滑。

(2) 滑动轴承的润滑。采用双金属薄壁轴承和采用 DU 轴承压配结构的滑动轴承润滑方式，目前以在轴承内孔加直槽或螺旋槽结构为主。

DU 轴承国内称为 SF-1 轴承。三层复合材料的 DU 轴承本身是一种无油润滑轴承，可以在干摩擦或无润滑条件下工作。

表 4-2 齿轮泵轴承的润滑方式

润滑方式	说 明	特 点
泄漏润滑	利用通过密封间隙泄漏到轴承处的油液对轴承进行润滑 一般用于滚动轴承和复合轴承润滑	①结构简单,不需要开设油槽 ②不消耗功率 ③润滑油温较高 ④润滑油量不能控制
压油润滑	在轴套或侧板上开设油槽,使轴承和压油腔间断相通,每转过一齿,对轴承脉冲供油一次	①润滑油槽较简单 ②损失输出油量 ③润滑油温较高 ④油槽易阻塞
困油润滑	在轴套或侧板上开设油槽,当轮齿啮合进入困油状态时,可向轴承供油	①润滑油槽较简单 ②损失输出油量 ③润滑油温较高 ④润滑油量小
螺旋油槽吸油润滑	在轴承非负荷区开设螺旋油槽	①不损失输出油量 ②润滑油温低 ③润滑油量大
诱导润滑	在轴套端面轮齿脱开啮合的部位开设与轴承孔相通的油槽,利用轮齿刚脱开啮合时形成的局部压力下降,使润滑油通过轴承和油槽再进入齿谷	①结构较复杂 ②不损失输出油量 ③润滑油温低 ④有足够的润滑油量

4.2.6 齿轮泵的拆装修理

4.5 外啮合齿轮泵拆装

(1) 拆卸
① 松开并卸下泵盖及轴承压盖上全部连接螺钉。
② 卸下定位销及泵盖、轴承盖。
③ 从泵壳内取出传动轴及被动齿轮的轴套。
④ 从泵壳内取出主传动齿轮及被动齿轮。
⑤ 取下高压泵的压力反馈侧板及密封圈。
⑥ 检查轴头骨架油封，如其阻油唇边良好能继续使用，则不必取出；如阻油唇边损坏，则取出更换。
⑦ 把拆下来的零件用煤油或柴油进行清洗。

(2) 简单修理　齿轮泵使用较长时间后，齿轮各相对运动面会产生磨损和刮伤。端面的磨损导致轴向间隙增大，齿顶圆的磨损导致径向间隙增大，齿形的磨损引起噪声增大。磨损拉伤不严重时，可稍加研磨抛光再用；磨损拉伤严重时，则需根据情况予以修理或更换。

① 齿形修理。用细砂布或油石去除拉伤或已磨成多棱形的毛刺，不可倒角。

② 齿轮端面修理。轻微磨损者，可将两齿轮同时放在 0 号砂布上，再放在金相砂纸上擦磨抛光。磨损拉伤严重时，可将两齿轮同时放在平磨床上磨去少许，再用金相砂纸抛光。此时泵体也应磨去同样尺寸。两齿轮厚度差应在 0.005mm 以内，齿轮端面与孔的垂直度、两齿轮轴线的平行度都应控制在 0.005mm 以内。

③ 泵体修复。泵体的磨损主要是内腔与齿轮齿顶圆相接触面，且多发生在吸油侧。对于轻度磨损，用细砂布修掉毛刺可继续使用。

④ 侧板或端盖修复。侧板或前后盖主要是装配后，与齿轮相滑动的接触端面的磨损与拉伤，如磨损和拉伤不严重，可研磨端面修复；磨损拉伤严重，可在平面磨床上磨去端面上的沟痕。

⑤ 泵轴修复。齿轮泵泵轴的失效形式主要是与滚针轴承相接触处容易磨损，有时会产生折断。如果磨损轻微，可抛光修复（并更换新的滚针轴承）。

(3) 装配　修理后的齿轮泵装配时按如下步骤：

① 用煤油或轻柴油清洗全部零件。

② 主动轴轴头盖板上的骨架油封需更换时，先在骨架油封周边涂润滑油，用合适的芯轴和小锤轻轻打入盖板槽内，油封的唇口应朝向里边，切勿装反。

③ 将各密封圈洗净后（禁用汽油）装入各相应油封槽内。

④ 将合格的轴承涂润滑油装入相应轴承孔内。

⑤ 将轴套或侧板与主动、被动齿轮组装成齿轮轴套副，在运动表面加润滑油。

⑥ 将轴套副与前后泵盖组装。

⑦ 将定位销装入定位孔中，轻打到位。

⑧ 将主动轴装入主动齿轮花键孔中，同时将轴承盖装上。

⑨ 装连接两泵盖及泵壳的紧固螺钉。注意两两对角用力均匀，扭力逐渐加大。同时边拧螺钉，边用手旋转主动齿轮，应无卡滞、过紧和别劲感觉。所有螺钉上紧后，应达到旋转均匀的要求。

⑩ 用塑料填封好油口。

⑪ 泵组装后，在设备调试时应再作试运转检查。

(4) 注意事项

① 在拆装齿轮泵时，注意随时随地保持清洁，防止灰尘污物落入泵中。

② 拆装清洗时，禁用破布、棉纱擦洗零件，以免脱落棉纱头混入液压系统。应当使用毛刷或绸布。

③ 不允许用汽油清洗浸泡橡胶密封件。

④ 液压泵为精密机件，拆装过程中所有零件应轻拿轻放，切勿敲打撞击。

4.2.7　齿轮泵的常见故障及排除方法

齿轮泵一般用于工作环境不清洁的工程机械和精度不高的一般机床，以及压力不太高而流量较大的液压系统。

(1) 齿轮泵的优点

① 结构简单，工艺性较好，成本较低。

② 与同样流量的其他各类泵相比，结构紧凑，体积小。

③ 自吸性能好。无论在高、低转速甚至在手动情况下都能可靠地实现自吸。

④ 转速范围大。因泵的传动部分以及齿轮基本上都是平衡的，在高转速下不会产生较大的惯性力。

⑤ 油液中污物对其工作影响不严重，不易咬死。

(2) 齿轮泵的缺点

① 工作压力较低。齿轮泵的齿轮、轴及轴承上受的压力不平衡，径向负载大，限制了它压力的提高。

② 容积效率较低。这是由于齿轮泵的端面泄漏大。

③ 流量脉动大，引起压力脉动大，使管道、阀门等产生振动，噪声大。

齿轮泵常见故障产生原因及排除方法见表 4-3。

表 4-3 齿轮泵常见故障产生原因及排除方法

故障现象	产生原因	排除方法
不打油或输油量不足及压力提不高	①电动机的转向错误 ②吸入管道或滤油器堵塞 ③轴向间隙或径向间隙过大 ④各连接处泄漏而引起空气混入 ⑤油液黏度太大或油液温升太高	①纠正电动机转向 ②疏通管道,清洗滤油器除去堵物,更换新油 ③修复更换有关零件 ④紧固各连接处螺钉,避免泄漏严防空气混入 ⑤油液应根据温升变化选用
噪声严重及压力波动厉害	①吸油管及滤油器部分堵塞或入口滤油器容量小 ②从吸入管或轴密封处吸入空气,或者油中有气泡 ③泵与联轴器不同心或擦伤 ④齿轮本身的精度不高 ⑤CB 型齿轮泵骨架式油封损坏或装轴时骨架油封内弹簧脱落	①除去脏物,使吸油管畅通,或改用容量合适的滤油器 ②在连接部位或密封加点油,如果噪声减小,可拧紧接头处或更换密封圈,回油管口应在油面以下,与吸油管要有一定距离 ③调整同心,排除擦伤 ④更换齿轮或对研修整 ⑤检查骨架油封,损坏时更换以免吸入空气
液压泵旋转不灵活或咬死	①轴向间隙及径向间隙过小 ②装配不良,CB 型盖板与轴的同心度不好,长轴的弹簧固紧脚太长,滚针套质量太差 ③泵和电动机的联轴器同轴度不好 ④油液中杂质被吸入泵体内	①修配有关零件 ②根据要求重新进行装配 ③调整使不同轴度不超过 0.2mm ④严防周围灰沙、铁屑及冷却水等进入油池,保持油液洁净

▶▶ 4.3 叶片泵

叶片泵主要分为单作用叶片泵和双作用叶片泵两大类。单作用叶片泵转子每转一周，只有一次吸压油过程，转子承受单方向径向力，轴承负荷大，泵的流量可以调节，又称为变量叶片泵；双作用叶片泵转子每转一周，有两次吸压油过程，泵的流量不可调节，称为定量叶片泵。

按压力等级叶片泵可分为：中低压叶片泵（7MPa），中高压叶片泵（16MPa），高压叶片泵（20～30MPa）。

叶片泵的分类见表 4-4。

表 4-4　叶片泵的分类

分类形式	种类
结构	单叶片式；双叶片式；子母叶片式；弹簧叶片式
压力	中低压(7MPa)；中高压(16MPa)；高压(20～30MPa)
流量调节	单作用(变量)叶片泵；双作用(定量)叶片泵

4.3.1　双作用叶片泵的工作原理和结构

图 4-7 表示双作用叶片泵工作原理。图中转子轴线与定子轴线重合，定子内表面由两段长半径 R 的圆弧、两段短半径 r 的圆弧和四段过渡曲线所构成。

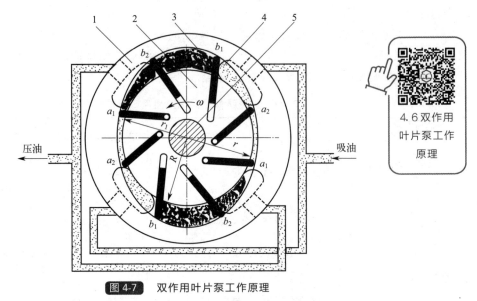

图 4-7　双作用叶片泵工作原理
1—定子；2—转子；3—叶片；4—配油盘；5—传动轴

当转子按图示方向转动时，由于离心力和叶片底部压力油的作用，叶片顶部紧贴定子内表面，在定子、转子、相邻两叶片之间和两端面的配油盘间形成若干个密封工作油腔。处于右上角和左下角处的叶片在转子转动时逐渐伸出，密封工作油腔的容积逐渐增大，形成局部真空，于是通过配油盘的吸油窗口、吸油管将油箱中的油液吸入到泵的吸油腔。图中右下角和左上角处的叶片逐渐被定子内表面推入槽内，密封工作油腔的容积逐渐减小，形成局部压力增大，将吸油腔带入的油液经压油窗口、配油盘、压油管输出。在吸油腔和压油腔之间也有一段封油区将吸、压油腔隔开。这种泵的转子每转一周，每个密封工作油腔完成两次吸、压油过程，故称为双作用式叶片泵。

图 4-8 为 YB1 系列双作用叶片泵的结构。在左泵体 1 和右泵体 7 内安装有定子 5、转子 4、左配流盘 2 和右配流盘 6。转子 4 上开有 12 条具有一定倾斜角度的槽，叶片 3 装在槽内。转子由传动轴 11 带动回转，传动轴由左、右泵体内的两个径向球轴承 12 和 9 支承。盖板 8 与传动轴间用两个油封 10 密封，以防止漏油和空气进入。定子、转子和左、右配流盘用两个螺钉 13 组装成一个部件后再装入泵体内，这种组装式的结构便于装配和维修。螺钉 13 的头部装在左泵体后面孔 k 内，以保证定子及配油盘与泵体的相对位置。

油液从吸油口 m 经过空腔 a，从左、右配油盘吸油窗口 b 吸入，压力油从压油窗口 c 经右配油盘中的环槽 d 及右泵体中环形槽 e，从压油口 n 压出。转子 4 两侧泄漏的油液，通过传动轴 11 与右配流盘孔中的间隙，从 g 孔流回吸油腔 b。

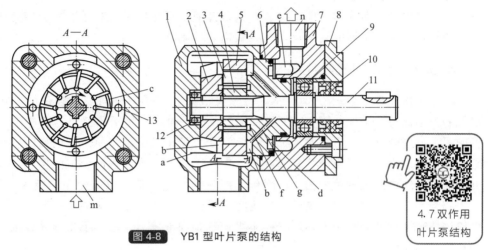

图 4-8　YB1 型叶片泵的结构

1—左泵体；2—左配流盘；3—叶片；4—转子；5—定子；6—右配流盘；
7—右泵体；8—泵盖；9，12—轴承；10—油封；11—泵轴；13—连接螺钉

4.3.2　双作用叶片泵的结构问题

（1）叶片的倾角　如图 4-9 所示，叶片在压油区工作时，它们均受定子内表面推力 F 的作用不断缩回槽内。当叶片在转子内径向安放时，定子表面对叶片作用力的方向与叶片沿槽滑动的方向所成的压力角 β 较大，因而叶片在槽内所受的摩擦力也较大，使叶片滑动困难，甚至被卡住或折断。如果叶片不作径向安放，而是顺转向前倾一个角度 θ，这时的压力角就是 $\beta' = \beta - \theta$。压力角减小有利于叶片在槽内滑动，所以双作用叶片泵转子的叶片槽常做成向前倾斜一个安放角 θ。一般叶片泵的倾角 θ 可取 $10°\sim14°$，YB1 系列泵的叶片相对转子径向连线前倾 $13°$。

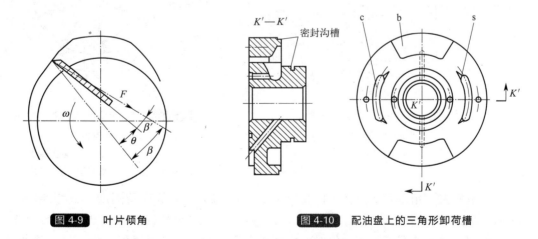

图 4-9　叶片倾角　　　　图 4-10　配油盘上的三角形卸荷槽

（2）配油盘上的三角形卸荷槽　图 4-10 为 YB1 型叶片泵的配油盘结构，两个凹形孔 b 为吸油窗口，两个腰形孔 c 为压油窗口，b 口和 c 窗口之间为封油区。

为了防止吸油腔和排油腔互通，配油盘上封油区的夹角大于或等于相邻两叶片间的夹角。每个工作空间在封油区有可能因制造误差而产生类似齿轮泵那样的困油现象。因此，YB1 型叶片泵在配油盘的封油区进入压油窗的一端开有三角尖槽 s，使封闭在两叶片间的油液通过三角尖槽逐渐地与高压腔接通，减缓油液从低压腔进入高压腔的突然升压，以减少压力脉动和噪声。三角槽的具体尺寸，一般由实验确定。

4.3.3 单作用式叶片泵

（1）工作原理　如图 4-11 所示，转子外表面和定子内表面都是圆柱面。转子的中心与定子的中心保持一个偏心距 e。在配油盘上开有吸油窗口和压油窗口，图中虚线所示。当转子如图示方向转动时，下部两相邻叶片、定子、转子及配油盘所组成的密闭容积增大，油液通过吸油窗口吸入；而上部两相邻叶片、定子、转子及配油盘所组成的密闭容积减小，油液由压油窗口压送到压油管中去。改变偏心距 e 的大小，就可以改变泵的流量。当 $e=0$ 即转子中心与定子中心重合时，泵的流量为零。转子转一周，吸、压油各一次。由于径向液压力只作用在转子表面的半周上，转子受不平衡的径向液压力，故轴承将承受较大的负载，其寿命较短，不宜用于高压。

（2）限压式变量叶片泵

① 外反馈式变量叶片泵　图 4-12 为外反馈限压式变量叶片泵的工作原理。该泵除了转子 1、定子 2、叶片及配油盘外，在定子的右边有限压弹簧及调节螺钉 4；定子的左边有反馈缸，缸内有柱塞 6，缸的左端有调节螺钉 7。反馈缸通过控制油路（图中虚线所示）与泵的压油口相连通。

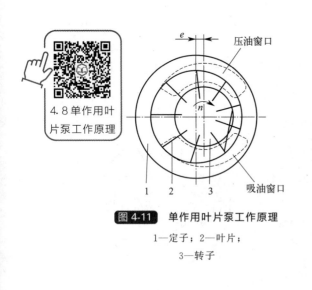

图 4-11　单作用叶片泵工作原理
1—定子；2—叶片；3—转子

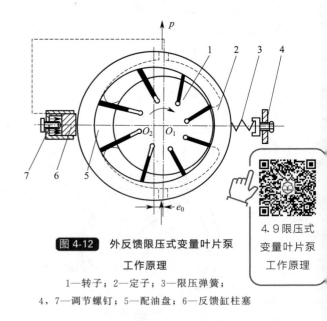

图 4-12　外反馈限压式变量叶片泵工作原理
1—转子；2—定子；3—限压弹簧；
4，7—调节螺钉；5—配油盘；6—反馈缸柱塞

调节螺钉 4 用以调节弹簧 3 的预紧力 F（$F=kx_0$，k 为弹簧刚度，x_0 为弹簧的预压缩量），也就是调节泵的限定压力 p_B（$p_B=kx_0/A$，A 为柱塞有效面积）。调节螺钉 7 用以调节反馈缸柱塞 6 左移的终点位置，也即调节定子与转子的最大偏心距 $e_{\max}$，调节最大偏心距也就是调节泵的最大流量。

转子 1 的中心 O_1 是固定的，定子 2 可以在右边弹簧力 F 和左边有反馈缸液压力 p_A 的作用下，左右移动而改变定子相对于转子的偏心量 e，即根据负载的变化自动调节泵的流量。

② 内反馈变量叶片泵　图 4-13 所示为内反馈限压式变量泵的工作原理。这种泵的工作原理与外反馈式相似。它没有反馈缸，但在配油盘上的腰形槽位置与 y 轴不对称。在图中上方压油腔处，定子所受到的液压力 F 在水平方向的分力 F_x 与右侧弹簧的预紧力方向相反。当这个力 F_x 超过限压弹簧 5 的限定压力 p_B 时，定子 3 即向右移动，使定子与转子的偏心量 e 减小，从而使泵的流量得以改变。泵的最大流量由调节螺钉 1 调节，泵的限定压力 p_B 由调节螺钉 4 调节。

③ 限压式变量叶片泵的压力流量特性曲线　图 4-14 所示为限压式变量叶片泵的压力流量特性曲线。图中 AB 段是泵的工作压力 p 小于限定压力 p_B 时，偏心量 e 最大，流量也是最大的一段。该段为稍微向下倾斜的直线，与定量泵的特性相当。这是因为此时泵的偏心量不变而压力增高时，其泄漏油量稍有增加，泵的实际流量也稍有减少所致。图中 BC 段是泵的变量段。在这一区段内，泵的实际流量随着工作压力的增高而减小。图中 B 点称为拐点，其对应的工作压力为限定压力 p_B，C 点对应的压力 p_C 为泵的极限压力 p_{max}，在该点泵的流量为零。

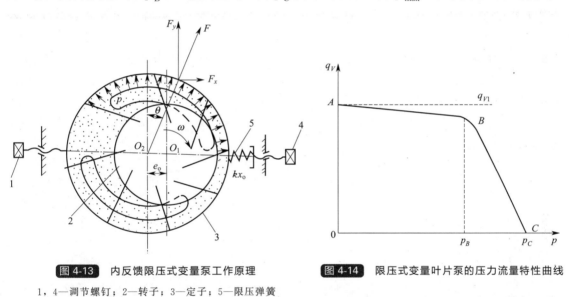

图 4-13　内反馈限压式变量泵工作原理

图 4-14　限压式变量叶片泵的压力流量特性曲线

1，4—调节螺钉；2—转子；3—定子；5—限压弹簧

【例 4-2】　某机床液压系统采用一限压式变量泵。泵的流量-压力特性曲线 ABC 如图 4-15 所示。泵的总效率为 0.7。如机床在工作进给时泵的压力和流量分别为 4.5MPa 和 2.5L/min，在快速移动时，泵的压力和流量为 2.0MPa 和 20L/min，试问泵的特性曲线应调成何种形状？泵所需的最大驱动功率为多少？

解：根据快进时的压力和流量可得工作点 F，通过 F 点作 AB 的平行线 $A'E$，根据工进时的压力和流量可得工作点 G，过 G 作 BC 的平行线 DC'。$A'E$ 和 DC' 相交于 B' 点，则 $A'B'C'$ 即为调整后的泵的特性曲线。B' 点为拐点，在图上查出 B' 点对应的压力和流量为 $p = 3.25$MPa，$q = 19.5$L/min。

变量泵的最大驱动功率可认为在拐点压力附近，故泵的最大驱动功率近似等于

$$P = pq/(60\eta) = 3.25 \times 10^6 \times 19.5 \times 10^3/(60 \times 0.7) = 1.5 \text{(kW)}$$

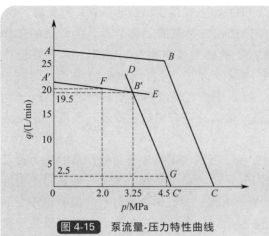

图 4-15 泵流量-压力特性曲线

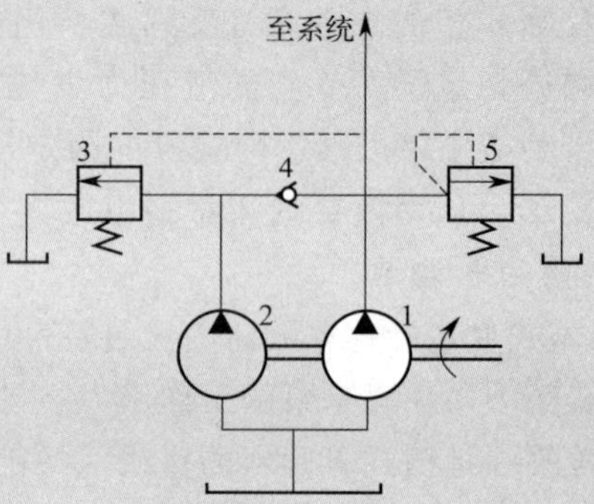

图 4-16 双联叶片泵

1—高压小流量泵；2—低压大流量泵；
3—卸荷阀；4—单向阀；5—溢流阀

【例 4-3】 某组合机床动力滑台采用双联叶片泵 YB-40/6，如图 4-16 所示，快速进给时两泵同时供油，工作压力为 1MPa，工作进给时大流量泵卸荷，卸荷压力为 0.3MPa（注：大流量泵输出的油通过左方的卸荷阀 3 回油箱），此时系统由小流量泵供油，供油压力为 4.5MPa。若泵的总效率为 0.8，试求该双联泵所需的电动机功率（大泵流量为 40L/min，小泵流量为 6L/min）。

解：设小流量泵的出口压力为 p_1，流量 q_{V1}；大流量泵的出口压力为 p_2，流量 q_{V2}。

快进时双联泵输出功率：

$$P_1 = p_1 q_{V1} + p_2 q_{V2} = 1 \times 10^6 \times \frac{6 \times 10^{-3}}{60} + 1 \times 10^6 \times \frac{40 \times 10^{-3}}{60} = 767 \text{(W)}$$

工进时双联泵输出功率：

$$P_2 = p_1 q_{V1} + p_2 q_{V2} = 4.5 \times 10^6 \times \frac{6 \times 10^{-3}}{60} + 0.3 \times 10^6 \times \frac{40 \times 10^{-3}}{60} = 650 \text{(W)}$$

因此双联泵输出的最大功率为 767W，所需的最大驱动功率：

$$P_{i\max} = \frac{P_{\max}}{\eta} = \frac{767}{0.8} = 959 \text{(W)}$$

4.3.4 叶片泵的拆装修理

(1) 拆卸

① 松开前盖（泵轴端）各连接螺钉，取下各螺钉及泵盖。

② 松开后盖各连接螺钉，取下螺钉及后盖。

③ 从泵体内取出泵轴及轴承，卸下传动键。

④ 取出用螺钉（或销钉）连接由左右配油盘、定子、转子组装成的部件，并将此部件解体后，妥善放置好叶片、转子等零件。

⑤ 检查各 "O" 形密封圈，已损坏或变形严重者应更换。

⑥ 检查泵轴密封的两个骨架油封，如其阻油唇边损坏或自紧式螺旋弹簧损坏则必须更换。

⑦ 把拆下来的零件用清洗煤油或轻柴油清洗干净。

(2) 简单修理

① 配油盘修理。如配油盘磨损和拉伤深度不大（小于 0.5mm），可用平磨磨去伤痕，经抛光后再使用。但修磨后，由于卸荷三角槽变短可用三角锉适当修长。否则，对消除困油不利。

② 定子的修理。无论是定量还是变量叶片泵，定子均是吸油腔这一段内曲线容易磨损。变量泵的定子内表面曲线为一圆弧曲线。定量泵的定子内表面曲线由四段圆弧曲线和四段过渡曲线组成，内曲线磨损拉伤不严重时，可用细砂布（0 号）或油石打磨后可继续使用。

③ 转子的修理。转子两端面易出现磨损拉毛、叶片槽磨损变宽等现象。若只是两端面轻度磨损，抛光后可继续再用。

④ 叶片的修理。叶片的损坏形式主要是叶片顶部与定子内表面相接触处，以及端面与配油盘平面相对滑动处的磨损拉伤，拉毛不严重时稍加抛光再用。

(3) 装配 修理后的叶片泵装配步骤和注意事项如下。

① 清除零件毛刺。

② 用煤油或轻柴油清洗干净全部零件。

③ 将叶片涂上润滑油装入各叶片槽。注意叶片方向，有倒角的尖端应指向转子上叶片槽倾斜方向。装配在转子槽内的叶片应移动灵活，手松开后由于油的张力叶片一般不应下掉，否则，配合过松。定量泵配合间隙 0.02～0.025mm，变量泵 0.025～0.04mm。

④ 把带叶片的转子与定子和左右配油盘用销钉或螺钉组装成泵心组合部件。定子和转子与配油盘的轴向间隙应保证在 0.045～0.055mm，以防止泄漏增大；叶片的宽度应比转子厚度小 0.01～0.05mm。同时，叶片与转子在定子中应保持正确的装配方向，不得装错。

⑤ 把泵轴及轴承装入泵体。

⑥ 把各"O"形密封圈装入相应的槽内。

⑦ 把泵心组件穿入泵轴与泵体合装。此时，要特别注意泵轴转动方向叶片倾角方向之间的关系，双作用叶片泵指向转动方向，单作用叶片泵背向转动方向。

⑧ 把后泵盖（非动力输入端泵盖）与泵体合装，并把紧固螺钉装上。注意紧固螺钉的方法：应成对角方向均匀受力，分次拧紧，并同时用手转动泵轴，保证转动灵活平稳，无轻重不一的阻滞现象。

⑨ 把两个骨架油封涂润滑油转入前泵盖，不要损坏油封唇边，注意唇边朝向（两者背靠背），自紧弹簧要抱紧不脱落。

⑩ 前泵盖穿入泵轴与泵体合装，装上传动键。

⑪ 用塑料堵封好油口。

(4) 注意事项

① 在拆装叶片泵时，随时随地地注意保持清洁，杜绝污物、灰尘落入泵内。

② 拆装清洁过程中，禁用棉纱、破布擦洗零件，以免把脱落的棉纱头混入液压系统。应当使用毛刷和绸布。

③ 不允许使用汽油清洗、浸泡橡胶密封圈。

④ 叶片泵为精密机件，拆装过程中，所有零件应保持轻拿轻放，切勿敲打撞击。

4.3.5 叶片泵的常见故障及排除方法

叶片泵常见故障及排除方法见表4-5。

表 4-5　叶片泵常见故障产生原因及排除方法

现象	产生原因	排除方法
液压泵吸不上油或无压力	(1)原动机与液压泵旋向不一致 (2)液压泵传动键脱落 (3)进出油口接反 (4)油箱内油面过低,吸入管口露出液面 (5)转速太低吸力不足 (6)油黏度过高使叶片运动不灵活 (7)油温过低,使油黏度过高 (8)油液过滤精度太低导致叶片在槽内卡住 (9)吸入管道或过滤装置堵塞造成吸油不畅 (10)吸入口过滤器过滤精度过高造成吸油不畅 (11)吸入管道漏气 (12)小排量液压泵吸力不足	(1)纠正原动机旋向 (2)重新安装传动键 (3)按说明书选用正确接法 (4)补充油液至最低油标线以上 (5)提高转速达到液压泵最低转速以上 (6)选用推荐黏度的工作油 (7)加温至推荐正常工作油温 (8)拆洗、修磨液压泵内脏件,仔细重装,并更换油液 (9)清洗管道或过滤装置,除去堵塞物,更换或过滤油箱内油液 (10)按说明书正确选用过滤器 (11)检查管道各连接处,并予以密封、紧固 (12)向泵内注满油
流量不足达不到额定值	(1)转速未达到额定转速 (2)系统中有泄漏 (3)由于泵长时间工作、振动,使泵盖螺钉松动 (4)吸入管道漏气 (5)吸油不充分 ①油箱内油面过低 ②入口滤油器堵塞或通流量过小 ③吸入管道堵塞或通径小 ④油黏度过高或过低 (6)变量泵流量调节不当	(1)按说明书指定额定转速选用电动机转速 (2)检查系统,修补泄漏点 (3)拧紧螺钉 (4)检查各连接处,并予以密封、紧固 (5)处理方法 ①补充油液至最低油标线以上 ②清洗过滤器或选用通流量为泵流量2倍以上的滤油器 ③清洗管道,选用不小于泵入口通径的吸入管 ④选用推荐黏度工作油 (6)重新调节至所需流量
压力升不上去	(1)泵不上油或流量不足 (2)溢流阀调整压力太低或出现故障 (3)系统中有泄漏 (4)由于泵长时间工作、振动,使泵盖螺钉松动 (5)吸入管道漏气 (6)吸油不充分 (7)变量泵压力调节不当	(1)同前述排除方法 (2)重新调试溢流阀压力或修复溢流阀 (3)检查系统、修补泄漏点 (4)拧紧螺钉 (5)检查各连接处,并予以密封、紧固 (6)处理方法 ①补充油液至最低油标线以上 ②清洗过滤器或选用通流量为泵流量2倍以上的滤油器 ③清洗管道,选用不小于泵入口通径的吸入管 ④选用推荐黏度工作油 (7)重新调节至所需压力
噪声过大	(1)吸入管道漏气 (2)吸油不充分 (3)泵轴和原动机轴不同心 (4)油中有气 (5)泵转速过高 (6)泵压力过高 (7)轴密封处漏气 (8)油液过滤精度过低导致叶片在槽中卡住 (9)变量泵止动螺钉误调失当	(1)检查管道各连接处,并予以密封、紧固 (2)处理方法 ①补充油液至最低油标线以上 ②清洗过滤器或选用通流量为泵流量2倍以上的滤油器 ③清洗管道,选用不小于泵入口通径的吸入管 ④选用推荐黏度工作油 (3)重新安装达到说明书要求精度 (4)补充油液或采取结构措施,把回油口浸入油面以下 (5)选用推荐转速范围 (6)降压至额定压力以下 (7)更换油封 (8)拆洗修磨泵内脏件并仔细重新组装,并更换油液 (9)适当调整螺钉至噪声达到正常

续表

现象	产生原因	排除方法
过度发热	(1)油温过高 (2)油黏度太低,内泄过大 (3)工作压力过高 (4)回油口直接接到泵入口	(1)改善油箱散热条件或增设冷却器使油温控制在推荐正常工作油温范围内 (2)选用推荐黏度工作油 (3)降压至额定压力以下 (4)回油口接至油箱液面以下
振动过大	(1)泵轴与电动机轴不同心 (2)安装螺钉松动 (3)转速或压力过高 (4)油液过滤精度过低,导致叶片在槽中卡住 (5)吸入管道漏气 (6)吸油不充分 (7)油液中有空气	(1)重新安装达到说明书要求精度 (2)拧紧螺钉 (3)调整至许用范围以内 (4)拆洗修磨泵内脏件,并仔细重新组装,并更换油液或重新过滤油箱内油液 (5)检查管道各连接处,并予以密封、紧固 (6)处理方法 ①补充油液至最低油线以上 ②清洗过滤器或选用通流量为泵流量 2 倍以上的滤油器 ③清洗管道,选用不小于泵入口通径的吸入管 ④选用推荐黏度工作油 (7)补充油液或采取结构措施,把回油口浸入油面以下
外渗漏	(1)密封老化或损伤 (2)进出油口连接部位松动 (3)密封面磕碰 (4)外壳体砂眼	(1)更换密封 (2)紧固螺钉或管接头 (3)修磨密封面 (4)更换外壳体

▶▶ 4.4 柱塞泵

4.4.1 斜盘式轴向柱塞泵

4.4.1.1 工作原理和结构

图 4-17 表示斜盘式轴向柱塞泵工作原理。轴向柱塞泵其柱塞的轴线与回转缸体的轴芯

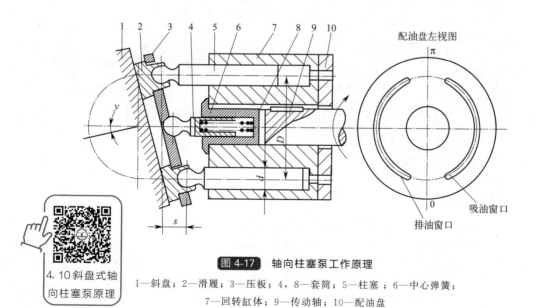

图 4-17 轴向柱塞泵工作原理

1—斜盘;2—滑履;3—压板;4,8—套筒;5—柱塞;6—中心弹簧;
7—回转缸体;9—传动轴;10—配油盘

4.10斜盘式轴向柱塞泵原理

线平行。它主要由柱塞 5、回转缸体 7、配油盘 10 和斜盘 1 等零件组成。斜盘 1 与配油盘 10 固定不动,斜盘的法线与回转缸体轴线的交角为 γ。回转缸体由传动轴 9 带动旋转。在回转缸体的等径圆周处均匀分布了若干个轴向柱塞孔,每个孔内装一个柱塞 5。带有球头的套筒 4 在中心弹簧 6 的作用下,通过压板 3 使各柱塞头部的滑履 2 与斜盘靠牢。同时,套筒 8 左端的凸缘将回转缸体 7 与配油盘 10 紧压在一起,消除两者接触面间的间隙。

当回转缸体在传动轴 9 的带动下按图示方向旋转时,由于斜盘和压板的作用,迫使柱塞在回转缸体的各柱塞孔中作往复运动。在配油盘的左视图所示的右半周,柱塞随回转缸体由下向上转动的同时,向左移动,柱塞与柱塞孔底部密封油腔的容积由小变大,其内压力降低,产生真空,通过配油盘上的吸油窗口从油箱中吸油;在左半周,柱塞随回转缸体由上向下转动的同时,向右移动,柱塞与柱塞孔底部密封油腔的容积由大变小,其内压力升高,通过配油盘上的压油窗口将油压入液压系统中,实现压油。

若改变斜盘倾角 γ 的大小,就能改变柱塞的行程长度,也就改变了泵的排量;若改变斜盘倾角 γ 的方向,就能改变泵的吸、压油的方向。因此,轴向柱塞泵一般制作成为双向变量泵。

图 4-18 表示 CY14-1 型轴向柱塞泵的结构。它由主体部分和变量机构组成。泵的主体部分:缸体和配油盘装在泵壳内,缸体与轴用花键连接,缸体的 7 个轴向缸孔内各装一个柱塞,柱塞的球状头部装在滑履的球面凹槽内加以铆合,滑履的端面与斜盘为平面接触。

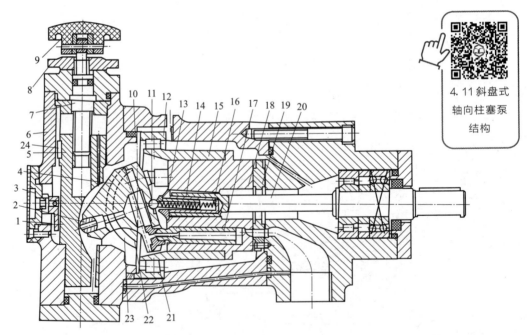

图 4-18 CY14-1 型轴向柱塞泵的结构图

1—拨叉连接销调整;2—斜盘轴销;3—刻度盘;4—斜盘;5—变量活塞;6—变量壳体;7—螺杆;8—锁紧螺母;9—调节手轮;10—回程盘;11—钢球;12—滚柱轴承;13,14—定心弹簧内、外套;15—缸套;16—定心弹簧;17—柱塞;18—缸体;19—配油盘;20—传动轴;21—滑靴;22—耳轴;23—铜瓦;24—导向

4.11 斜盘式轴向柱塞泵结构

手动变量机构位于泵的左半部，螺杆与变量柱塞用螺纹连接。转动手轮时，变量柱塞沿导向键做轴向移动，使斜盘绕钢球中心转动。调节斜盘的倾角就能改变泵的输出流量，手动变量一般在空载时进行，流量调定后用锁紧螺母拧紧。

CY14-1 型轴向柱塞泵的结构具有以下几个特点。

① 为减小接触比压和减轻磨损，柱塞 17 的头部不是直接顶在斜盘 4 上，而是在其头部套上了一个青铜滑靴 21，改点接触为面接触，并且把压力油通过柱塞头部小孔引入滑靴内腔，使滑靴与斜盘的摩擦为液体摩擦。

② 为改善弹簧的工作条件，将分散布置在柱塞底部的弹簧改为集中定心弹簧 16。一方面弹簧力通过内套 13，钢球 11 和回程盘使滑靴 21 紧贴在斜盘 4 上，以保证泵的自吸能力；另一方面弹簧力又通过外套 14 将缸体 18 压向配油盘 19，保证了缸体与配油盘紧密接触。

③ 这种泵的传动轴 20 为半轴，它的悬臂端通过缸套 15 支承在滚柱轴承 12 上。

④ 柱塞泵由主体部分和变量机构两部分机构组成。斜盘倾角的大小可通过变量机构（左端部分）来改变，从而达到改变泵的排量和流量的目的。变量机构可以有多种形式，泵的主体部分与某一变量机构组合，就构成某一种变量形式的泵。

⑤ 该泵只需调换马达配油盘即可做液压马达使用。

4.4.1.2　CY14-1 型轴向柱塞泵的结构问题

（1）滑靴-斜盘摩擦副的静压支承　滑靴对斜盘的工作表面，是在高压下做高速相对运动的运动副，为防止因摩擦发热而损坏，采用了液体静压支承。如图 4-19 所示，液压泵工作时，压力油通过柱塞中心的轴向阻尼孔 f 流入滑靴的中心孔 g 引至滑靴头部的油室 A，在滑靴和斜盘间形成油膜。油膜形成后产生一个垂直作用于滑靴端面的力，即撑开力。另外，柱塞底部油压通过滑靴作用在斜盘上有一压紧力，压紧力与撑开力之比在 1.05～1.10 范围之内较为合适。这样，滑靴对斜盘端面接触比压很小，而滑靴与斜盘之间又可建立起坚固油膜。

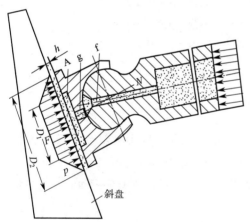

图 4-19　柱塞与滑靴结构及静压支承原理

（2）配油盘-缸体摩擦副的静压支承　缸体与配油盘之间也采用了液体静压支承，在这里，撑开力是由配油盘排油窗口内的油压和附近的油膜的油压作用于缸体端面而形成的；而缸体对配油盘的压紧力，则是当柱塞压油时，油液作用在柱塞孔中未穿透部分金属面积上而产生轴向推力形成的。压紧力与撑开力之比为 1.06～1.10，这样既可形成坚固的油膜，又可自动补偿缸体和配油盘间的磨损，提高容积效率，在泵启动时，油压尚未形成，这时缸体与配油盘间的初始密封由定心弹簧产生的推力来实现。

4.4.1.3　CY14-1 型轴向柱塞泵的拆装修理

检修分主体部与变量部两部分。

图 4-20 为 CY14-1B 型泵主体部分零件的分解立体图。

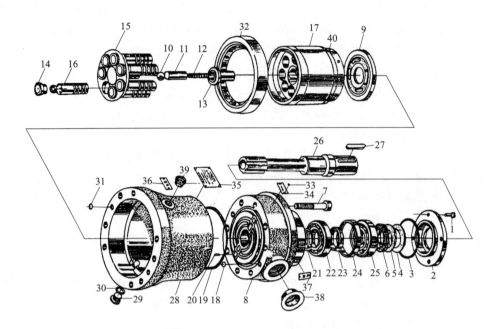

图 4-20 CY14-1B 型泵主体部分解体图

1—端盖螺钉；2—端盖；3，19，30，31—密封圈；4～6—组合密封圈；
7—连接螺钉；8—外壳体；9—配流盘；10—钢球；11—中心内套；12—中心弹簧；
13—中心外套；14—滑靴；15—回程盘；16—柱塞；17—缸体外镶钢套；
18—小密封圈；20—配流盘定位销钉；21—轴用挡圈；22，25—轴承；
23—内隔圈；24—外隔圈；26—传动轴；27—键；28—中壳体；29—放油塞；
32—滚柱轴承；33—铝铆钉；34—旋向；35—铭牌；36，37—标牌；
38—防护塞；39—回油旋塞；40—缸体

4.4.1.3.1 主体部检修

（1）拆卸

① 松开主体部与变量部的连接螺钉，卸下变量部分，注意变量头（斜盘）及止推板不要滑落，事先在泵下用木板或胶皮接住预防。变量部卸下后要妥善放置并防尘。

② 连同回程盘 15 取下 7 套柱塞 16 与滑靴 14 组装件。如柱塞卡死在缸体 40 中而研伤缸体，则一般厂难以修复，此泵报废，换新泵。

③ 从回程盘 15 中取出 7 个柱塞与滑靴组件。

④ 从传动轴 26 花键端内孔中取出钢球 10、中心内套 11、中心弹簧 12 及中心外套 13 组装件，并分解成单个零件。

⑤ 取出缸体 40 与钢套 17 组合件，两者为过盈配合不分解。

⑥ 取出配油盘 9。

⑦ 拆下传动键 27。

⑧ 卸掉端盖螺钉 1 及端盖 2 及密封件 3～6。

⑨ 卸下传动轴 26 及轴承组件 21～25。

⑩ 卸下连接螺钉 7，将外壳体 8 与中壳体 28 分解，注意外泵体上配油盘的定位销不要取下，准确记住装配位置。

⑪ 卸下滚柱轴承 32。

（2）简单修理

① 缸体的修理。缸体与外套的结构如图 4-21 所示。

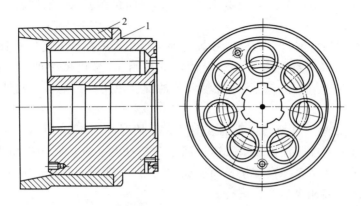

图 4-21　缸体与外套的结构

1—缸体；2—外套

缸体通常用青铜制造，外套用轴承钢制造。

缸体易磨损部位是与柱塞配合的柱塞孔内圆柱面和与配油盘接触的端面，端面磨损后可先在平面磨床上精磨端面，再用氧化铬抛光，轻度磨损时研磨便可。

② 配油盘的修理。配流盘的结构如图 4-22 所示。

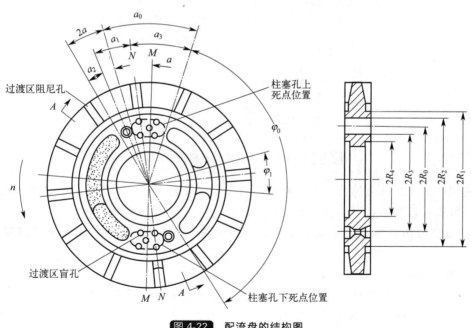

图 4-22　配流盘的结构图

CY14-1B 型泵在工作过程中，经常出现泵升不起压或压力提不高，泵打不出油或流量不足等故障，这些故障有相当部分是因为用油不清洁，使配流盘磨损、咬毛甚至出现烧盘，引起配流盘与缸体配流平面、配流盘与泵体配流面之间配合不贴切，降低密封性能而造成泄漏所致。

对于拉毛、磨损不太严重的配流盘,可采取手工研磨的方法来加以修理解决。

研磨过程中,研磨的压力和速度对研磨效率和质量很有影响。对配流盘研磨时,压力不能太大,若压力太大,被研磨掉的金属就多,工作表面粗糙度大,有时甚至还会压碎磨料而划伤研磨表面。

配流盘研磨加工用的磨料多为粒度号数为 W_{10}(相当旧标准 M_{10})的氧化铝系或金刚石系微粉。研磨时,可以此磨料直接加润滑油,一般用 10 号机械油即可。在精研时,可用 1/3 机油加 2/3 煤油混合使用,也可用煤油和猪油混合使用(猪油含动物性油酸,能增加表面光洁度)。

③ 柱塞与滑靴修理。柱塞与滑靴的装配及工作情况如图 4-23 所示。在压油区,柱塞是将滑靴推向止推板,而在吸油区是滑靴通过回程盘把柱塞从缸体孔中拉出来。泵每转一次,推、拉一次,天长日久滑靴球窝被拉长而造成"松靴"。修理的办法是用专用胎具再次压合,这需要专用胎具或到高压泵生产厂进行。

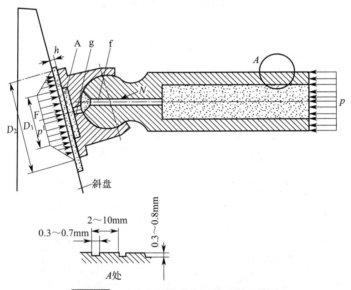

图 4-23　柱塞与滑靴结构及静压轴承原理

柱塞表面轻度损伤是拉伤、摩擦划痕,对此类轻度损伤只需用极细的油石研去伤痕,重度损伤一般难以修复,价格昂贵,不如换新泵。

④ 检查缸套滚柱轴承及传动轴上的两轴承磨损情况,磨损严重、游隙大的要更换新轴承。

⑤ 检查各密封圈,破损、变形者要更换。

(3) 装配　修理后的柱塞泵装配步骤及注意事项如下(参见图 4-20):

① 用煤油或汽油清洗干净全部零件。

② 将密封圈 19 装入外壳体 8 的槽中。

③ 将外壳体 8 及中壳体 28 用连接螺钉 7 合装。

④ 将滚柱轴承 32 装入中壳体 28 孔中。

⑤ 将传动轴 26 及轴承组件 21~25 装入外壳体 8 中。

⑥ 将密封圈 3 装入端盖 2,将密封组件 3~6 装入端盖 2。

⑦ 将端盖 2 与外壳体 8 合装，用端盖螺钉 1 紧固。
⑧ 将配流盘 9 装入外壳体端面贴紧，用定位销定位（注意定位销不要装错）。
⑨ 将缸体装入中壳体中，注意与配流盘端面贴紧。
⑩ 将中心内套 11、中心弹簧 12 及中心外套 13 组合后装入传动轴内孔。
⑪ 在钢球 10 上涂抹清洁黄油黏在弹簧中心内套 11 的球窝中，防止脱落。
⑫ 将 7 套滑靴 14 与柱塞 16 组件装入回程盘孔中。
⑬ 将滑靴、柱塞、回程盘组件装入缸体孔中，注意钢球不要脱落。
⑭ 装上传动键 27。

4.4.1.3.2 变量部检修

图 4-24 为 PCY 型变量轴向柱塞泵结构图，其左半部为变量部。

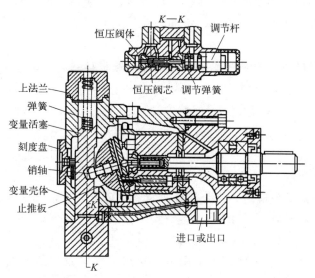

图 4-24　PCY 型恒压变量轴向柱塞泵结构图

（1）拆卸
① 拆下变量头组件，卸下止推板，如止推板背面一般不易磨损，可不拆销轴。
② 拆下恒压变量阀，将阀体、阀芯、调节弹簧及调节杆分解。
③ 拆下上法兰，取出弹簧及变量活塞。

（2）简单修理
① 止推板的修理。止推板的易磨损面为与滑靴的接触面，此表面也可在平板上研磨修复，磨损划伤印痕较深时可在平面磨床上精磨后再研磨。
② 恒压阀芯的修理。如有拉毛、划伤，可用细油石和细纱布修磨掉划痕。
③ 检查恒压变量调节弹簧是否扭曲变形，如变形更换新弹簧。
④ 变量活塞一般不易磨损，如有磨痕、修磨即可。
⑤ 检查变量活塞上部弹簧是否扭曲变形，变形严重的更换新弹簧。

（3）装配
① 用煤油或柴油清洗干净全部零件。
② 将变量活塞装入变量壳体。

③ 将恒压变量控制阀组装后与变量壳体合装。
④ 将变量弹簧装入变量壳体上腔，装上法兰。
⑤ 将变量头销轴装入变量活塞。
⑥ 将止推板装入变量头销轴。
⑦ 将变量壳体与中泵体间的大密封圈装入密封槽。

4.4.1.3.3 总装

① 把主体部与变量部准备好。
② 把主体部与变量部之间的两个小胶圈装入中泵体孔槽。
③ 把变量部与主体部合装，注意止推板要与各滑靴平面贴合，上个连接螺钉。

拆装注意事项：

① 在拆装、修理过程中要确保场地、工具清洁，严禁污物进入油泵。
② 拆装、清洗过程中，禁用棉纱、破布擦洗零件，应当用毛刷、绸布，防止棉丝头混入液压系统。
③ 柱塞泵为高精度零件组装而成，拆装过程中要轻拿轻放，勿敲击。
④ 装配过程中各相对运动件都要涂与泵站工作介质相同的润滑油。

4.4.1.4 轴向柱塞泵常见故障及排除方法

与齿轮式和叶片式的泵比较，轴向柱塞泵的柱塞和缸体孔是圆柱配合，易于准确加工，能达到较高的配合精度，具有良好的密封性，从而使泄漏量减小。因此柱塞泵能承受较高的压力和有较高的容积效率。

柱塞泵主要零件都受压应力，充分发挥了材料性能，可在高压下工作。这样，在同样功率时，就比其他泵结构紧凑、体积小、重量轻。

轴向柱塞泵可以得到较大的流量（400L/min 或更大）；自吸能力强，CY14-1 型泵油高度可达 800mm，在结构上容易实现流量调节。缺点是结构较其他型式复杂，材料及加工精度要求较高，制造工作量较大，价格较贵。

由于上述特点，在需要高压力、大流量及大功率的系统中以及流量需要调节的场合中，都采用轴向柱塞泵和轴向柱塞马达。

轴向柱塞泵广泛应用于金属切削机床、起重运输机械、矿山机械、铸锻机械及其他机械设备的液压系统中。

轴向柱塞泵的故障产生原因及排除方法见表 4-6。

表 4-6 轴向柱塞泵故障产生原因及排除方法

故障现象	产生原因	排除方法
流量不够	①油箱油面过低，油管及滤油器堵塞或阻力太大以及漏气等 ②泵壳内预先没有充好油，留有空气 ③液压泵中心弹簧折断，使柱塞回程不够或不能回程，引起缸体和配油盘之间失去密封性能 ④配油盘及缸体或柱塞与缸体之间磨损 ⑤对于变量泵有两种可能，如为低压可能是油泵内部摩擦等原因，使变量机构不能达到极限位置造成偏角小所致；如为高压，可能是调整误差所致 ⑥油温太高或太低	①检查贮油量，把油加至油标规定线。排除油管堵塞，清洗滤油器，紧固各连接处螺钉，排除漏气 ②排除泵内空气 ③更换中心弹簧 ④磨平配油盘与缸体的接触面单缸配研，更换柱塞 ⑤低压时，使变量活塞及变量头活动自如；高压时，纠正调整误差 ⑥根据温升选用合适的油液

续表

故障现象	产生原因	排除方法
压力脉动	①配油盘与缸体或柱塞与缸体之间磨损,内泄或外漏过大 ②对于变量泵可能由于变量机构的偏角太小,使流量过小,内漏相对增大,因此不能连续对外供油 ③伺服活塞与变量活塞运动不协调,出现偶尔或经常性的脉动 ④进油管堵塞,阻力大及漏气	①磨平配油盘与缸体的接触面,单缸研配,更换柱塞,紧固各连接处螺钉,排除漏损 ②适当加大变量机构的偏角,排除内部漏损 ③偶尔脉动,多因油脏,可更换新油,经常脉动,可能是配合件研伤或憋劲,应拆下修研 ④疏通进油管及清洗进口滤油器,紧固进油管段的连接螺钉
噪声	①泵体内留有空气 ②油箱油面过低,吸油管堵塞及阻力大,以及漏气等 ③泵和电动机不同心,使泵和传动轴受径向力	①排除泵内的空气 ②按规定加足油液,疏通进油管,清洗滤油器,紧固进油段连接螺钉 ③重新调整,使电动机与泵同心
发热	①内部漏损过大 ②运动件磨损	①修研各密封配合面 ②修复或更换磨损件
漏损	①轴承回转密封圈损坏 ②各接合处O形密封圈损坏 ③配油盘和缸体或柱塞与缸体之间磨损(会引起回油管外漏增加,也会引起高低腔之间内漏) ④变量活塞或伺服活塞磨损	①检查密封圈及各密封环节,排除内漏 ②更换O形密封圈 ③磨平接触面,配研缸体,单配柱塞 ④严重时更换
变量机构失灵	①控制油道上的单向阀弹簧折断 ②变量头与变量壳体磨损 ③伺服活塞,变量活塞以及弹簧芯轴卡死 ④个别通油道堵死	①更换弹簧 ②配研两者的圆弧配合面 ③机械卡死时,用研磨的方法使各运动件灵活;油脏时,更换新油 ④畅通
泵不能转动(卡死)	①柱塞与油缸卡死(可能是油脏或油温变化引起的) ②滑靴脱落(可能是柱塞卡死,或由负载引起的) ③柱塞球头折断(原因同②)	①油脏时,更换新油,油温太低时,更换黏度较小的机械油 ②更换或重新装配滑靴 ③更换零件

4.4.2 径向柱塞泵

径向柱塞泵的工作原理如图 4-25 所示。它主要由定子 1、转子(缸体)2、柱塞 3、配流轴 4 等组成,柱塞径向均匀布置在转子中。转子和定子之间有一个偏心量 e。配流轴固定不动,上部和下部各做成一个缺口,这两缺口又分别通过所在部位的两个轴向孔与泵的吸、压油口连通。当转子按图示方向旋转时,上半周的柱塞在离心力作用下外伸,通过配流轴吸油;下半周的柱塞则受定子内表面的推压作用而缩回,通过配流轴压油。移动定子改变偏心距的大小,便可改变柱塞的行程,从而改变排量。若改变偏心距的方向,则可改变吸、压油的方向。因此,径向柱塞泵可以做成单向或双向变量泵。

径向柱塞泵的优点是流量大,工作压力较高,便于做成多排柱塞的形式,轴向尺寸小,工作可靠等。其缺点是径向尺寸大,自吸能力差,且配流轴受到径向不平衡液压力的作用,易于磨损,泄漏间隙不能补偿。这些缺点限制了泵的转速和压力的提高。

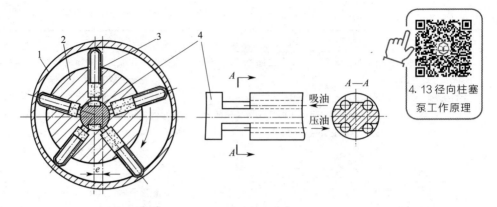

图 4-25　径向柱塞泵的工作原理
1—定子；2—转子；3—柱塞；4—配流轴

4.5　各类液压泵的性能比较及应用

为比较前述各类液压泵的性能，有利于选用，将它们的主要性能及应用场合列于表 4-7 中。

表 4-7　各类液压泵的性能比较及应用

类型 项目	齿轮泵	双作用叶片泵	限压式变量叶片泵	轴向柱塞泵	径向柱塞泵	螺杆泵
工作压力/MPa	<20	6.3～21	≤7	20～35	10～20	<10
容积效率	0.70～0.95	0.80～0.95	0.80～0.90	0.90～0.98	0.85～0.95	0.75～0.95
总效率	0.60～0.85	0.75～0.85	0.70～0.85	0.85～0.95	0.75～0.92	0.70～0.85
流量调节	不能	不能	能	能	能	不能
流量脉动率	大	小	中等	中等	中等	很小
自吸特性	好	较差	较差	较差	差	好
对油的污染敏感性	不敏感	敏感	敏感	敏感	敏感	不敏感
噪声	大	小	较大	大	大	很小
单位功率造价	低	中等	较高	高	高	较高
应用范围	机床、工程机械、农机、航空、船舶、一般机械	机床、注塑机、液压机、起重运输机械、工程机械飞机	机床、注塑机	工程机械、锻压机械、起重运输机械、矿山机械、冶金机械、船舶、飞机	机床、液压机、船舶机械	精密机床、精密机械、食品、化工、石油、纺织等机械

思考题

1. 液压泵的工作原理是什么？其工作压力取决于什么？

2. 什么是齿轮泵的困油现象？如何解决？
3. 齿轮泵的泄漏路径有哪些？提高齿轮泵的压力首要问题是什么？
4. 双作用叶片泵工作原理是什么？
5. 双作用叶片泵结构上有哪些特点？
6. 外反馈单作用叶片泵工作原理是什么？
7. 轴向柱塞泵的工作原理是什么？如何变量？

5 液压缸

液压缸是液压传动系统中的执行元件,是将液压能转变为机械能做直线往复运动的能量转换装置。

▶▶ 5.1 液压缸的分类及特点

液压缸的种类繁多,分类方法各异,可按运动方式、作用方式、结构形式的不同进行分类。表 5-1 是按液压缸的作用数及结构形式进行分类的。

表 5-1 液压缸的分类

类型		职能符号	特点
活塞缸	单杆 单作用		单向液压驱动,回程靠自重、弹簧力或其他外力
	单杆 双作用		双向液压驱动
	单杆 差动		可加速无杆腔进油时的速度,但推力相应减小
	双杆		可实现等速往复运动
柱塞缸			单向液压驱动,柱塞组受力较好
伸缩缸	单作用		用液压由大到小逐节推出,然后靠自重由小到大逐节缩回
	双作用		双向液压驱动,伸出由大到小逐节推出,缩回由小到大逐节缩回
组合液压缸	弹簧复位液压缸		单向液压驱动,由弹簧力复位
	串联液压缸		用于缸的直径受限制,而长度不受限制,能获得大的推动力
	增压缸		由低压力室 A 缸驱动,使 B 室获得高压油源
	齿条传动液压缸		活塞的往复运动经装在一起的齿条驱动齿轮获得往复回转运动

活塞或柱塞在工作行程中是由油液压力来驱动，只有一端有油口，返回行程中则靠自重、负荷或弹簧力的作用来实现。

活塞在工作行程和返回行程都是由油液压力来驱动，往返行程均可以有负载，在缸体的两端都有油口轮流吸油和排油。

活塞可以在一侧有活塞杆，也可以双侧都有活塞杆，前者通常称为"单杆活塞液压缸"，后者通常称为"双杆活塞液压缸"。由于单杆液压缸活塞两侧的有效面积不相等，当输入相同的油压和流量时，其两个方向的作用力和运行速度是不相等的。而双杆液压缸活塞两侧的有效面积相等，所以当输入相同的油压和流量时，活塞的往复运动速度与两侧作用力都是相等的。双杆活塞液压缸在机床上用得较多。

活塞式液压缸可以缸体固定，活塞杆移动；也可以活塞杆固定，缸体移动。

▶▶ 5.2 典型液压缸及其工作原理

5.2.1 单活塞杆双作用液压缸

单活塞杆液压缸的活塞只有一端带有活塞杆，其活塞两侧液压油的有效作用面积不同（活塞杆占掉一部分作用面积），其工作情况可以分为三种情况（如图 5-1 所示）：一是无杆腔进油，有杆腔回油；二是有杆腔进油，无杆腔回油；三是无杆腔和有杆腔连通后再与油口连接，这种情况称为差动连接。在这三种情况下，活塞杆的运动速度和所能提供的作用力各不相同。

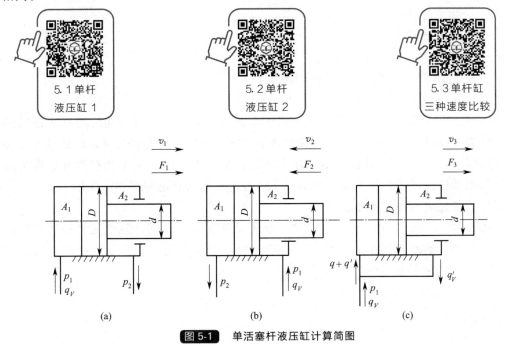

图 5-1　单活塞杆液压缸计算简图

（1）无杆腔进油，有杆腔回油　如图 5-1(a) 所示，无杆腔进油，有杆腔回油，活塞向右移动。

① 活塞运动速度：

$$v_1 = \frac{q_V}{A_1} = \frac{4q_V}{\pi D^2} \tag{5-1}$$

② 活塞输出作用力：

$$F_1 = p_1 A_1 - p_2 A_2 = \frac{\pi}{4}[D^2 p_1 - (D^2 - d^2) p_2] \tag{5-2}$$

当回油直接排回油箱时，回油腔压力（若背压）很小时，可以略去不计，则

$$F_1 = p_1 A_1 = \frac{\pi}{4} D^2 p_1 \tag{5-3}$$

（2）有杆腔进油，无杆腔回油　如图 5-1(b) 所示，有杆腔进油，无杆腔回油，活塞向左移动。

① 活塞运动速度：

$$v_2 = \frac{q_V}{A_2} = \frac{4q_V}{\pi(D^2 - d^2)} \tag{5-4}$$

② 活塞输出作用力：

$$F_2 = p_1 A_2 - p_2 A_1 = \frac{\pi}{4}[(D^2 - d^2) p_1 - D^2 p_2] \tag{5-5}$$

若背压可忽略不计，则：

$$F_2 = \frac{\pi}{4}(D^2 - d^2) p_1 \tag{5-6}$$

式中　q_V——输入液压缸的油流量；

　　　D——活塞直径；

　　　d——活塞杆直径；

　p_1、p_2——液压缸的进、回油压力；

　A_1、A_2——无杆腔、有杆腔的有效作用面积。

由上述计算公式可以看出：

① 单活塞杆液压缸两个油腔的输入流量不变的情况下，由于两个油腔的有效作用面积不相等，活塞的往返速度也不相等。无杆腔进油时活塞速度慢，有杆腔进油时活塞速度快。

② 单活塞杆液压缸两个油腔的输入压力不变的情况下，由于两个油腔的有效作用面积不相等，活塞能够提供的作用力也不相等。无杆腔进油时活塞能够提供的作用力大，有杆腔进油时活塞能够提供的作用力小。

（3）差动油缸　如图 5-1(c) 所示的油缸作差动连接时，差动油缸的无杆腔、有杆腔同时与进油口连接，活塞两侧压力相等，但由于无杆腔有效作用面积大于有杆腔有效作用面积，活塞受到的总作用力推动活塞向右移动。

① 差动连接时活塞运动速度：

$$v_3 = \frac{4q_V}{\pi d^2} \tag{5-7}$$

② 差动连接时的作用力：

$$F_3 = \frac{\pi}{4} d^2 p_1 \tag{5-8}$$

由式(5-7)和式(5-8)可知,差动连接时,实际起有效作用的面积是活塞杆的横截面积。与非差动连接无杆腔进油工况相比,在输入油液压力和流量相同的条件下,活塞杆伸出速度较大而推力较小。

实际应用中,液压系统可以通过换向阀来改变单活塞杆液压缸的油路连接,实现"快进(差动连接)—工进(无杆腔进油)—快退(有杆腔进油)"的工作循环。并且,如果取 $D=\sqrt{2}d$,还能实现差动液压缸快进速度与快退速度相等。

5.2.2 双活塞杆双作用液压缸

图 5-2 为双杆活塞缸。双杆活塞缸两侧的活塞杆直径相同时,两腔的有效作用面积也相同,当输入流量为 q_V,进油压力为 p_1,回油压力为 p_2 时,活塞往返时的运动速度以及能够提供的作用力一致。

活塞运动速度:

$$v_1=v_2=\frac{4q_V}{\pi(D^2-d^2)} \quad (5-9)$$

活塞输出作用力:

$$F=\frac{\pi}{4}(D^2-d^2)(p_1-p_2) \quad (5-10)$$

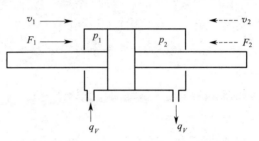

图 5-2　双活塞杆液压缸计算简图

5.2.3 增压液压缸

在液压系统中,整个系统需要低压,但局部需要高压时,为节约高压泵,可以使用增压缸,将液压泵输出的较低压力转变为较高压力输送给需要高压的局部元件。图 5-3 为增压缸的工作原理图。增压缸的活塞在双侧压力作用下处于平衡状态,通过活塞的受力平衡计算,可确定增压缸的输出压力 p_2。

$$p_2=\frac{A_1}{A_2}p_1=kp_1 \quad (5-11)$$

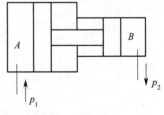

图 5-3　增压缸的工作原理

5.2.4 增力液压缸

当液压缸的直径受到安装条件限制不能太大,而液压缸长度没有限制时,为了增大液压缸的推力,可以采用增力液压缸。

增力液压缸是由两个单杆活塞缸串联而成的,如图 5-4 所示。两个单杆活塞液压缸的活塞缸连成一体,一起动作。当油液同时输入两个液压缸的左腔时,串联活塞杆右移,两液压缸的右腔同时回油,活塞杆所能提供的推力和速度可计算如下。

活塞作用力:
$$F=\frac{\pi}{4}(2D^2-d^2)p \quad (5-12)$$

活塞运动速度:
$$v=\frac{4q_V}{\pi(2D^2-d^2)} \quad (5-13)$$

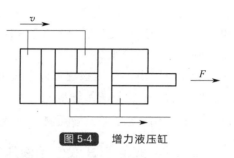

图 5-4 增力液压缸

【例 5-1】 如图 5-5 所示液压系统,液压缸活塞的面积 $A_1=A_2=A_3=20\times10^{-4}\mathrm{m}^2$,所受的负载 $F_1=4000\mathrm{N}$,$F_2=6000\mathrm{N}$,$F_3=8000\mathrm{N}$,液压泵的流量 q_V,溢流阀调定压力 $p_y=5\mathrm{MPa}$,试分析:①三个缸是怎样动作的?②液压泵的工作压力有何变化?③各液压缸的运动速度。

解:①三个液压缸动作分析。由于 $A_1=A_2=A_3$,$F_1<F_2<F_3$,故可判定液压缸Ⅰ、Ⅱ、Ⅲ依次工作。

②液压泵工作压力变化。设液压缸Ⅰ、Ⅱ、Ⅲ依次工作时所需压力分别为 p_1、p_2、p_3,且有

$$p_1=\frac{F_1}{A_1}=\frac{4000}{20\times10^{-4}}=2(\mathrm{MPa})$$

$$p_2=\frac{F_2}{A_2}=\frac{6000}{20\times10^{-4}}=3(\mathrm{MPa})$$

$$p_3=\frac{F_3}{A_3}=\frac{8000}{20\times10^{-4}}=4(\mathrm{MPa})$$

当三液压缸均停止运动时,溢流阀溢流,这时 $p=p_y=5\mathrm{MPa}$。

③各液压缸的速度。三液压缸工作时,溢流阀均处于闭合状态,液压泵的输出流量分别先后送入液压缸Ⅰ、Ⅱ、Ⅲ的大腔。由于 $A_1=A_2=A_3=A$,故三液压缸速度均为 $v_1=v_2=v_3=v=q_V/A$。

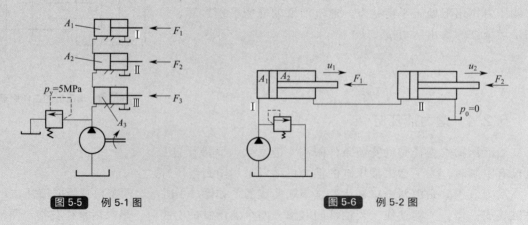

图 5-5 例 5-1 图   图 5-6 例 5-2 图

【例 5-2】 两单杆活塞式液压缸串联如图 5-6 所示，它的无杆腔和有杆腔的有效面积分别为 $A_1=100\text{cm}^2$，$A_2=80\text{cm}^2$，液压泵的输出压力为 0.9MPa，输出流量为 $q_V=12$L/min。若两液压缸的负载均为 F，且不计泄漏和摩擦损失等因素，试求：

① 推动负载 F 的大小；
② 两液压缸活塞杆的运动速度 u_1、u_2。

解：① 推动负载 F 的大小：$p_2 = F_2/A_1 = F/A_1$

$$p_1 = (F_1 + p_2 A_2)/A_1 = \left(F + \frac{FA_2}{A_1}\right)/A_1 = 9\times 10^5 (\text{Pa})$$

解得：$F = 5000(\text{N})$

② 活塞缸运动速度为：$u_1 = q_V/A_1 = 12\times 10^{-3}/(100\times 10^{-4}\times 60) = 0.02(\text{m/s})$

$$u_2 = u_1 A_2/A_1 = 0.02\times 80/100 = 0.016(\text{m/s})$$

▶▶ 5.3 液压缸的结构

图 5-7(a) 所示为一双作用单杆活塞缸的结构。由图可见，液压缸的左右两腔是通过油口 A 和 B 进出油液，以实现活塞杆的双向运动。活塞用卡环 4、套环 3 和弹簧挡圈 2 等定位。活塞上套有一个用聚四氟乙烯制成的支撑环 7，密封则靠一对 Y 形密封圈 9 保证。O 形密封圈 6 用以防止活塞杆与活塞内孔配合处产生泄漏。导向套 12 用于保证活塞杆不偏离中心，它的外径和内孔配合处都有密封圈。此外缸盖上还有防尘圈 15，活塞杆左端带有缓冲柱塞等。图 5-7(b) 所示为双作用单杆活塞缸职能符号。

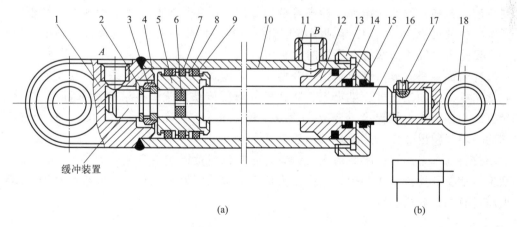

图 5-7 单活塞杆液压缸结构

1—缸底；2—弹簧挡圈；3—套环；4—卡环；5—活塞；6—O 形密封圈；7—支撑环；8—挡圈；9—Y 形密封圈；10—缸筒；11—管接头；12—导向套；13—缸盖；14—密封圈；15—防尘圈；16—活塞杆；17—定位螺钉；18—耳环

5.7 液压缸结构

从上面的例子可以看到，液压缸的结构基本上可以分为缸筒、缸底、活塞、活塞杆、缸盖、密封装置、缓冲装置和排气装置等。

5.3.1 缸筒、缸底、缸盖

缸筒是液压缸的主体，必须具有足够的强度，能长期承受最高工作压力，缸筒内壁应具有足够的耐磨性、高的几何精度和低的表面粗糙度，以承受活塞频繁往复摩擦，保证活塞密封件的可靠密封。

缸筒的结构主要取决于其与缸盖、缸底的连接形式。在缸筒的入口处及有密封通过的孔、槽处，为了装配不损坏密封件，缸筒内壁应加工成15°的坡口，如图5-8所示。

当缸筒上焊有缸底、耳轴（销）或管接头等零件时，宜用35钢，并在加工后调质处理；当缸筒上无焊接零件时，一般采用45钢，调质；也可用锻钢、铸钢等材料。当其承受很大负荷时，常采用高强度合金无缝钢管作缸筒。缸盖材料常用35钢、40钢锻件，或ZG270～500、ZG310～570及HT250、HT300等灰铸铁件等。缸

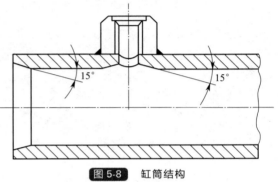

图5-8 缸筒结构

底材料常用35钢或45钢的锻件、铸件或焊接制成，也可采用球墨铸铁或灰铸铁。

缸筒与缸底的连接有多种形式，比如焊接、螺纹连接、卡键连接、法兰连接等，考虑到使用的安全性，目前多采用焊接。缸筒与缸盖的连接也有多种形式，比如焊接、螺纹连接、卡键连接、法兰连接等，考虑到维修、拆装方便，目前多采用螺纹连接。

5.3.2 活塞与活塞杆

活塞杆是液压缸传力的主要零件，由于液压缸被用于各种不同的条件，因此要求活塞杆能经受压缩、拉伸、弯曲、振动、冲击等载荷作用，还必须具有耐磨和耐腐蚀等性能。

活塞杆材料可用35钢、45钢或无缝钢管做成实心杆或空心杆。活塞杆的强度一般是足够的，主要是考虑细长活塞杆在受压时的稳定性。

活塞杆表面镀铬（镀白铬或黄铬）并抛光，以提高其耐磨性和防锈蚀。对于碰撞较多的液压缸活塞杆（比如挖掘机、推土机、装载机等液压传动系统中的液压活塞杆），工作表面宜先经过高频淬火或火焰淬火（淬火深度0.5～1.0mm，硬度50～60HRC）。对于空心杆，其结构的一端须留出焊接和热处理用的通气孔。

活塞材料通常采用钢、耐磨铸铁或铸铁，有时也用黄铜或铝合金。

活塞与活塞杆连接形式很多。在高压大负载下常采用焊接，对于一般载荷多采用螺纹连接，但需备有螺母放松装置。

5.3.3 缓冲装置

为了避免活塞在行程两端撞击缸盖或缸底，产生噪声，影响工作精度以至损坏机件，常在液压缸两端放置缓冲装置。图5-9表示了缓冲装置的原理。图5-9(a)中，当缓冲柱塞进入与其相配合的缸底上的内孔时，液压油必须通过间隙才能排除，使活塞速度降低。由于配合间隙是不变的，因此随着活塞运动速度的降低，其缓冲作用逐渐减弱。图5-9(b)中，当缓冲柱塞进入配合孔后，液压油必须经节流阀排出。由于节流

阀是可调的，缓冲作用也可调节，但仍不能解决速度减低后缓冲作用减弱的缺点。图 5-9（c）中，在缓冲柱塞上开有三角槽，其节流面积越来越小，这在一定程度上可解决在行程最后阶段缓冲作用过弱的问题。

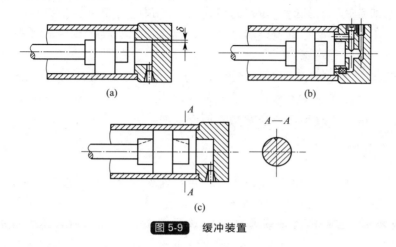

图 5-9　缓冲装置

5.3.4　排气装置

液压传动系统在安装过程中或长时间停止工作之后，难免会渗入空气，另外工作介质中也会有空气，由于气体具有可压缩性，将使执行元件产生爬行、噪声和发热等一系列不正常现象。因此，在设计液压缸的结构时，要保证能及时排除积留在液压缸内的气体。一般在液压缸内腔的最高部位放置专门的排气装置，如排气螺钉、排气阀等，如图 5-10 所示，以便于液压缸内的气体逸出液压缸外。

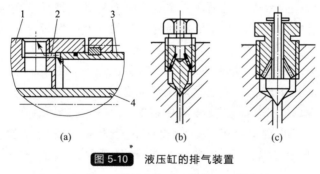

图 5-10　液压缸的排气装置

1—缸盖；2—排气小孔；3—缸筒；4—活塞杆

▶▶ 5.4　液压缸的拆装修理

5.4.1　拆卸

① 首先应开动液压系统，将活塞的位置借助液压力移到适于拆卸的一个顶端位置。

② 在进行拆卸之前，切断电源，使液压装置停止运动。

③ 为了分析液压缸的受力情况，以便帮助查找液压缸的故障及损坏原

5.8 单杆缸活塞缸拆装

因在拆卸液压缸以前,对主要零部件的特征、安装方位如缸筒、活塞杆、活塞、导向套等,应当做上记号,并记录下来。

④ 为了将液压缸从设备上卸下,先将进、出油口的配管卸下,活塞杆端的连接头和安装螺栓等需要全部松开。拆卸时,应严防损伤活塞杆顶端的螺纹、油口螺纹和活塞杆表面。譬如,拆卸中,不合适的敲打以及突然的掉落,都会损坏螺纹,或在活塞杆表面产生打痕。因此,在操作中应该十分注意。

⑤ 由于液压缸的结构和大小不同,拆卸的顺序也稍有不同。一般应先松开端盖的紧固螺栓或连接杆,然后将端盖、活塞杆、活塞和缸筒顺序拆卸。注意在拆除活塞与活塞杆时,不应硬性将它们从缸筒中打出,以免损伤缸筒内表面。

5.4.2 检查与修理

液压缸拆卸以后,首先应对液压缸各零件进行外观检查,根据经验即可判断哪些零件可以继续使用,哪些零件必须更换和修理

① 缸筒内表面。缸筒内表面有很浅的线状摩擦伤或点状伤痕,是允许的,不妨碍使用。如果有纵状拉伤深痕时,即使更换新的活塞密封圈,也不可能防止漏油,必须对内孔进行研磨,也可用极细的砂纸或油石修正。当纵状拉伤为深痕而没法修正时,就必须重新更换新缸筒。

② 活塞杆的滑动面。在与活塞杆密封圈作相对滑动的活塞杆滑动面上,产生纵状拉伤或打痕时,其判断与处理方法与缸筒内表面相同。但是,活塞杆的滑动表面一般是镀硬铬的,如果部分镀层因磨损产生剥离,形成纵状伤痕时,活塞杆密封处的漏油对运行影响很大。必须除去旧有的镀层,重新镀铬、抛光。镀铬厚度为 0.05mm 左右。

③ 密封。活塞密封件和活塞杆密封件是防止液压缸内部漏油的关键零件。检查密封件时,应当首先观察密封件的唇边有无损伤,密封摩擦面的磨损情况。当发现密封件唇口有轻微的伤痕,摩擦面略有磨损时,最好能更换新的密封件。对使用日久、材质产生硬化脆变的密封件,也须更换。

④ 活塞杆导向套的内表面。有些伤痕,对使用没有什么妨碍。但是,如果不均匀磨损的深度在 0.2～0.3mm 以上时,就应更换新的导向套。

⑤ 活塞的表面。如活塞表面有轻微的伤痕时,不影响使用。但若伤痕深度达 0.2～0.3mm 时,就应更换新的活塞。另外,还要检查是否有端盖的碰撞、内压引起活塞的裂缝,如有,则必须更换活塞,因为裂缝可能会引起内部漏油。另外还需要检查密封槽是否受伤。

⑥ 其他。其他部分的检查,随液压缸构造及用途而异。但检查时应留意端盖、耳环、铰轴是否有裂纹,活塞杆顶端螺纹、油口螺纹有无异常,焊接部分是否有脱焊、裂缝现象。

5.4.3 装配

(1) 准备工作

① 装配所用工具、清洗油液、器皿必须准备就绪。

② 对待装零件进行合格性检查,特别是运动副的配合精度和表面状态。注意去除所有零件上的毛刺、飞边、污垢,清洗要彻底、干净。

(2) 装配要点 装配液压缸时,首先将各部分的密封件分别装入各相关元件,然后进行

由内到外的安装，安装时要注意以下几点。

① 不能损伤密封件。装配密封圈时，要注意密封圈不可被毛刺或锐角刮损，特别是带有唇边的密封圈和新型同轴密封件应尤为注意。若缸筒内壁上开有排气孔或通油孔，应检查、去除孔边毛刺。缸筒上与油口孔、排气孔相贯通的部位，要用质地较软的材料塞平，再装活塞组件，以免密封件通过这些孔口时划伤或挤破。检查与密封圈接触或摩擦的相应表面，如有伤痕，则必须进行研磨、修正。当密封圈要经过螺纹部分时，可在螺纹上卷上一层密封带，在带上涂上些润滑脂，再进行安装。

在液压缸装配过程中，用洗涤油或柴油将各部分洗净，再用压缩空气吹干，然后在缸筒内表面及密封圈上涂一些润滑脂。这样不仅能使密封圈容易装入，而且在组装时能保护密封圈不受损坏，效果较显著。

② 切勿搞错密封圈的安装方向，安装时不可产生拧扭挤出现象。

③ 活塞杆与活塞装配以后，必须设法用百分表测量其同轴度和全长上的直线度，务必使差值在允许范围之内。

④ 组装之前，将活塞组件在液压缸内移动，应运动灵活，无阻滞和轻重不均匀现象后，方可正式总装。

⑤ 装配导向套、缸盖等零件有阻碍时，不能硬性压合或敲打，一定要查明原因，消除故障后再行装配。

⑥ 拧紧缸盖连接螺钉时，要依次对角地施力，且用力要均匀，要使活塞杆在全长运动范围内，可灵活无轻重地运动。全部拧紧后，最好用扭力扳手再重复拧紧一遍，以达到合适的紧固扭力和扭力数值的一致性。

5.4.4 注意事项

① 所有零件要用煤油或柴油清洗干净，不得有任何污物留存在液压缸内。
② 拆装清洗禁用棉纱、破布擦拭零件，以防脱落的棉纱头混入液压系统。
③ 装配过程中，各运动副表面要涂润滑油。

5.5 液压缸常见故障及排除方法

液压缸常见故障及排除方法见表 5-2。

表 5-2 液压缸常见故障及排除方法

故障	产生原因	排除方法
爬行和局部速度不均匀	①空气侵入液压缸 ②缸盖活塞杆孔密封装置过紧或过松 ③活塞杆与活塞不同心 ④液压缸安装位置偏移 ⑤液压缸内孔表面直线性不良 ⑥液压缸内表面锈蚀或拉毛	①设排气阀，排除空气 ②密封圈密封应保证能用手平稳地拉动活塞杆而无泄漏，活塞杆与活塞同轴度偏差不得大于 0.01mm，否则应校正或更换 ③活塞杆全长直线度偏差不得大于 0.2mm，否则应校正或更换 ④液压缸安装位置不得与设计要求相差大于 0.1mm ⑤液压缸内孔椭圆度、圆柱度不得大于内径配合公差的一半，否则应进行镗铰或更换缸体 ⑥进行镗磨，严重者更换缸体

续表

故　　障	产　生　原　因	排　除　方　法
冲击	①活塞与缸体内径间隙过大或节流阀等缓冲装置失灵 ②纸垫密封冲破。大量泄油	①保证设计间隙,过大者应换活塞。检查、修复缓冲装置 ②更换新纸垫,保证密封
缓冲过长	①缓冲装置结构不正确,三角节流槽过短 ②缓冲节流回油口开设位置不对 ③活塞与缸体内径配合间隙过小 ④缓冲的回油孔道半堵塞	①修正凸台与凹槽,加长三角节流槽 ②修改节流回油口的位置 ③加大至要求的间隙 ④清洗回油孔道
工作速度逐渐下降甚至停止	①液压缸和活塞配合间隙太大或O形密封圈损坏,造成高低压腔互通 ②由于工作时经常用工作行程的某一段,造成液压缸孔径直线性不良(局部有腰鼓形),致使液压缸两端高低压油互通 ③缸端油封压得太紧或活塞杆弯曲,使摩擦力或阻力增加 ④泄漏过多,无法建立 ⑤油温太高,黏度太小,靠间隙密封或密封质量差的液压缸行速变慢。若油缸两端高低油互通,运动速度逐渐减慢直至停止 ⑥液压泵的吸入侧吸进空气,造成液压缸的运动不平稳,速度下降 ⑦为提高液压缸速度所采用蓄能器的压力或容量不足 ⑧液压缸的载荷过高 ⑨液压缸缸壁胀大,活塞通过胀大的部位,活塞密封的外缘即有漏油现象,此时液压缸速度要下降或停止不动 ⑩异物进入滑动部位,引起烧接现象。造成工作阻力增大	①单配活塞和油缸的间隙或更换O形密封圈 ②镗磨修复液压缸孔径,单配活塞 ③放松油封,以不漏油为限,校直活塞杆 ④寻找泄漏部位,紧固各接合面 ⑤分析发热原因,设法散热降温;如密封间隙过大则单配活塞或增装密封环 ⑥产生此种情况,液压泵将有噪声,故容易察觉。排除方法可按泵的有关措施进行 ⑦蓄能器容量不足时更换蓄能器,压力不足时可充压 ⑧将所加载荷必须控制在额定载荷的80%左右 ⑨镗磨修复液压缸孔径 ⑩排除异物,镗磨修复液压缸孔径

思考题

1. 常用的液压缸有几种类型?有何特点?
2. 液压缸为什么设置排气装置、缓冲装置?
3. 什么是差动连接?其特点有哪些?
4. 液压缸如何拆卸修理?
5. 液压缸常见故障有哪些?如何排除?

6 液压马达

6.1 液压马达类型及应用范围

液压马达是将液压能转化成机械能,并能输出旋转运动的液压执行元件。向液压马达通入压力油后,由于作用在转子上的液压力不平衡而产生扭矩,使转子旋转。它的结构与液压泵相似。从工作原理上看,任何液压泵都可以做液压马达使用,反之亦然。但是,由于泵和马达的用途和工作条件不同,对它们性能要求也不一样,所以相同结构类型的液压马达和液压泵之间有许多区别。液压马达和液压泵工作方面的区别见表 6-1。

表 6-1 马达和泵在工作要求方面的区别

项目	液压泵	液压马达
能量转换	机械能转换为液压能,强调容积效率	液压能转换为机械能,强调液压机械效率
轴转速	相对稳定,且转速较高	变化范围大,有高有低
轴旋转方向	通常为一个方向,但承压方向及液流方向可以改变	多要求双向旋转。某些马达要求能以泵的方式运转,对负载实施制动
运转状态	通常为连续运转,速度变化相对较小	有可能长时间运转或停止运转,速度变化大
输入(出)轴上径向载荷状态	输入轴通常不承受径向载荷	输出轴大多承受变化的径向载荷
自吸能力	有自吸能力	无要求

液压马达可分为高速马达、中速马达和低速马达三大类。一般认为额定转速高于 600r/min 的属于高速马达,额定转速低于 100r/min 的属于低速马达。

高速马达的主要特点是转速高,转动惯量小,便于启动和制动,调速和换向灵敏度高,而输出的扭矩不大,仅几十牛·米到几百牛·米,故又称高速小扭矩马达。这类马达主要有内、外啮合式齿轮马达、叶片式马达和轴向柱塞马达。它们的结构与同类型的液压泵基本相同。但是由于作为马达工作时的要求不同,故同类型的马达与泵在结构细节上有一些差别,不能互相代用。

低速马达的基本形式是径向柱塞式。其主要特点是排量大、体积大、低速稳定性好,一般可在 10r/min 以下平稳运转,因此可以直接与工作机构连接,不需要减速装置,使机械传动机构大大简化。因其输出扭矩较大,可以达到几千牛·米到几万牛·米,所以又称为低速大扭矩马达。

中速中扭矩马达主要包括双斜盘轴向柱塞马达和摆线马达。

各类液压马达的应用范围见表 6-2。

表 6-2 各类液压马达的应用范围

类型			适用工况	应用实例
高速小扭矩马达	齿轮马达	外啮合	适用于高速小扭矩、速度平稳性要求不高、对噪声限制不大的场合	钻床、风扇转动、工程机械、农业机械、林业机械的回转机液压系统
		内啮合	适合于高速小扭矩、对噪声限制大的场合	
	叶片马达		适用于扭矩不大、噪声要小、调速范围宽的场合。低速平稳性好,可作伺服马达	磨床回转工作台、机床操纵机构、自动线及伺服机构的液压系统
	轴向柱塞马达		适用于负载速度大、有变速要求或中高速小扭矩的场合	起重机、绞车、铲车、内燃机车、数控机床等的液压系统
低速大扭矩马达	径向马达	曲轴连杆式	适用于低速大扭矩的场合,启动性较差	塑料机械、行走机械、挖掘机、拖拉机、起重机、采煤机牵引部件等的液压系统
		内曲线式	适用于低速大扭矩、速度范围较宽、启动性好的场合	
		摆缸式	适用于低速大扭矩的场合	
中速中扭矩马达	双斜盘轴向柱塞马达		低速性能好,可作伺服马达	适用范围广,但不宜在快速性要求严格的控制系统中使用
	摆线马达		用于中低负载速度、体积要求小的场合	塑料机械、煤矿机械、挖掘机、行走机械等的液压系统

▶▶ 6.2 齿轮液压马达

齿轮液压马达的结构和工作原理如图 6-1 所示,图中 P 为两齿轮的啮合点。设齿轮的齿高为 h,啮合点 P 到两齿根的距离分别为 a 和 b,因 a 和 b 都小于 h,所以当压力油作用在齿面上时(如图中箭头所示,凡齿面两边受力平衡的部分都未用箭头表示)在两个齿轮上都有一个使它们产生转矩的作用力 $pB(h-a)$ 和 $pB(h-b)$,其中 p 为输入油液的压力,B 为齿宽,在上述作用力下,两齿轮按图示方向旋转,并将油液带回低压腔排出。

和一般齿轮泵一样,齿轮液压马达由于密封性较差,容积效率较低,因此输入的油压不能过高,因而不能产生较大转矩,并且它的转速和转矩都是随着齿轮的啮合情况而脉动的。因此,齿轮液压马达一般多用于高转速低转矩的情况。

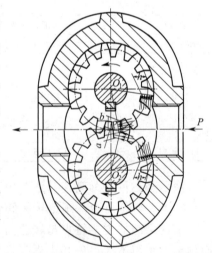

图 6-1 齿轮液压马达的工作原理

齿轮马达的结构与齿轮泵相似,但有以下特点。

① 进出油道对称,孔径相等,这使齿轮马达正反转性能相同。

② 采用外泄漏油孔,因为马达回油腔压力往往高于大气压力,采用内部泄油会把轴端油封冲坏。回油也有一定背压。

③ 多数齿轮马达采用滚动轴承支承,以减小摩擦力而便于马达启动。

④ 不采用端面间隙补偿装置,以免增大摩擦力矩。

⑤ 齿轮马达的卸荷槽对称分布。

⑥ 为了减少脉动,齿轮马达的齿数比齿轮泵多。

6.1 齿轮马达工作原理

▶▶ 6.3 叶片液压马达

常用的叶片液压马达为双作用式,所以不能变量,其工作原理如图6-2所示。压力油从进油口进入叶片之间,位于进油腔的叶片有3、4、5和7、8、1两组。分析叶片受力情况可知,叶片4和8两侧均受高压油作用,作用力互相抵消不产生转矩。叶片3、5和叶片7、1所承受的压力不能抵消,产生一个顺时针方向转动的力矩 M,而处在回油腔的1、2、3和5、6、7两组叶片,由于腔中压力很低,所产生的力矩可忽略不计,因此,转子在力矩 M 的作用下按顺时针方向旋转。若改变输油方向,液压马达即反转。

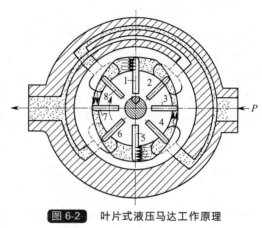

图 6-2　叶片式液压马达工作原理

如图6-3所示为叶片式液压马达的结构。为使液压马达正常工作,叶片式马达与叶片泵在结构上主要有以下区别。

① 叶片槽是径向设置的,可以双向旋转。
② 叶片的底部有碟形弹簧,以保证在初始条件下叶片贴紧定子内表面,形成密封容积。
③ 泵的壳体内有两个单向阀,使叶片底部能始终通液压油,而不受叶片马达回转方向的影响。

如图6-3所示,不论Ⅰ、Ⅱ腔哪个为高压腔,压力油均能进入叶片底部,使叶片与定子内表面压紧。

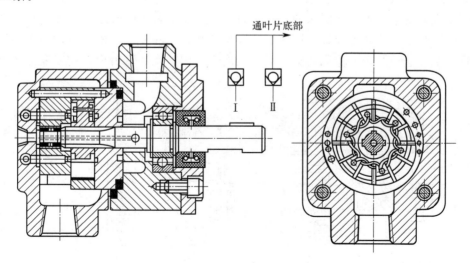

图 6-3　叶片式液压马达的结构

6.4 轴向柱塞式液压马达

6.4.1 工作原理

如图 6-4 所示为轴向柱塞式液压马达的工作原理。斜盘 1 和配油盘 4 固定不动,柱塞 2 可在回转缸体 3 的孔内移动。斜盘中心线与回转缸体中心线间的倾角为 γ。高压油经配油盘窗口进入回转缸体 3 的柱塞孔时,处在高压腔中的柱塞被顶出,压在斜盘上。斜盘对柱塞的反作用力 F,可分解为与柱塞上液压力平衡的轴向分力 F_x 和作用在柱塞上(与斜盘接触处)的垂直分力 F_y。垂直分力 F_y 使回转缸体产生转矩,带动马达轴转动。

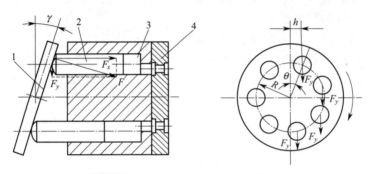

图 6-4 轴向柱塞式液压马达工作原理

1—斜盘;2—柱塞;3—回转缸体;4—配油盘

6.4.2 典型结构

如图 6-5 所示为轴向液压马达的典型结构。在回转缸体 7 和斜盘 2 间装入鼓轮 4。在鼓轮半径为 R 的圆周上均匀分布着推杆 10,液压力作用在回转缸体 7 孔中的柱塞 9 上,并通过推杆作用在斜盘上。推杆在斜盘的反作用下产生一个对轴 1 的转矩,迫使鼓轮转动。鼓轮又通过连接键带动马达的轴旋转。回转缸体还可在弹簧 5 和柱塞孔内压力油的作用下,紧贴在配油盘 8 上。这种结构可使回转缸体只受轴向力,因而配油盘表面、柱塞和缸体上的柱塞

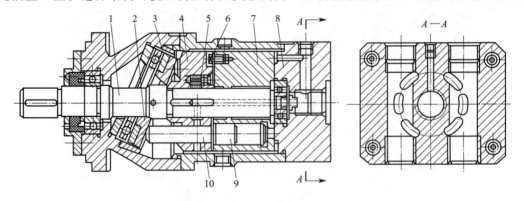

图 6-5 轴向液压马达典型结构

1—轴;2—斜盘;3—推力轴承;4—鼓轮;5—弹簧;6—拨销;
7—回转缸体;8—配油盘;9—柱塞;10—推杆

孔磨损均匀；还可使回转缸体内孔与马达轴的接触面积较小，有一定的自位功能，保证缸体与配油盘很好地贴合，减少了端面的泄漏，并使配油盘表面磨损后能得到自动补偿。这种液压马达的斜盘倾角固定，所以是一种定量液压马达。

6.4.3 轴向柱塞液压马达常见故障及排除方法

轴向柱塞液压马达的故障产生原因及排除方法见表 6-3。

表 6-3 轴向柱塞液压马达的故障产生原因及排除方法

故障现象	产 生 原 因	排 除 方 法
转速低转矩小	(1)液压泵供油量不足原因 ①电动机的转速过低 ②吸油口的滤油器被污物堵塞，油箱中的油液不足，油管孔径过小等因素，造成吸油不畅 ③系统密封不严，有泄漏，空气侵入 ④油液黏度太大 ⑤液压泵径向、轴向间隙过大，容积效率降低 (2)液压泵输入的油压不足原因 ①系统管道长，通道小 ②油温升高，黏度降低，内部泄漏增加 (3)液压马达各接合面严重泄漏 (4)液压马达内部零件磨损，内部泄漏严重	(1)相应采取如下措施 ①核实后调换电动机 ②清洗滤油器，加足油液，适当加大油管孔径，使吸油通畅 ③紧固各连接处，防止泄漏和空气侵入 ④一般使用 N32 润滑油，若气温低而黏度增加，可改用 N15 润滑油 ⑤修复液压泵 (2)相应采取如下措施 ①尽量缩短管道，减小弯角和折角，适当增加弯道截面积 ②更换黏度较大的油液 (3)紧固各接合面螺钉 (4)修配或更换磨损件
噪声厉害	(1)液压泵进油处的滤油器被污物堵塞 (2)密封不严而大量空气进入 (3)油液不清洁 (4)联轴器碰擦或不同心 (5)油液黏度过大 (6)马达活塞的径向尺寸严重磨损 (7)外界振动的影响	(1)清洗滤油器 (2)紧固各连接处 (3)更换清洁的油液 (4)校正同心并避免碰擦 (5)更换黏度较小的 N15 润滑油 (6)研磨转子内孔单配活塞 (7)隔绝外界振动
外部泄漏	(1)传动轴端的密封圈损坏 (2)各接合面及管接头的螺钉或螺母未拧紧 (3)管塞未旋紧	(1)更换密封圈 (2)拧紧各接合面的螺钉及管接头处的螺母 (3)旋紧管塞
内部泄漏	(1)弹簧疲劳，转子和配油盘端面磨损使轴向间隙过大 (2)柱塞外圆与转子孔磨损	(1)更换弹簧修磨转子和配油盘端面 (2)研磨转子孔，单配柱塞

6.5 径向柱塞式液压马达

6.5.1 工作原理

径向柱塞式液压马达是低速大扭矩液压马达的基本形式。它的特点是输入油液压力高，排量大，可在马达轴转速为 10r/min 以下平稳运转，低速稳定性好，输出转矩大。

如图 6-6 所示为连杆型径向柱塞马达的结构原理。在壳体内有 5 个沿径向均匀分布的柱塞缸，柱塞 2 通过球铰与连杆 3 相连接。连杆的另一端与曲轴 4 的偏心轮外圆接触。配油轴 5 与曲轴 4 通过联轴器相连。

压力油经配油轴进入马达的进油腔后，通过壳体槽①②③进入相应柱塞缸的顶部，作用在柱塞上的液压作用力 F_N，通过连杆作用于偏心轮中心 O_1。它的切向力 F_τ 对曲轴旋转中心形

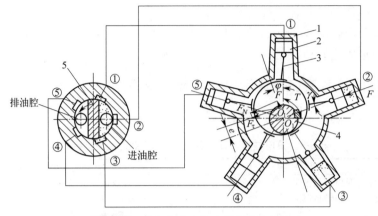

图 6-6　连杆型径向柱塞马达结构原理
1—壳体；2—柱塞；3—连杆；4—曲轴；5—配油轴

成转矩 T，使曲轴逆时针转动。由于三个柱塞缸位置不同，所以产生转矩的大小也不同。曲轴输出的总转矩等于与高压腔相连通的柱塞所产生的转矩之和。此时柱塞缸④⑤与排油腔相连通，油液经配油轴流回油箱。曲轴旋转时带动配油轴同步旋转。因此配油状态不断发生变化，从而保证曲轴会连续旋转。若进、排油腔互换，则液压马达反转，过程与以上相同。

6.5.2　径向柱塞式液压马达常见故障及排除方法

径向柱塞式大转矩液压马达的主要故障及其排除方法见表 6-4。

表 6-4　径向柱塞式大转矩液压马达的主要故障及其排除方法

故障现象	产生原因	排除方法
液压系统的压力较低时，输出轴的转动不均匀	①液压系统内有空气 ②液压泵供给的工作液体流量不均匀	①排除进入液压系统的空气 ②消除工作液体流量不均匀的原因
液压系统的压力有很大的波动，输出轴的转动不均匀	①配流器的安装不正确 ②柱塞被卡紧	①转动配流器至清除轴转动不均匀的现象 ②拆开液压马达修理
液压马达中发出激烈的撞击声。每转的冲击次数等于液压马达的作用数	柱塞被卡紧	拆开液压马达修理
液压马达中有时发出撞击声	①配流器错位 ②凸轮环工作表面损坏 ③滚轮的轴承损坏	①正确安装配流器 ②拆开液压马达修理 ③更换
在额定的流量下，液压马达的转速不能达到给定值	①集流器漏油 ②配流器的间隙太大 ③柱塞和柱塞缸的间隙太大	拆开液压马达修理
液压马达的输出转矩达不到要求	①由于上面的原因，使进入液压马达的液体压力低于额定压力 ②柱塞被卡紧	拆开液压马达修理
液压马达的输出轴不旋转	①配流器被卡紧 ②滚轮的轴承损坏 ③主轴或者其他零件损坏	拆开液压马达修理
油通过壳体或轴密封处泄漏	①紧固螺栓松动 ②密封件损坏	①拧紧螺栓 ②更换密封件

6.6 摆动液压马达

摆动液压马达是实现往复摆动的执行元件,输入为压力和流量,输出为转矩和角速度。摆动液压马达的结构比连续旋转的液压马达结构简单,以叶片式摆动液压马达应用较多。

叶片式摆动液压马达有单叶片式和双叶片式两种。如图6-7(a)所示为单叶片式摆动液压马达的结构原理;图6-7(b)为摆动液压马达的图形符号。摆动液压马达的轴3上装有叶片4,叶片和封油隔板2将缸体1内的密封空间分为两腔。当缸的一个油口接通压力油,而另一油口接通回油时,叶片在油压作用下往一个方向摆动,带动轴偏转一定的角度(小于360°);当进、回油的方向改变时,叶片就带动轴往相反的方向偏转。

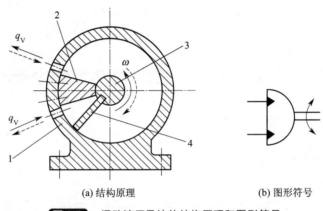

(a) 结构原理　　　　　(b) 图形符号

图6-7　摆动液压马达的结构原理和图形符号

1—缸体;2—隔板;3—轴;4—叶片

6.3 单作用摆动马达

6.4 双作用摆动马达

双叶片式摆动液压马达的摆动角一般不超过150°,摆动轴输出转矩是单叶片式的两倍,而摆动角速度是单叶片式的一半。

摆动液压马达结构紧凑,输出转矩大,但密封较困难,一般只用于中低压系统。随着结构和工艺的改进,密封材料的改善,其应用范围已扩大到中高压系统。

思考题

1. 液压马达与液压泵有何差异?
2. 了解各种液压马达的工作原理、结构特点及应用。
3. 径向柱塞式大转矩液压马达的主要故障有哪些?如何排除?
4. 轴向柱塞式大转矩液压马达的主要故障有哪些?如何排除?

7 液压控制阀

7.1 概述

在液压系统中,用于控制和调节工作液体的压力高低、流量大小以及改变流量方向的元件,统称为液压控制阀。液压控制阀通过对工作液体的压力、流量及液流方向的控制与调节,从而可以控制液压执行元件的开启、停止和换向,调节其运动速度和输出扭矩(或力矩),并对液压系统或液压元件进行安全保护等。因此,采用各种不同的阀,经过不同形式的组合,可以满足各种液压系统的要求。

7.1.1 液压控制阀分类

(1) 按用途分类

① 压力控制阀:用于控制或调节液压系统或回路压力的阀,如溢流阀、减压阀、顺序阀、压力继电器等。

② 方向控制阀:用于控制液压系统中液流的方向及其通、断,从而控制执行元件的运动方向及其启动、停止的阀,如单向阀、换向阀等。

③ 流量控制阀:用于控制液压系统中工作液体流量大小的阀,如节流阀、调速阀、分集流阀等。

(2) 按安装连接方式分类

① 螺纹连接阀:通过阀体上的螺纹孔直接与管接头、管路相连接的阀。这种阀不需要过渡的连接安装板,因此结构简单,但只适用于较小流量的阀类。缺点是元件布置分散,系统不够紧凑。

② 法兰连接阀:通过法兰与管子、管路连接的阀。法兰连接适用于大流量的阀,其结构尺寸和质量都大。

③ 板式连接阀:采用专用的过渡连接板连接阀与管路的阀。板式连接阀只需用螺钉固定在连接板上,再把管路与连接板相连。这种连接方式在装卸时不影响管路,并且有可能将阀集中布置,结构紧凑。

④ 集成连接阀:集成连接是由标准元件或以标准参数制造的元件按典型动作要求组成基本回路,然后将基本回路集成在一起组成液压系统的连接形式。它包括将若干功能不同的阀类及底板块叠合在一起的叠加阀;借助六面体的集成块,通过其内部通道将标准的板式阀连接在一起,构成各种基本回路的集成阀;将几个阀的阀芯合并在一个阀体内的嵌入阀;以及由插装元件插入插装块体所组成的插装阀等。

(3) 按阀的控制方式分类

① 开关（或定值）控制阀：借助于通断型电磁铁及手动、机动、液动等方式，将阀芯位置或阀芯上的弹簧设定在某一工作状态，使液流的压力、流量或流向保持不变的阀。这类阀属于常见的普通液压阀。

② 比例控制阀：采用比例电磁铁（或力矩马达）将输入电信号转换成力或阀的机械位移，使阀的输出量（压力、流量）按照其输入量连续、成比例地进行控制的阀。比例控制阀一般多采用开环液压控制系统。

③ 伺服控制阀：其输入信号（电量、机械量）多为偏差信号（输入信号与反馈信号的差值），阀的输出量（压力、流量）也可按照其输入量连续、成比例地进行控制的阀。这类阀的工作性能类似于比例控制阀，但具有较高动态瞬应和静态性能，多用于要求精度高、响应快的闭环液压控制系统。

④ 数字控制阀：用数字信息直接控制的阀类。

(4) 按结构形式分类　液压控制阀按结构形式分类有滑阀（或转阀）、锥阀、球阀等。

7.1.2　液压阀的性能参数及对阀的基本要求

阀的规格用阀进、出油口的名义通径 Dg 表示，单位为 mm。Dg 相同的阀，其阀口的实际尺寸不一定完全相同。性能参数主要有额定压力、额定流量、额定压力损失、最小稳定流量等数值参数。近期生产的产品除对不同的阀规定一些不同的性能参数，如最大工作压力、开启压力、压力调整范围、允许背压、最大流量外，同时给出若干条特性曲线。如压力-流量曲线、压力损失-流量曲线等。这就能更确切地表明阀的性能。

液压传动系统对液压阀的基本要求为以下几点。

① 结构简单、紧凑，动作灵敏，使用可靠，调整方便。

② 密封性能好，通油时压力损失小。

③ 通用性好，便于安装与维护。

7.2　方向控制阀

方向控制阀的作用是控制油液的通、断和流动方向。它分单向阀和换向阀两类。

7.2.1　单向阀

(1) 普通单向阀　普通单向阀的作用是只允许油液流过该阀时单方向通过，反向则截止。

① 工作原理和结构　普通单向阀工作原理是：当压力油从进油口 p_1 流入时，液压推力克服弹簧力的作用，顶开钢球或锥面阀芯，油液从出油口 p_2 流出构成通路。当油液从油口 p_2 进入时，在弹簧和液体压力的作用下，钢球或锥面阀芯压紧在阀座孔上，油口 p_1 和 p_2 被阀芯隔开，油液不能通过。普通单向阀的阀芯有钢球阀芯和锥面阀芯，钢球阀芯仅适用于压力低或流量小的场合。由于锥面阀芯密封性好，使用寿命长，在高压和大流量时工作可靠，因此得到广泛应用。

普通单向阀按油口相对位置可分直通式和直角式，图 7-1 为普通单向阀简单结构。

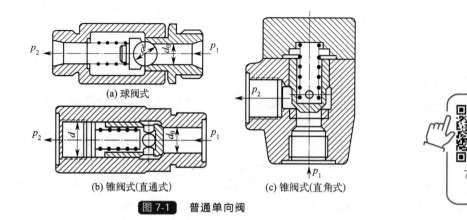

图 7-1　普通单向阀

主要性能要求是：油液通过时压力损失要小，反向截止时密封性要好。单向阀的弹簧很弱小，仅用于将阀芯顶压在阀座上，故阀的开启压力仅有 $0.035\sim0.1\text{MPa}$。若将弹簧换为硬弹簧，使其开启压力达到 $0.2\sim0.6\text{MPa}$，则可将其作为背压阀用。

② 应用举例

a. 选择液流方向，使压力油或回油只能以单向阀限定的方向流动，构成特定的回路。

b. 区分高、低压力油，防止高压油进入低压系统。有些液压系统同时采用高压小流量泵和低压大流量泵向系统供油，如图 7-2(a) 所示。当高压回路空载时，低压泵 1 经单向阀与高压泵 2 同时供油。当高压系统压力升高，并高于低压系统压力时，高压油将单向阀关闭，只用高压泵供油。

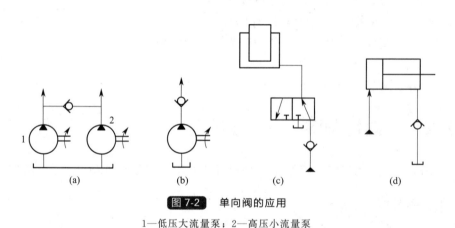

图 7-2　单向阀的应用

1—低压大流量泵；2—高压小流量泵

c. 如图 7-2(b) 所示，将单向阀安置在泵的出口处，防止系统压力突然升高反向转给泵，避免泵反转或损坏。

d. 液压泵停止时，保持液压缸的位置。如图 7-2(c) 所示，在泵停止工作时，单向阀用于防止液压缸下滑，起到安全保护作用。

e. 将单向阀做背压阀使用，提高执行元件运动的稳定性。如 7-2(d) 所示，单向阀接在液压缸的回油路上，使回油产生背压，这样可以减小液压缸运动时的前冲和爬行现象。

(2) 液控单向阀　如图 7-3(a) 所示为液控单向阀。它与普通单向阀相比，在结构上增加了控制油腔 a、控制活塞 1 及控制油口 K。当控制油口通以一定压力的压力油时，推动活塞 1 使锥阀芯 2 右移，阀即保持开启状态，使单向阀也可以反方向通过油流。为了减小控制活塞移动的阻力,控制活塞制成台阶状并设一外泄油口 L(接油箱)。控制油的压力不应低于油路压力的 30%~50%。

当 P_2 处油腔压力较高时,顶开锥阀所需要的控制压力可能很高。为了减少控制油口 K 的开启压力,在锥阀内部可增加了一个卸荷阀芯 3 [图 7-3(c)]。在控制活塞 1 顶起锥阀芯 2 之前,先顶起卸荷阀芯 3,使上下腔油液经卸荷阀芯上的缺口沟通,锥阀上腔 P_2 的压力油泄到下腔,压力降低。此时控制活塞便可以较小的力将锥阀芯顶起,使 P_1 和 P_2 两腔完全连通。这样,液控单向阀用较低的控制油压即可控制有较高油压的主油路。

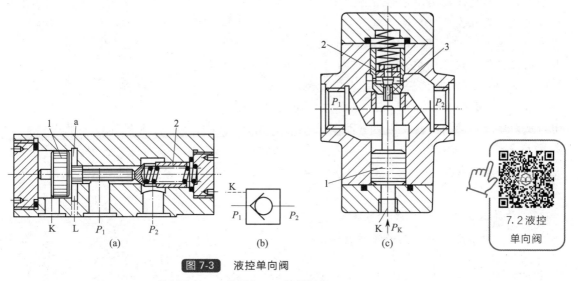

图 7-3　液控单向阀

1—控制活塞；2—锥阀芯；3—卸荷阀芯

液控单向阀还广泛用于保压、锁紧和平衡回路,另外,将两个液控单向阀分别接在执行元件两腔的进油路上,连接方式如图 7-4(a) 所示,可将执行元件锁紧在任意位置上。这样连接的液控单向阀称作双向液压锁,其结构原理如图 7-4(b) 所示。不难看出,当一个油腔正向进油时(如 A→A′),由于控制活塞 2 的作用,另一个油腔就反向出油(B′→B),反之亦然。当 A、B 两腔都没有压力油时,两个带卸荷阀的单向阀靠锥面的严密封闭将执行元件双向锁住。

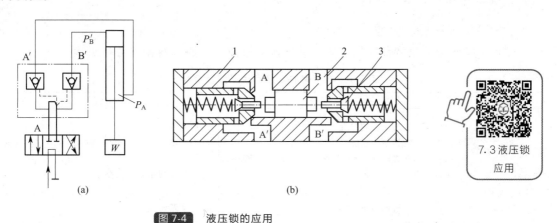

图 7-4　液压锁的应用

1—阀体；2—控制活塞；3—顶杆

【例 7-1】 图 7-5 为起重机支腿双向锁紧回路。已知支腿液压缸直径 $D=63\text{mm}$,杆径 $d=50\text{mm}$,承受负载 $F=3\times10^4\text{N}$,液控单向阀内控制活塞面积 A_k 与单向阀阀芯承压面积 A 的比值为 $A_k/A=3$。

① 试分析双向液控单向阀(液压锁)的工作原理;

② 若活塞内缩(即支腿收回),试计算液控单向阀 B 的开启压力 p_k 及开启之前液压缸大腔压力 p_B。

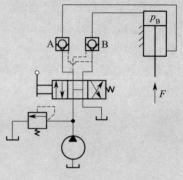

图 7-5　例 7-1 图

解:① 双向液控单向阀的工作原理。

当换向阀在左位时,油流通过阀 A 正向进油。进油压力自动将阀 B 打开,阀 B 允许反向出油,实现活塞内缩;当换向阀在右位时,油流通过 B 正向进油,进油压力自动将阀 A 打开,阀 A 允许反向出油,实现活塞外伸。

当换向阀切换到中位时,两个液控单向阀 A、B 均关闭,反向油液依靠阀芯锥面与阀座的严密接触而封闭,活塞可在行程的任何位置上锁紧。负载 F 越大,液压缸大腔压力 p_B 越高,则阀芯锥面与阀座压紧力就越大。为了使锁紧时液控单向阀的控制活塞迅速退回,液控单向阀的控制油口应通油箱,故换向阀多采用 H 型或 Y 型机能。

② 计算液控单向阀 B 的开启压力 p_k。

开启液控单向阀 B 阀芯的条件是

$$p_k A_k \geqslant p_B A \quad \text{其中,} A_k/A=3 \quad \text{故 } p_k = \frac{A}{A_k} p_B = \frac{1}{3} p_B$$

由于开启单向阀 B 所需的油压 p_k 将使液压缸大腔压力提高,故应列出液压缸活塞受力平衡方程:

$$p_B A_1 = p_k A_2 + F$$

于是得:

$$3 p_k A_k = p_k A_2 + F$$

代入数值得:$p_k=3.66\text{MPa}$,$p_B=10.9\text{MPa}$。

(3) 单向阀常见故障及排除方法　单向阀的故障产生原因及排除方法见表 7-1。

表 7-1　单向阀的故障产生原因及排除方法

故障现象	产生原因	排除方法
发生异常的声音	(1) 油的流量超过允许值 (2) 与其他阀共振 (3) 在卸压单向阀中,用于立式大油缸等的回油,没有卸压装置	(1) 更换流量大的阀 (2) 可略为改变阀的额定压力,也可试调弹簧的强弱 (3) 补充卸压装置回路
阀与阀座有严重泄漏	(1) 阀座锥面密封不好 (2) 滑阀或阀座拉毛 (3) 阀座碎裂	(1) 重新研配 (2) 重新研配 (3) 更换并研配阀座

续表

故障现象	产生原因	排除方法
不起单向作用	(1)滑阀在阀体内咬住 ①阀体孔变形 ②滑阀配合时有毛刺 ③滑阀变形胀大 (2)漏装弹簧	(1)相应采取如下措施 ①修研阀座孔 ②修除毛刺 ③修研滑阀外径 (2)补装适当的弹簧(弹簧的最大压力不大于30N)
接合处渗漏	螺钉或管螺纹没拧紧	拧紧螺钉或管螺纹

7.2.2 滑阀式换向阀

(1) 滑阀式换向阀的工作原理 换向阀的作用是变换阀芯在阀体内的相对工作位置，使阀体各油口连通或断开，从而控制执行元件的换向或启停。换向阀的工作原理如图 7-6 所示。在图示位置，液压缸两腔不通压力油，处于停机状态。若使换向阀的阀芯 1 左移，阀体 2 上的油口 P 和 A 连通，B 和 T 连通。压力油经 P、A 进入液压缸左腔，活塞右移，右腔油液经 B、T 回油箱。反之，若使阀芯右移，则 P 和 B 连通，A 和 T 连通，活塞便左移。

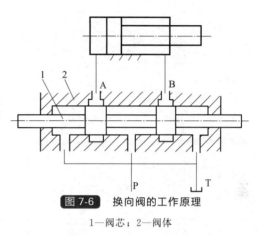

图 7-6 换向阀的工作原理
1—阀芯；2—阀体

(2) 换向阀的分类 换向阀按下述分类。

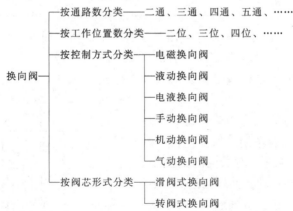

(3) 换向阀的图形符号 换向阀图形符号作以下说明。

① 用方框表示阀的工作位置，有几个方框就表示几个工作位置。

② 每个换向阀都有一个常态位，即阀芯未受外力时的位置。字母应标在常态位，P 表示进油口，T 表示回油口，A、B 表示工作油口。

③ 常态位与外部连接的油路通道数表示换向阀通道数。

④ 方框内的箭头表示该位置时油路接通情况，并不表示油液实际流向。

⑤ 换向阀的控制方式和复位方式的符号应画在换向阀的两侧。

(4) 常用换向阀的结构原理、功用及图形符号 常用滑阀式换向阀有二位二通、二位三通、二位四通、三位四通、二位五通及三位五通等类型。它们的结构、图形符号及使用场合见表 7-2。

表 7-2 常用换向阀的结构原理、功用及图形符号

名称	结构原理图	职能符号	使用场合	
二位二通阀			控制油路的接通与切断（相当于一个开关）	
二位三通阀			控制液流方向（从一个方向变换成另一个方向）	
二位四通阀			不能使执行元件在任一位置停止运动	控制执行元件换向 执行元件正反向运动时回油方式相同
三位四通阀			能使执行元件在任一位置停止运动	
二位五通阀			不能使执行元件在任一位置停止运动	执行元件正反向运动时可以得到不同的回油方式
三位五通阀			能使执行元件在任一位置停止运动	

二位二通阀相当于一个油路开关，可用于控制一个油路的通和断。二位三通阀可用于控制一个压力油源 P 对两个不同的油口 A 和 B 的换接，或控制单作用液压缸的换向。二位或三位四通阀和二位或三位五通阀都广泛用于使执行元件换向。其中二位阀和三位阀的区别在于：三位阀具有中间位置，利用这一位置可以实现多种不同的控制作用，如可使液压缸在任意位置上停止或使液压泵卸荷，而二位阀则无中间位置，它所控制的液压缸只能在运动到两端的终点位置时停止。四通阀和五通阀的区别在于：五通阀具有 P、A、B、T_1 和 T_2 五个油口，而四通阀则因为 T_1 和 T_2 两回油口在阀内相通，故对外只有四个油口 P、A、B、T。四通阀和五通阀用于使执行元件换向时，其作用基本相同，但五通阀有两回油口，可在执行元件的正反向运动中构成两种不同的回油路，如在组合机床液压系统中，广泛采用三位五通换向阀组成快进差动连接回路。

（5）几种常用换向阀

① 机动换向阀。机动换向阀用来控制机械运动部件的行程，故又称行程阀。这种阀必须安装在液压缸附近，在液压缸驱动工作的行程中，装在工作部件一侧的挡块或凸轮移动到预定位置时就压下阀芯，使阀换位。如图 7-7 所示为二

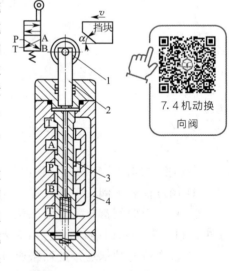

图 7-7 机动换向阀

1—滚轮；2—顶杆；3—阀芯；4—阀体

位四通机动换向阀的结构原理和图形符号。

机动换向阀通常是弹簧复位式的二位阀。它的结构简单,动作可靠,换向位置精度高,改变挡块的迎角 α 或凸轮外形。可使阀芯获得合适的换位速度,以减小换向冲击。但这种阀不能安装在液压站上,因为连接管路较长,使整个液压装置不够紧凑。

② 手动换向阀。手动换向阀用手动杠杆来操纵阀芯在阀体内移动,以实现液流的换向。它同样有各种位、通和滑阀机能的多种类型,按定位方式的不同又可分为自动复位式和钢球定位式两种。

图 7-8(a) 为三位四通自动复位式手动换向阀。扳动手柄,即可换位,当松手后,滑阀在弹簧力作用下,自动回到中间位置,所以称为自动复位式。这种换向阀不能在两端位置上定位停留。

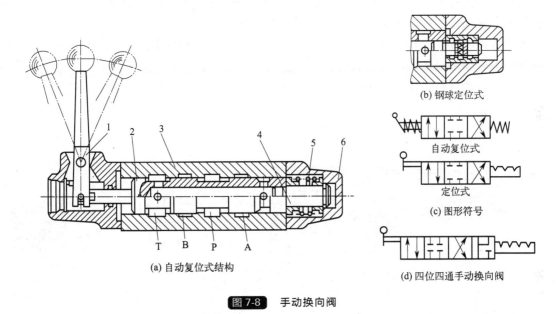

图 7-8 手动换向阀

1—杠杆手柄;2—滑阀;3—阀体;4—套筒;5—弹簧;6—法兰盖

如果要使阀芯在三个位置上都能定位,可以将右端的弹簧5改为如图 7-8(b) 所示的结构。在阀芯右端的一个径向孔中装有一个弹簧和两个钢球,与定位套相配合可以在三个位置上实现停留与定位。图 7-8(c) 是这两种手动阀的图形符号。定位式手动换向阀还可以制成多位的形式,图 7-8(d) 是手动四位滑阀。手动换向阀经常用在起重运输机械、工程机械等行走机械上。

7.5 手动换向阀

③ 电磁换向阀。电磁换向阀是利用电磁铁的吸力控制阀芯换位的换向阀。它操作方便,布局灵活,有利于提高设备的自动化程度,因而应用最广泛。

电磁换向阀包括换向滑阀和电磁铁两部分。电磁铁因其所用电源不同而分为交流电磁铁和直流电磁铁。交流电磁铁常用电压为 220V 和 380V,不需要特殊电源,电磁吸力大,换向时间短 (0.01~0.03s),但换向冲击大、噪声大、发热大、换向频率不能太高(每分钟30次左右),寿命较低。若阀芯被卡住或电压低,电磁吸力小衔铁未动作,其线圈很容易烧坏。因而常用于换向平稳性要求不高、换向频率不高的液压系统。直流电磁铁的工作电压一般为 24V，其换向平稳，工作可靠，噪声小，发热少，寿命高，允许使用的换向频率可达 120 次/min。其缺点是启动力小，换向时间较长（0.05～0.08s），且需要专门的直流电源，成本较高。因而常用于换向性能要求较高的液压系统。近年来出现一种自整流型电磁铁。这种电磁铁上附有整流装置和冲击吸收装置，使衔铁的移动由自整流直流电控制，使用很方便。

电磁铁按衔铁工作腔是否有油液，又可分为"干式"和"湿式"。干式电磁铁不允许油液流入电磁铁内部，因此必须在滑阀和电磁铁之间设置密封装置，而在推杆移动时产生较大的摩擦阻力，也易造成油的泄漏。湿式电磁铁的衔铁和推杆均浸在油液中，运动阻力小，且油还能起到冷却和吸振作用，从而提高了换向的可靠性及使用寿命。

如图 7-9(a) 所示为二位三通干式交流电磁换向阀。其左边为一交流电磁铁，右边为滑阀。当电磁铁不通电时（图示位置），其油口 P 与 A 连通；当电磁铁通电时，衔铁 1 右移，通过推杆 2 使阀芯 3 推压弹簧 4 并向右移至端部，其油口 P 与 B 连通，而 P 与 A 断开。

如图 7-9(c) 所示为三位四通直流湿式电磁换向阀。阀的两端各有一个电磁铁和一个对中弹簧。当右端电磁铁通电时，右衔铁 1 通过推杆 2 将阀芯 3 推至左端，阀右位工作，其油口 P 通 A，B 通 T；当左端电磁铁通电时，阀左位工作，其阀芯移至右端，油口 P 通 B，A 通 T。

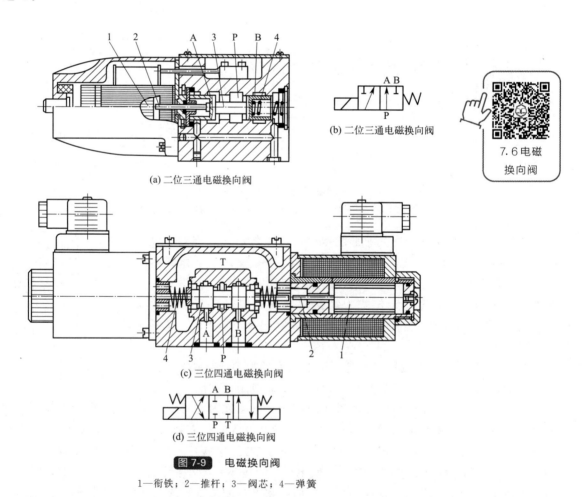

图 7-9 电磁换向阀

1—衔铁；2—推杆；3—阀芯；4—弹簧

电磁铁在电磁换向阀中起着重要作用。例如，电源电压太低，会造成电磁铁推力不足，不能推动阀芯正常工作。电磁铁的故障产生原因及排除方法如表 7-3 所示。

表 7-3 电磁铁的故障产生原因及排除方法

故障现象	产 生 原 因	排 除 方 法
动作不好	(1)缓冲橡胶脱落松动、接触不良 (2)电压太低不在规定电压范围使用 (3)接线不良导线连接错误，松动 (4)导线与线圈间断线 (5)线圈烧损。由电磁铁松动阀动作不良，电路错误，阀芯卡死、壳体歪斜，使用频率过高	(1)拆开检查，正确安装 (2)测定电压，吸力与电压的平方成比例，应经常保持正常 (3)测定电压，正确接线 (4)测定电压，电磁铁整体调换 (5)判别线圈烧焦的气味，电磁铁整体调换
嗡声噪声、振动噪声	(1)校正线圈的变形松动、变形或部分剪断 (2)可动铁芯的永久变形相当于推杆部分的凹形变形 (3)铆钉的松动可动铁芯的铆钉松动 (4)安装螺钉松动。电磁铁安装螺钉松动 (5)铁芯与可动铁芯的接触不良变形、松动和脏物卡住 (6)剩磁材质不好 (7)可动铁芯龟裂使用次数频繁 (8)制造不良绝缘清漆、线圈、铁芯加工不良	(1)拆开检查，电磁铁整体调换 (2)拆开检查，电磁铁整体调换 (3)拆开检查，电磁铁整体调换 (4)检查螺钉，拧紧 (5)拆开检查，洗涤 (6)拆开检查，电磁铁整体调换 (7)拆开检查，电磁铁整体调换 (8)测定电压、绝缘程度，改进品质管理
换向声音大	背压或先导压过高	换向时声音异常大，降低背压或先导压
温度上升	由于O形圈防挤圈不良，油的流入；周围温度的影响；寿命低；水和湿度的影响等使绝缘能力降低	测定绝缘能力，电磁铁整体调换
滞后(动作慢)	直流电磁铁不会烧损，但比交流需要 4～5 倍的动作时间	检查周围温度、电磁铁温度，在50℃以上的周围温度时使用特殊的规格

④ 液动换向阀。液动换向阀是依靠控制油路的压力油来推动阀芯进行换位的换向阀。液动阀也有二位、三位两种类型。二位液动阀的一侧通压力油，另一侧有弹簧；三位液动阀两侧都可通入压力油，阀芯换位。图 7-10(a)、(b) 是三位四通液动换向阀的结构及图形符号。在两端均没有压力油通入时，阀芯在两边弹簧作用下，处于中间位置。当控制油口 K_1 通入压力油而 K_2 回油时，阀芯向右运动，这时油口 P 与 A 通，B 与 D 通。当控制油口 K_2 通入压力油而 K_1 回油时，阀芯向左运动，这时 P 与 B 通，A 与 T 通，实现了油路的换向。

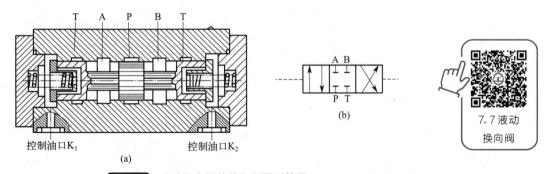

图 7-10 液动换向阀的结构和图形符号

⑤ 电液动换向阀。由于电磁吸力的限制，电磁换向阀不能做成大流量的阀门。在需要大流量时，可使用电液换向阀。如图 7-11 所示为电液换向阀的结构，它由电磁先导阀和液动主阀组成，用小规格的电磁先导阀控制大规格的液动主阀工作。其工作过程如下：当电磁

铁 4、6 均不通电时，P、A、B、T 各口互不相通。当电磁铁 4 通电时，控制油通过电磁阀左位经单向阀 2 作用于液动阀阀芯的左端，阀芯 1 右移，右端回油经节流阀 7、电磁阀右端流回油箱，这时主阀左位工作，即主油路 P、A 口畅通，B、T 连通。同理，当电磁铁 6 通电，电磁铁 4 断电时，电磁先导阀右位工作，则主阀右位工作。这时主油路 P、B 口畅通，A、T 口连通（主阀中心通孔）。阀中的两个节流阀 3、7 用来调节液动阀阀芯的移动速度，并使其换向平稳。

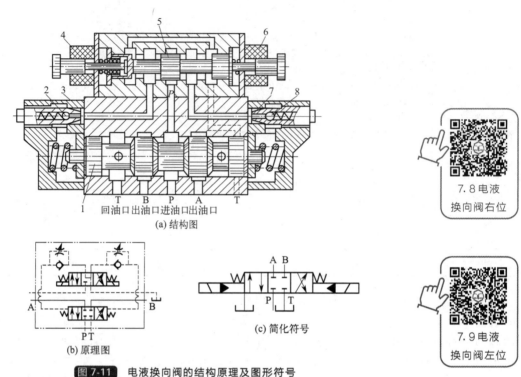

图 7-11　电液换向阀的结构原理及图形符号

1—液动阀阀芯；2，8—单向阀；3，7—节流阀；4，6—电磁铁；5—电磁阀阀芯

电液换向阀的电磁先导阀故障产生原因及排除方法见表 7-4。

表 7-4　电液换向阀的电磁先导阀故障产生原因及排除方法

故障现象	产生原因	排除方法
先导阀不能动作阀体与阀芯咬合	(1) 四通阀作三通阀使用，接油箱管路背压低 (2) 阀体安装歪斜或管路安装歪斜；金属小片、毛刺、铁屑进入	(1) 保持 0.35~0.5MPa 的背压 (2) 检查阀芯的片面接触，将阀体安装正确
阀芯卡住	毛刺、微粒的影响	检查阀芯与阀体的伤痕，用砂纸和油石修光伤痕，严重者应调换
弹簧断裂	弹簧设计不良或热处理不好；动作次数频繁	拆开清洗，防止油的污染（调换油）；加强弹簧刚度。检查弹簧和阀的复位情况，调换弹簧
换向情况不好	液动力（流量超过额定流量使用时）	检查额定流量和实际使用流量，加大阀的通径
内部泄漏	(1) 黏度低（由于高温） (2) 阀芯、阀体有伤痕 (3) 磨损 (4) 动作不良	(1) 检查油温，将油调换成高黏度油或降低油温 (2) 拆开检查，修正或调换 (3) 拆开检查，测定阀芯的尺寸（各部分） (4) 拆开后检查有无片面接触、异物卡住及阀体内的局部磨损

（6）换向阀的中位机能　三位换向阀的中位机能是指三位换向阀常态位置时，阀中

内部各油口的连通方式,也可称为滑阀机能,表 7-5 表示各种三位换向阀的中位机能和符号。

表 7-5 各种三位换向阀的中位机能和符号

机能代号	结构原理图	中位图形符号 三位四通	中位图形符号 三位五通	机能特点和作用
O				各油口全部封闭,缸两腔封闭,系统不卸荷。液压缸充满油,从静止到启动平稳;制动时运动惯性引起液压冲击较大;换向位置精度高
H				各油口全部连通,系统卸荷,缸呈浮动状态。液压缸两腔接油箱,从静止到启动有冲击;制动时油口互通,故制动较 O 型平稳;但换向位置变动大
P				压力油口 P 与缸两腔连通,可形成差动回路,回油口封闭。从静止到启动较平稳;制动时缸两腔均通压力油,故制动平稳;换向位置变动比 H 型的小,应用广泛
Y				油泵不卸荷,缸两腔通回油,缸呈浮动状态。由于缸两腔接油箱,从静止到启动有冲击,制动性能介于 O 型与 H 型之间
K				油泵卸荷,液压缸一腔封闭一腔接回油箱。两个方向换向时性能不同
M				油泵卸荷,缸两腔封闭,从静止到启动较平稳;制动性能与 O 型相同;可用于油泵卸荷液压缸锁紧的液压回路中
X				各油口半开启接通,P 口保持一定的压力;换向性能介于 O 型和 H 型之间

换向阀中位性能对液压系统有较大的影响,在分析和选择中位性能时一般作如下考虑。

① 系统保压问题:当油口 P 堵住时,系统保压,此时泵还可使系统中其他执行元件动作。

② 系统卸荷问题:当 P 和 T 相通时,整个系统卸荷。

③ 换向平稳和换向精度问题:当油口 A 和 B 均堵塞时,易产生液压冲击,换向平稳性

差,但换向精度高。反之,当油口 A 和 B 都和 T 接通时,工作机构不易制动,换向精度低,但换向平稳性好,液压冲击小。

④ 启动平稳性问题:当油口 A 或 B 有一油口接通油箱,启动时该腔因无油液进入执行元件,所以会影响启动平稳性。

(7) 换向阀的常见故障及排除 换向阀的常见故障及排除方法见表7-6。

表 7-6 换向阀的故障及排除方法

故障现象	产生原因	排除方法
滑阀不能动作	(1)滑阀被堵塞 (2)阀体变形 (3)具有中间位置的对中弹簧折断 (4)操纵压力不够	(1)拆开清洗 (2)重新安装阀体的螺钉使压紧力均匀 (3)更换弹簧 (4)操纵压力必须大于 0.35MPa
工作程序错乱	(1)因滑阀被拉毛,油中有杂质或热膨胀使滑阀移动不灵活或卡住 (2)电磁阀的电磁铁坏了,力量不足或漏磁等 (3)液动换向滑阀两端的控制阀(节流阀单向阀)失灵或调整不当 (4)弹簧过软或太硬使通油不畅 (5)滑阀与阀孔配合太紧或间隙过大 (6)因压力油的作用使滑阀局部变形	(1)拆卸清洗、配研滑阀 (2)更换或修复电磁铁 (3)调整节流阀、检查单向阀是否封油良好 (4)更换弹簧 (5)检查配合间隙使滑阀移动灵活 (6)在滑阀外圆上开 1×0.5mm 的环形平衡槽
电磁线圈发热过高或烧坏	(1)线圈绝缘不良 (2)电磁铁铁芯与滑阀轴线不同芯 (3)电压不对 (4)电极焊接不对	(1)更换电磁铁 (2)重新装配使其同芯 (3)按规定纠正 (4)重新焊接
电磁铁控制的方向阀作用时有响声	(1)滑阀卡住或摩擦过大 (2)电磁铁不能压到底 (3)电磁铁铁芯接触面不平或接触不良	(1)修研或调配滑阀 (2)校正电磁铁高度 (3)清除污物,修正电磁铁铁芯

▶▶ 7.3 压力控制阀

常见压力控制阀分为溢流阀、减压阀、顺序阀、压力继电器等几类。

7.3.1 溢流阀

溢流阀的作用是限制所在油路的液体工作压力。当液体压力超过溢流阀的调定值时,溢流阀阀口会自动开启,使油液溢回油箱。

(1) 溢流阀工作原理

① 直动式溢流阀 如图 7-12 所示为锥阀式(还有球阀式和滑阀式)直动型溢流阀。当进油口 P 从系统接入的油液压力不高时,锥阀芯 2 被弹簧 3 紧压在阀体 1 的孔口上,阀口关闭。当进口油压升高到能克服弹簧阻力时,便推开锥阀芯使阀口打开,油液就由进油口 P 流入,再从出油口 T 流回油箱(溢流),进油压力也就不会继续升高。当通过溢流阀的流量变化时,阀口开度即弹簧压缩量也随之改变。但在弹簧压缩量变化甚小的情况下,可以认为阀芯在液压力和弹簧力作用下保持平衡,溢流阀进口处的压力基本保持为定值。拧动调压螺钉 4 改变弹簧预压缩量,便可调整溢流阀的溢流压力。这种溢流阀因压力油直接作用于阀芯,故称直动型溢流阀。

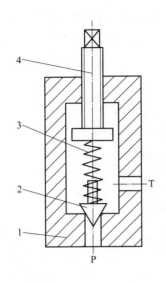

图 7-12　直动式溢流阀

1—阀体；2—锥阀芯；3—弹簧；4—调压螺钉

直动型溢流阀用于低压小流量。系统压力高时采用先导式溢流阀。

② 先导式溢流阀　先导式溢流阀由先导阀和主阀两部分组成。图 7-13(a)、(b) 分别为高压、中压先导式溢流阀的结构简图。其先导阀是一个小规格锥阀芯直动式溢流阀，其主阀的阀芯 5 上开有阻尼小孔 e。在它们的阀体上还加工了孔道 a、b、c、d。油液从进油口 P 进入，经阻尼孔 e 及孔道 c 到达先导阀的进油腔（在一般情况下，外控口 K 是堵塞的）。当进油口压力低于先导阀弹簧调定压力时，先导阀关闭，阀内无油液流动，主阀芯上、下腔油压相等，因而它被主阀弹簧抵住在主阀下端，主阀关闭，阀不溢流。当进油口 P 的压力升高时，先导阀进油腔油压也升高，直至达到先导阀弹簧的调定压力时，先导阀被打开，主阀芯上腔油经先导阀口及阀体上的孔道 a，由回油口 T 流回油箱。主阀芯下腔油液则经阻尼小孔 e 流动，由于小孔阻尼大，使主阀芯两端产生压力差，主阀芯便使在此压差作用下克服其弹簧力上抬，主阀进、回油口连通，达到溢流和稳压的目的。调节先导阀的手轮，便可调整溢流阀的工作压力。更换先导阀的弹簧（刚度不同的弹簧），便可得到不同的调压范围。

这种结构的阀，其主阀芯是利用压差作用开启的，主阀芯弹簧很弱小，因而即使压力较高，流量较大，其结构尺寸仍较紧凑、小巧，且压力和流量的波动也比直动式小。但其灵敏度不如直动式溢流阀。

(2) 溢流阀的应用

① 调压溢流　系统采用定量泵供油时，常在其进油路或回油路上设置节流阀或调速阀，使泵油的一部分进入液压缸工作，而多余的油须经溢流阀流回油箱，溢流阀处于其调定压力下的常开状态。调节弹簧的压紧力，也就调节了系统的工作压力。如图 7-14(a) 所示。

② 安全保护　系统采用变量泵供油时，系统内没有多余的油需溢流，其工作压力由负载决定。这时与泵并联的溢流阀只有在过载时才需打开，以保障系统的安全。因此它是常闭的，如图 7-14(b) 所示。

③ 使泵卸荷　采用先导式溢流阀调压的定量泵系统，当阀的外控口 K 与油箱连通时，

其主阀芯在进口压力很低时即可迅速抬起,使泵卸荷,以减少能量损耗。如图7-14(c)所示。

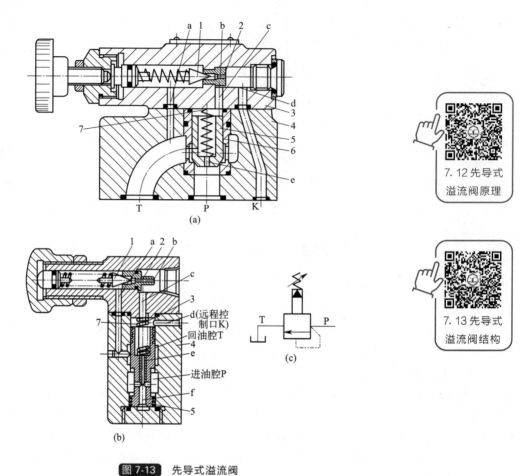

图 7-13 先导式溢流阀

1—先导阀芯;2—先导阀座;3—先导阀体;4—主阀体;5—主阀芯;6—主阀套;7—主阀弹簧

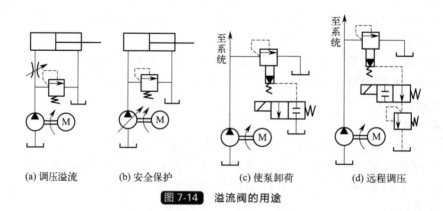

(a) 调压溢流　(b) 安全保护　(c) 使泵卸荷　(d) 远程调压

图 7-14 溢流阀的用途

④ 远程调压　当先导式溢流阀的外控口(远程控制口)与调压较低的溢流阀(或远程调压阀)连通时,其主阀芯上腔的油压只要达到低压阀的调整压力,主阀芯即可抬起溢流(其先导阀不再起调压作用),即实现远程调压。图7-14(d)中,当电磁阀不通电右位工作时,将先导溢流阀的外控口与低压调压阀连通,实现远程调压。

⑤ 形成背压 将溢流阀安设在液压缸的回油路上，可使缸的回油腔形成背压，提高运动部件运动的平稳性，因此这种用途的阀也称背压阀。

⑥ 多级调压 如图 7-15(a) 所示多级调压及卸荷回路中，先导式溢流阀 1 与溢流阀 2、3、4 的调定压力不同，且阀 1 调压最高。阀 2、3、4 进油口均与阀 1 的外控口相连，且分别由电磁换向阀 6、7 控制出口。电磁阀 5 进油口与阀 1 外控口相连，出口与油箱相连。当系统工作时若仅电磁铁 1YA 通电，则系统获得由阀 1 调定的最高工作压力；若仅 1YA、2YA 通电，则系统可得到由阀 2 调定的工作压力；若仅 1YA 和 3YA 通电，则得到阀 3 调定的压力；若仅 1YA 和 4YA 通电，则得到由阀 4 调定的工作压力。当 1YA 不通电时，阀 1 的外控口与油箱连通，使液压泵卸荷。这种多级调压及卸荷回路，除阀 1 以外的控制阀，由于通过的流量很小（仅为控制油路流量），因此可用小规格的阀，结构尺寸较小。

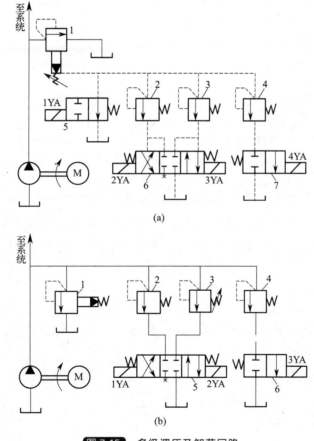

图 7-15 多级调压及卸荷回路

1—先导式溢流阀；2～4—溢流阀；5—三位换向阀；6—二位换向阀；7—换向阀

如图 7-15(b) 所示多级调压回路中，除阀 1 调压最高外，其他溢流阀均分别由相应的电磁换向阀控制其通断状态，只要控制电磁换向阀电磁铁的通电顺序，就可使系统得到相应的工作压力。这种调压回路的特点是，各阀均应与泵有相同的额定流量，其尺寸较大，因而只适用于流量小的系统。

(3) 溢流阀的常见故障及排除 溢流阀的故障产生原因及排除方法见表 7-7。

表 7-7　溢流阀的故障产生原因及排除方法

故障现象	产生原因	排除方法
压力波动不稳定	(1)弹簧弯曲或太软 (2)锥阀与阀座的接触不良或磨损 (3)钢球不圆钢球与阀座密合不良 (4)滑阀变形或拉毛 (5)油不清洁,阻尼孔堵塞	(1)更换弹簧 (2)锥阀磨损或有毛病就更换。如锥阀是新的,即卸下调整螺母。将导杆推几下,使其接触良好 (3)更换钢球,研磨阀座 (4)更换或修研滑阀 (5)更换清洁油液,疏通阻尼孔
调整无效	(1)弹簧断裂或漏装 (2)阻尼孔堵塞 (3)滑阀卡住 (4)进出油口装反 (5)锥阀漏装	(1)检查、更换或补装弹簧 (2)疏通阻尼孔 (3)拆出、检查、修整 (4)检查油源方向并纠正 (5)检查、补装
显著泄漏	(1)锥阀或钢球与阀座的接触不良 (2)滑阀与阀体配合间隙过大 (3)管接头没拧紧 (4)接合面纸垫冲破或铜垫失效	(1)锥阀或钢球磨损或者有毛病时则更换新的锥阀或钢球 (2)更换滑阀,重配间隙 (3)拧紧连接螺钉 (4)更换纸垫或铜垫
显著噪声及振动	(1)螺母松动 (2)弹簧变形不复原 (3)滑阀配合过紧 (4)主滑阀动作不良 (5)锥阀磨损 (6)出口油路中有空气 (7)流量超过允许值 (8)和其他阀产生共振	(1)紧固螺母 (2)检查并更换弹簧 (3)修研滑阀,使其灵活 (4)检查滑阀与壳体是否同芯 (5)更换锥阀 (6)放出空气 (7)调换流量大的阀 (8)略改变阀的额定压力值(如额定压力值的差在0.5MPa以内,容易发生共振)

【例 7-2】 在图 7-16 系统中,已知两溢流阀的调整压力分别为 $p_{Y1}=5\text{MPa}$,$p_{Y2}=2\text{MPa}$,试问活塞向左和向右运动时,液压泵可能达到的最大工作压力各是多少?

解:当 YA 断电时,活塞右移。这时,远程调压阀进出油口压力相等,调压阀始终处于关闭状态,不起调压作用。系统压力由溢流阀决定。故泵的最大工作压力为溢流阀的调定值,即 $p_{\max}=5\text{MPa}$。

当 YA 通电时,活塞左移。这时,远程调压阀的出口接油箱,调压阀起调压作用,系统压力由远程调压阀的调定值决定,故泵的最大工作压力 $p_{\max}=2\text{MPa}$。

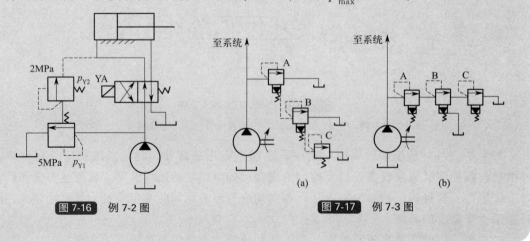

图 7-16　例 7-2 图　　　　图 7-17　例 7-3 图

【例 7-3】 在如图 7-17 所示两系统中溢流阀的调整压力分别为 $p_A=4\text{MPa}$，$p_B=3\text{MPa}$，$p_C=2\text{MPa}$，当系统外负载为无穷大时，液压泵的出口压力各为多少？

解：如图 7-17(a) 所示系统泵的出口压力为 2MPa。因 $p_P=2\text{MPa}$ 时溢流阀 C 开启，一小股压力为 2MPa 的液流从阀 A 遥控口经阀 B 遥控口和阀 C 回油箱。所以，阀 A 和阀 B 也均打开。但大量溢流从阀 A 主阀口流回油箱，而从阀 B 和阀 C 流走的仅为很小一股液流，且 $q_B>q_C$。

如图 7-17(b) 所示系统，当负载为无穷大时泵的出口压力为 6MPa。因该系统中阀 B 遥控口接油箱，阀口全开，相当于一个通道，泵的工作压力由阀 A 和阀 C 决定，即 $p_P=p_A+p_C=(4+2)\text{MPa}=6\text{MPa}$。

7.3.2 减压阀

减压阀是使出口压力（二次回路压力）低于进口压力（一次回路压力）的一种压力控制阀。其作用是用来降低并稳定液压系统中某一支路的油液压力，使同一油源能同时提供两个或几个不同压力的输出。

根据出口压力的性质不同，减压阀分为三类。

① 定差减压阀。此类阀的出口压力和进口压力保持一定的差值。
② 定比减压阀。此类阀的特点是出口压力和进口压力保持一定比例。
③ 定值输出减压阀。此类减压阀的特点是出口压力基本保持恒定。

定差和定比减压阀用量很少，而定值输出减压阀用量很大。本节所提到的减压阀指的是定值输出减压阀。

(1) 直动式减压阀工作原理　直动式减压阀的工作原理和符号如图 7-18 所示。

压力为 p_1 的高压液体进入阀中后，经由阀芯与阀体间的节流口 A 减压，使力降为 p_2 后输出。减压阀出口压力油通过孔道与阀芯下端相连，使阀芯上作用一向上的液压力，并靠调压弹簧与之平衡。当出口压力未达到阀的设定压力时，弹簧力大于阀芯端部的液压力，阀芯下移，使减压口增大，从而减小液阻，使出口压力增大，直到其设定值为止；相反，当出口压力因某种外部干扰而大于设定值时，阀芯端部的液压力大于弹簧力而使阀芯上升，使减压口减小，液阻增大，从而使出口压力减小，直到其设定值为止。由此可看出，减压阀就是靠阀芯端部的液压力和弹簧力的平衡来维持出口压力恒定的。调整弹簧的预压缩力，即可调整出口压力。

图 7-18 中 L 为泄油口，一般单独接回油箱，称为外部泄漏。

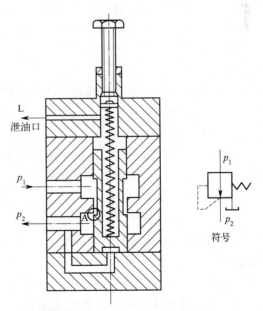

图 7-18　直动式减压阀的工作原理和符号

直动式减压阀的弹簧刚度较大，因而阀的出口压力随阀芯的位移略有变化。为了减小出口压力的波动，常采用先导式减压阀。

（2）先导式减压阀工作原理　先导式减压阀的工作原理和符号如图 7-19 所示。

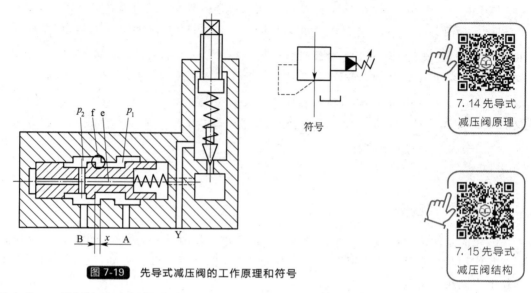

图 7-19　先导式减压阀的工作原理和符号

压力为 p_1 的压力油由阀的进油口 A 流入，经减压口 f 减压后，压力降低为 p_2，再由出油口 B 流出。同时，出口压力油经主阀芯内的径向孔和轴向孔引入到主阀芯的左腔和右腔，并以出口压力作用在先导阀锥上。当出口压力未达到先导阀的调定值时，先导阀关闭，主阀芯左、右两腔压力相等，主阀芯被弹簧压在最左端，减压口开度 x 为最大值，压降最小，阀处于非工作状态。当出口压力升高并超过先导阀的调定值时，先导阀被打开，主阀弹簧腔的泄油便由泄油口 Y 流往油箱。由于主阀芯的轴向孔 e 是细小的阻尼孔，油在孔内流动，使主阀芯两端产生压力差，主阀芯便在此压力差作用下克服弹簧阻力右移，减压口开度 x 值减小，压降增加，引起出口压力降低，直到等于先导阀调定的数值为止。反之，如出口压力减小，主阀芯左移，减压口开大，压降减小，使出口压力回升到调定值上。可见，减压阀出口压力若由于外界干扰而变动时，它将会自动调整减压口开度来保持调定的出口压力数值基本不变。

在减压阀出口油路的油液不再流动的情况下（如所连的夹紧支路油缸运动到底后），由于先导阀泄油仍未停止，减压口仍有油液流动，阀就仍然处于工作状态，出口压力也就保持调定数值不变。

可以看出，与溢流阀相比较，减压阀的主要特点是：阀口常开；从出口引压力油去控制阀口开度，使出口压力恒定；泄油单独接入油箱。

（3）减压阀的应用

① 减压阀是一种可将较高的进口压力（一次压力）降低为所需的出口压力（二次压力）的压力调节阀。根据各种不同的要求，减压阀可将油路分成不同的减压回路，以得到各种不同的工作压力。

将减压阀与节流阀串联在一起，可使节流阀前后压力差不随负载变化而变化。

② 单向减压阀由单向阀和减压阀并联组成，其作用与减压阀相同。液流正向通过时，单向阀关闭，减压阀工作。当液流反向时，液流经单向阀通过，减压阀不工作。

（4）减压阀的常见故障及排除方法　减压阀的常见故障及排除方法见表 7-8。

表 7-8 减压阀的常见故障及排除方法

故障现象	产生原因	排除方法
压力不稳定,有波动	(1)油液中混入空气 (2)阻尼孔有时堵塞 (3)滑阀与滑体内孔圆度达不到规定使阀卡住 (4)弹簧变形或在滑阀中卡住,使滑阀移动困难,或弹簧太软 (5)钢球不圆,钢球与阀座配合不好或锥阀安装不正确	(1)排除油中空气 (2)疏通阻尼孔及换油 (3)修研阀孔,修配滑阀 (4)更换弹簧 (5)更换钢球或拆开锥阀调整
输出压力低,升不高	(1)顶盖处泄漏 (2)钢球或锥阀与阀座密合不良	(1)拧紧螺钉或更换纸垫 (2)更换钢球或锥阀
不起减压作用	(1)回油孔的油塞未拧出,使油闷住 (2)顶盖方向装错,使出油孔与回油孔沟通 (3)阻尼孔被堵住 (4)滑阀被卡死	(1)将油塞拧出,并接上回油管 (2)检查顶盖上的孔的位置是否装错 (3)用直径为1mm的针清理小孔并换油 (4)清理和研配滑阀

【**例 7-4**】 在如图 7-20 所示两阀组中,设两个减压阀调定压力一大一小($p_A > p_B$),并且所在支路有足够的负载。说明支路的出口压力取决于哪个减压阀?为什么?

解:图(a)中,两个减压阀串联,且 $p_A > p_B$,当负载趋于无穷大时,支路出口压力取决于 B 阀。因为调定压力低的 B 阀先工作,然后是调定压力高的 A 阀工作,故支路压力取决于调定压力低的 B 阀。

图(b)中,两个减压阀并联,支路出口压力取决于 A 阀,当负载趋于无穷大时,出口压力达到 p_B 时,B 阀工作,而此时 A 阀阀口全开,由于 A 阀出口压力高于 B 阀出口压力,故 B 阀立刻关闭,当压力升高达到 p_A 时,A 阀工作,故支路压力取决于调定压力高的 A 阀。

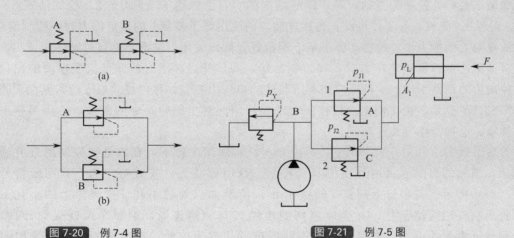

图 7-20 例 7-4 图   图 7-21 例 7-5 图

【**例 7-5**】 如图 7-21 所示系统中,已知减压阀的调整值分别为:$p_{J1} = 2\text{MPa}$,$p_{J2} = 3.5\text{MPa}$,溢流阀调整值 $p_Y = 4.5\text{MPa}$。活塞运动时,负载力 $F = 1200\text{N}$,活塞面积 $A_1 = 15\text{cm}^2$,不计减压阀全开时的局部损失及管路损失。试确定:

① 活塞在运动时和到达终端位置时,A、B、C 各点的压力;

② 若负载力增加到 $F=4200\text{N}$，所有阀的调整值仍为原来数值，这时 A、B、C 各点的压力。

解：① 活塞运动时，$p_\text{L}=F/A_1=1200/(15\times10^{-4})=0.8(\text{MPa})$。

因为 $p_\text{L}<p_{J1}$，$p_\text{L}<p_{J2}$，两个减压阀口均处于最大开口，所以 $p_\text{A}=p_\text{B}=p_\text{C}=p_\text{L}=0.8\text{MPa}$。

活塞到达终端位置时，根据减压阀并联的特点 $p_\text{A}=p_\text{C}=p_{J2}=3.5\text{MPa}$，溢流阀处于工作状态，所以 $p_\text{B}=p_\text{Y}=4.5\text{MPa}$。

② 负载力 $F=4200\text{N}$ 时，$p_\text{L}=F/A_1=2.8\text{MPa}$。由于 $p_\text{L}>p_{J1}$，因而减压阀 1 的阀口关闭。压力油经减压阀 2 进入液压缸，由于 $p_\text{L}<p_{J2}$，故减压阀 2 的阀口处于全开状态，此时 $p_\text{A}=p_\text{B}=p_\text{C}=p_\text{L}=2.8\text{MPa}$。

活塞到达终端位置时，分析同①，即 $p_\text{A}=p_\text{C}=p_{J2}=3.5\text{MPa}$，$p_\text{B}=p_\text{Y}=4.5\text{MPa}$。

7.3.3　顺序阀

顺序阀是利用有油路中压力的变化控制阀口启闭，以实现执行元件顺序动作的液压元件。为了防止液动机的运动部分因自重下滑，有时采用顺序阀使回油保持一定的阻力，这时顺序阀叫做平衡阀。当系统压力超过调定值时，顺序阀还可以使液压泵卸荷，这时叫做卸荷阀。

(1) 顺序阀的结构及工作原理　其结构与溢流阀类同，也分直动式和先导式。先导式用于压力高的场合。

如图 7-22(a) 所示为直动式顺序阀的结构图。它由螺堵 1、下阀盖 2、控制活塞 3、阀体 4、阀芯 5、弹簧 6 等零件组成。当其进油口的油压低于弹簧 6 的调定压力时，控制活塞 3 下端油液向上的推力小，阀芯 5 处于最下端位置，阀口关闭，油液不能通过顺序阀流出。当进油口油压达到弹簧调定压力时，阀芯 5 抬起，阀口开启，压力油即可从顺序阀的出口流出，使阀后的油路工作。这种顺序阀利用其进油口压力控制，称内控式顺序阀，其图形符号如图 7-22(b) 所示。由于阀出油口接压力油路，因此其上端弹簧处的泄油口必须另接一油管通油箱，这种连接方式称外泄。

若将下阀盖 2 相对于阀体转过 90°或 180°，将螺堵 1 拆下，在该处接控制油管并通入控制油，则阀的启闭便可由外供控制油控制。这时即成为外控式顺序阀，其图形符号如图 7-22(c) 所示。若再将上阀盖 7 转过 180°，使泄油口处的小孔 a 与阀体上的小孔 b 连通，将泄油口用螺堵封住，并使顺序阀的出油口与油箱连通，则顺序阀就成为卸荷阀。其泄漏油可由阀的出油口流回油箱，这种连接方式称为内泄。卸荷阀的图形符号如图 7-22(d) 所示。

顺序阀常与单向阀组合成单向顺序阀、液控单向顺序阀等使用。直动式顺序阀设置控制活塞的目的是缩小阀芯受油压作用的面积，以便采用较软的弹簧来提高阀的特性。直动式顺序阀的最高工作压力一般在 8MPa 以下。先导式顺序阀主阀弹簧的刚度可以很小，故可省去阀芯下面的控制柱塞，不仅启闭特性好，且工作压力也可大大提高。

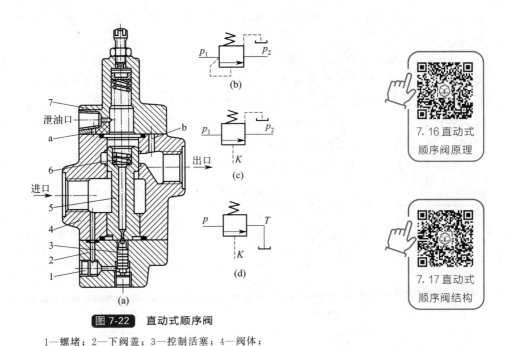

图 7-22　直动式顺序阀

1—螺堵；2—下阀盖；3—控制活塞；4—阀体；
5—阀芯；6—弹簧；7—上阀盖

(2) 顺序阀的应用

① 控制多个执行元件的顺序动作　图 7-23(a) 中要求 A 缸先动，B 缸后动，通过顺序阀的控制可以实现。顺序阀在 A 缸进行动作①时处于关闭状态，当 A 缸到位后，油液压力升高，达到顺序阀的调定压力后，打开通向 B 缸的油路，从而实现 B 缸的动作。

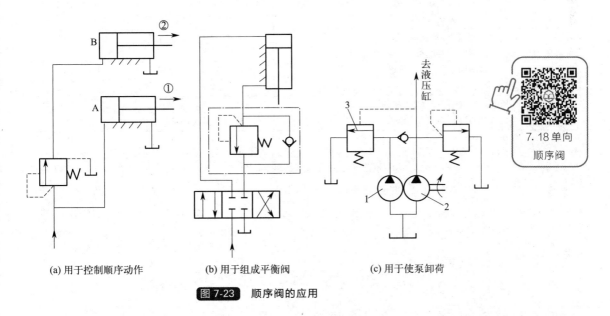

图 7-23　顺序阀的应用

② 与单向阀组成平衡阀　为了保持垂直放置的液压缸不因自重而自行下落，可将单向阀与顺序阀并联构成单向顺序阀接入油路，如图 7-23(b) 所示。此单向顺序阀又称为平衡

阀。这里，顺序阀开启压力要足以支承运动部件的自重。当换向阀处于中位时，液压缸即可悬停。

③ 控制双泵系统中的大流量泵卸荷　如图7-23(c)所示浊路，泵1为大流量泵，泵2为小流量泵，两泵并联。在液压缸快速进退阶段，泵1输出的油经单向阀后与泵2输出的油汇合在一起流往液压缸，使缸获得快速；液压缸转为慢速工进时，缸的进油路压力升高，外控式顺序阀3被打开，泵1即卸荷，由泵2单独向系统供油以满足工进的流量要求。在此油路中，顺序阀3因能使泵卸荷，故又称卸荷阀。

(3) 顺序阀的常见故障及排除方法　顺序阀的常见故障及排除方法见表7-9。

表7-9　顺序阀的常见故障及排除方法

故障现象	产生原因	排除方法
始终出油，因而不起顺序作用	(1)阀芯在打开位置上卡死(如几何精度差，间隙太小，弹簧弯曲、断裂；油液太脏) (2)单向阀在打开位置上卡死(如几何精度差，间隙太小；弹簧弯曲、断裂；油液太脏) (3)单向阀密封不良(如几何精度差) (4)调压弹簧断裂 (5)调压弹簧漏装 (6)未装锥阀或钢球 (7)锥阀或钢球碎裂	(1)修理，使配合间隙达到要求，并使阀芯移动灵活；检查油质，过滤或更换油液；更换弹簧 (2)修理，使配合间隙达到要求，并使单向阀芯移动灵活；检查油质过滤或更换油液；更换弹簧 (3)修理，使单向阀密封良好 (4)更换弹簧 (5)补装弹簧 (6)补装 (7)更换
不出油，因而不起顺序作用	(1)阀芯在关闭位置上卡死(如几何精度低，弹簧弯曲，油液脏) (2)锥阀芯在关闭位置卡死 (3)控制油液流通不畅通(如阻尼孔堵死，或遥控管道被压扁堵死) (4)遥控压力不足，或下端盖接合处漏油严重 (5)通向调压阀油路上的阻尼孔被堵死 (6)泄漏口管道中背压太高，使滑阀不能移动 (7)调节弹簧太硬，或压力调得太高	(1)修理，使滑阀移动灵活更换弹簧；过滤或更换油液 (2)修理，使滑阀移动灵活；过滤或更换油液 (3)清洗或更换管道，过滤或更换油液 (4)提高控制压力，拧紧螺钉并使之受力均匀 (5)清洗 (6)泄漏口管道不能接在排油管道上一起回路，应单独排回油箱 (7)更换弹簧，适当调整压力
调定压力值不符合要求	(1)调压弹簧调整不当 (2)调压弹簧变形，最高压力调不上去 (3)滑阀卡死，移动困难	(1)重新调整所需要的压力 (2)更换弹簧 (3)检查滑阀的配合间隙，修配使滑阀移动灵活，过滤或更换油液
振动与噪声	(1)回油阻力(背压)太高 (2)油温过高	(1)降低回油阻力 (2)控制油温在规定范围内

【例7-6】　如图7-24所示液压回路，已知溢流阀的调定压力为5MPa，顺序阀的调定压力为3MPa，液压缸1的有效面积$A_1=50\text{cm}^2$，负载$F=10000\text{N}$。若管路压力损失忽略不计，当两换向阀处于图示位置时，试求：(1) 活塞1运动时A、B两处压力；(2) 活塞1运动到终点时A、B两处压力；(3) 当负载$F=20000\text{N}$时A、B两处压力。

解：(1) 活塞1运动时，B点的压力：$p_B=\dfrac{F}{A_1}=\dfrac{10000}{50\times10^{-4}}=2(\text{MPa})$。

A点压力为顺序阀的调定压力：$p_A=3\text{MPa}$。

（2）活塞1运动到终端后，B点压力上升，A点压力也同时上升，直至溢流阀打开，A、B两点压力均稳定在溢流阀调定压力值，即 $p_A = p_B = 5\text{MPa}$。

（3）当负载 $F = 20000\text{N}$，活塞运动时：$p_B = \dfrac{F}{A_1} = \dfrac{20000}{50 \times 10^{-4}} = 4(\text{MPa})$，$p_A = 4\text{MPa}$。

活塞1停止运动后，溢流阀打开，此时 $p_A = p_B = 5\text{MPa}$。

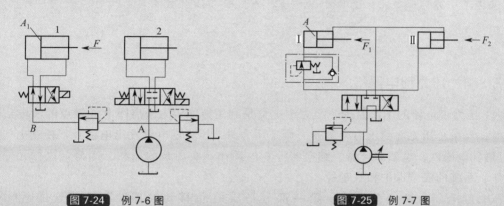

图 7-24　例 7-6 图　　　　　图 7-25　例 7-7 图

【例 7-7】　如图 7-25 所示液压回路，液压缸Ⅰ、Ⅱ上的外负载力 $F_1 = 20000\text{N}$，$F_2 = 30000\text{N}$，有效工作面积都是 $A = 50 \times 10^{-4}\text{m}^2$，要求液压缸Ⅱ先于液压缸Ⅰ动作，试问：（1）顺序阀和溢流阀的调定压力分别为多少？（2）不计管路阻力损失，液压缸Ⅰ动作时，顺序阀进、出口压力分别为多少？

解：（1）缸Ⅰ、缸Ⅱ的负载压力分别为：

$$p_1 = \dfrac{F_1}{A} = \dfrac{20000}{50 \times 10^{-4}} \times 10^{-6} = 4(\text{MPa}) \qquad p_2 = \dfrac{F_2}{A} = 6\text{MPa}$$

因要求缸Ⅱ先于缸Ⅰ动作，故应调定 $p_溢 > p_顺$，$p_顺 > 6\text{MPa}$；可取 $p_溢 > 7\text{MPa}$，$p_顺 = 6.8 \sim 7\text{MPa}$。

（2）缸Ⅰ动作时，顺序阀出口压力等于缸Ⅰ负载压力，即 $p_出 = p_1 = 4\text{MPa}$。顺序阀进口压力为顺序阀调定压力，即 $p_进 = p_顺 = 6.8 \sim 7\text{MPa}$。

【例 7-8】　阀的铭牌不清楚时，不用拆开阀，如何判断哪个是溢流阀和减压阀及顺序阀？能否将溢流阀作顺序阀使用？

解：判断是哪种阀可分以下两步进行。

第一步是认出减压阀。减压阀在静止状态时是常开的，进、出油口相通；而溢流阀和顺序阀在静止状态时是常闭的。根据这一特点，向各阀进油口注入清洁的油液，能从出油口通畅地排出大量油液者，必然是减压阀，出油口不出油的阀为溢流阀或顺序阀。

第二步是判断是溢流阀还是顺序阀。这两种阀按结构不同都分为直动式和先导式两种。直动式溢流阀和直动式顺序阀外形相同，据此无法鉴别。但是，直动式溢流阀有两个油口，一个是进油口，另一个是出油口；直动式顺序阀除了具有进、出油口之外，还有一个外泄油口。所以油口数多的是顺序阀,少的是溢流阀。先导式溢流阀有进出油口各一个,还有一个外控口,而且遥控口不用时用丝堵堵死,所以从表面上看只有两个孔,而先导式顺序阀除了有进、出油外,还有一个外泄油口和一个外控口。由此可知,油口多者是顺序阀,少者为溢流阀。

虽然溢流阀和顺序阀在结构上基本相同,但由于溢流阀是内部泄油,而顺序阀是外部泄油,故溢流阀不能直接作顺序阀使用。如果将溢流阀进行适当的改造,即把溢流阀的泄油通道堵死,另钻一小孔,变为外部泄油,并把泄漏油引至油箱,这时溢流阀可作为顺序阀使用。

7.3.4 压力继电器

(1) 压力继电器的工作原理　压力继电器是利用液体压力来启闭电气触点的液电信号转换元件。当系统压力达到压力继电器的调定压力时,压力继电器发出电信号,控制电气元件(如电机、电磁铁、电磁离合器、继电器等)的动作,实现泵的加载、卸荷,执行元件的顺序动作、系统的安全保护和联锁等。

压力继电器由两部分组成。第一部分是压力-位移转换器,第二部分是电气微动开关。

若按压力-位移转换器的结构将压力继电器分类,有柱塞式、弹簧管式、膜片式和波纹管式四种。其中柱塞式的最为常用。

若按微动开关将压力继电器分类,有单触点式和双触点式。其中以单触点式的用得较多。

柱塞式压力继电器的工作原理见图7-26。

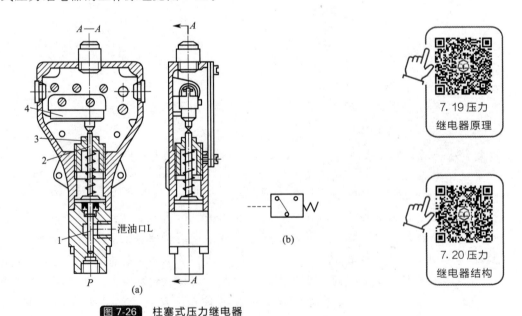

图 7-26　柱塞式压力继电器

1—柱塞;2—顶杆;3—调节螺母;4—微动开关

当系统的压力达到压力继电器的调定压力时，作用于柱塞 1 上的液压力克服弹簧力，顶杆 2 上移，使微动开关 4 的触头闭合，发出相应的电信号。调整螺母 3 可调节弹簧的预压缩量，从而可改变压力继电器的调定压力。

此种柱塞式压力继电器宜用于高压系统。但它位移较大，反应较慢，不宜用在低压系统。

膜片式压力继电器的位移很小，反应快，重复精度高，但易受压力波动影响，不能用于高压，只能用于低压。

(2) 压力继电器的应用

① 用压力继电器控制的保压-卸荷回路　在如图 7-27 所示夹紧机构液压缸的保压-卸荷回路中，采用了压力继电器和蓄能器。当三位四通电磁换向阀左位工作时，液压泵向蓄能器和夹紧缸左腔供油，并推动活塞杆向左移动。在夹紧工件时系统压力升高，当压力达到压力继电器的开启压力时，表示工件已被夹牢，蓄能器已储备了足够的压力油。这时压力继电器发出电信号，使二位电磁换向阀通电，控制溢流阀使泵卸荷。此时单向阀关闭，液压缸若有泄漏，油压下降则可由蓄能器补油保压。当夹紧缸压力下降到压力继电器的闭合压力时，压力继电器自动复位，又使二位电磁阀断电，液压泵重新向夹紧缸和蓄能器供油。这种回路用于夹紧工件持续时间较长时，可明显地减少功率损耗。

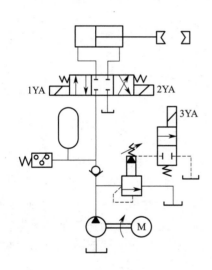

图 7-27　用压力继电器控制的保压-卸荷回路

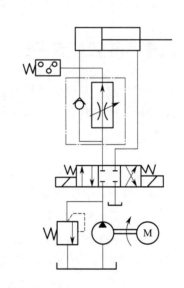

图 7-28　用压力继电器控制顺序动作的回路

② 用压力继电器控制顺序动作的回路　如图 7-28 所示回路为用压力继电器控制电磁换向阀实现由"工进"转为"快退"的回路。当图中电磁阀左位工作时，压力油经调速阀进入缸左腔，缸右腔回油，活塞慢速"工进"。当活塞行至终点停止时，缸左腔油压升高，当油压达到压力继电器的开启压力时，压力继电器发出电信号，使换向阀右端电磁铁通电（左端电磁铁断电），换向阀右位工作。这时压力油进入缸右腔，缸左腔回油（经单向阀），活塞快速向左退回。实现了由"工进"到"快退"的转换。

(3) 压力继电器的常见故障及排除方法　压力继电器的常见故障及排除方法见表 7-10。

表 7-10　压力继电器的常见故障及排除方法

故 障 现 象	产 生 原 因	排 除 方 法
输出量不合要求或无输出	(1)微动开关损坏 (2)电气线路故障 (3)阀芯卡死或阻尼孔堵死 (4)进油管道弯曲,变形,使油液流动不畅通 (5)调节弹簧太硬或压力调得过高 (6)管接头处漏油 (7)与微动开关相接的触头未调整好 (8)弹簧和杠杆装配不良,有卡滞现象	(1)更换微动开关 (2)检查原因,排除故障 (3)清洗、修配,达到要求 (4)更换管子,使油液流通畅通 (5)更换适宜的弹簧或按要求调节压力值 (6)拧紧接头,消除漏油 (7)精心调整,使接触点接触良好 (8)重新装配,使动作灵敏
灵敏度太差	(1)杠杆柱销处摩擦力过大,或钢球与柱塞接触处摩擦力过大 (2)装配不良,动作不灵活或"憋劲" (3)微动开关接触行程太长 (4)接触螺钉、杠杆等调节不当 (5)钢球不圆 (6)阀芯移动不灵活 (7)安装不妥,如水平和倾斜安装	(1)重新装配,使动作灵敏 (2)重新装配,使动作灵敏 (3)合理调整位置 (4)合理调整螺钉和杠杆位置 (5)更换钢球 (6)清洗、修理,使之灵活 (7)改为垂直安装
发信号太快	(1)进油口阻尼孔太大 (2)膜片碎裂 (3)系统冲击压力太大 (4)电气系统设计有误	(1)阻尼孔适当改小,或在控制管路上增设阻尼管 (2)更换膜片 (3)在控制管路上增设阻尼管,以减弱冲击压力 (4)要按工艺要求设计电气系统

▶▶ 7.4　流量控制阀

流量控制阀在液压系统中可控制执行元件的输入流量大小,从而控制执行元件的运动速度大小,流量控制阀主要有节流阀和调速阀等。

7.4.1　节流阀

节流阀是利用阀芯与阀口之间缝隙大小来控制流量,缝隙越小,节流处的过流面积越小,通过的流量就越小;缝隙越大,通过的流量越大。

如图 7-29 所示为普通节流阀。它的节流油口为轴向三角槽式。压力油从进油口 P_1 流入,经阀芯左端的轴向三角槽后由出油口 P_2 流出。阀芯 1 在弹簧力的作用下始终紧贴在推杆 2 的端部。旋转手轮 3,可使推杆沿轴向移动,改变节流口的通流截面积,从而调节通过

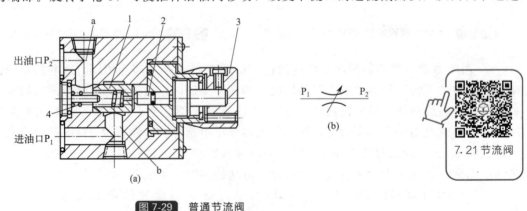

图 7-29　普通节流阀

1—阀芯；2—推杆；3—手轮；4—弹簧

阀的流量。

节流阀输出流量的平稳性与节流口的结构形式有关。节流口除轴向三角槽式之外，还有偏心式、针阀式、周向缝隙式、轴向缝隙式等。

节流阀结构简单，制造容易，体积小，使用方便，造价低。但负载和温度的变化对流量稳定性的影响较大，因此只适用于负载和温度变化不大或速度稳定性要求不高的液压系统。

【例 7-9】 如图 7-30 所示回路中，$A_1=2A_2=50\times10^{-4}\mathrm{m}^2$，溢流阀的调定压力 $p_Y=3\mathrm{MPa}$，试回答下列问题：①回油腔背压 p_2 的大小由什么因素来决定？②当负载 $F_L=0$ 时，p_2 比 p_1 高多少？液压泵的工作压力是多少？③当液压泵的流量略有变化时，上述结论是否需要修改？

解：$p_1A_1=p_2A_2+F_L$

① $p_2=\dfrac{A_1}{A_2}p_1-\dfrac{F_L}{A_2}=2p_1-\dfrac{F_L}{A_2}$ 当 $p_1=p_P=p_Y=3\mathrm{MPa}$ 时，p_2 由 F_L 决定。

② $F_L=0$ 时，$p_2=2p_1=6\mathrm{MPa}$，$p_2-p_1=3\mathrm{MPa}$，$p_P=3\mathrm{MPa}$。

③ 当液压泵的流量略有变化时，上述结论无须修改，因为 p_2 与泵的流量无关。

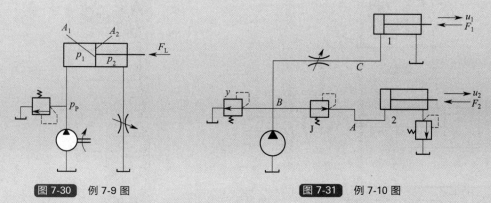

图 7-30 例 7-9 图　　　　图 7-31 例 7-10 图

【例 7-10】 使用节流阀和减压阀的回路如图 7-31 所示，两液压缸的无杆腔和有杆腔的面积相同，且有 $A_1=100\mathrm{cm}^2$，$A_2=50\mathrm{cm}^2$；液压缸 1、2 的负载分别为 $F_1=14\mathrm{kN}$，$F_2=4.25\mathrm{kN}$；节流阀的压差 $\Delta p_L=0.2\mathrm{MPa}$，背压阀的调整压力 $p_2=0.15\mathrm{MPa}$。试求：①液压缸 1、2 分别运动时，A、B、C 处的压力各为多少？②溢流阀 y 的压力应如何调整？

解：① C 点的压力 p_C 取决于液压缸 1 负载 F_1，故 $p_C=\dfrac{F_1}{A_1}=\dfrac{14000}{100\times10^{-4}}=1.4(\mathrm{MPa})$

B 点压力等于 p_C 与节流阀口压力差 Δp_L 之和，故
$$p_B=p_C+\Delta p_L=0.2+1.4=1.6(\mathrm{MPa})$$

A 点压力　$p_A=\dfrac{F_2+p_2A_2}{A_1}=\dfrac{4250+0.15\times10^6\times50\times10^{-4}}{100\times10^{-4}}=0.5(\mathrm{MPa})$

② 溢流阀的压力既要满足压力阀正常工作 $p_{y1}\geqslant p_A=0.5\mathrm{MPa}$，又要满足液压缸 1 及节流阀正常工作压力 $p_{y2}=p_B=1.6\mathrm{MPa}$，所以 $p_y=1.6\mathrm{MPa}$。

7.4.2 调速阀

调速阀是由定差减压阀与节流阀串联而成的组合阀。节流阀用来调节通过的流量,定差减压阀则自动补偿负载变化的影响,使节流阀前后的压差为定值,消除了负载变化对流量的影响。

如图 7-32 所示为应用调速阀进行调速的工作原理图。调速阀的进口压力 p_1 由溢流阀调定,油液进入调速阀后先经减压阀 1 的阀口将压力降至 p_2,然后再经节流阀 2 的阀口使压力由 p_2 降至 p_3。减压阀 1 上端的油腔 b 经孔 a 与节流阀 2 后的油液相通(压力为 p_3)。它的肩部油腔 c 和下端油腔 e 经孔 f 及 d 与节流阀 2 前的油液相通(压力为 p_2)使减压阀 1 上作用的液压力与弹簧力平衡。调速阀的出口压力 p_3 是由负载决定的。当负载发生变化,则 p_3 和调速阀进出口压力差 p_1-p_3 随之变化,但节流阀两端压力差 p_2-p_3 却不变。例如负载增加使 p_3 增大,减压阀芯弹簧腔液压作用力也增大,阀芯下移,减压阀的阀口开大,减压作用减小,使 p_2 有所提高,结果压差 p_2-p_3 保持不变,反之亦然。调速阀通过的流量因此就保持恒定了。

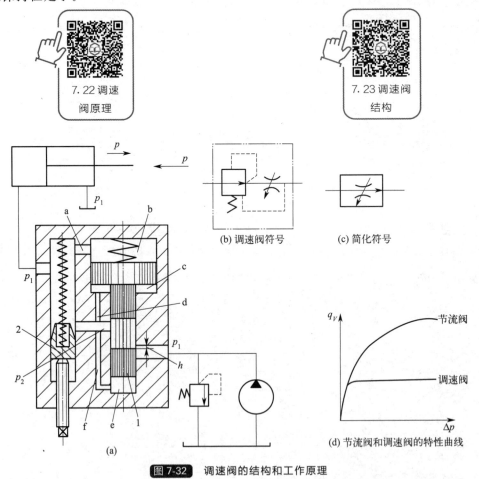

图 7-32 调速阀的结构和工作原理

从工作原理图中知,减压阀芯下端总有效作用面积 A 和上端有效作用面积 A 相等,若不考虑阀芯运动的摩擦力和阀芯本身的自重,阀芯上受力的平衡方程式为

$$p_2 A = p_3 A + F_簧$$

即
$$\Delta p = p_2 - p_3 = F_簧 / A$$

式中　A——阀芯的有效作用面积，m^2；

　　　$F_簧$——弹簧力，N；

　　　p_2——节流阀前的压力，Pa；

　　　p_3——节流阀后的压力，Pa。

因为减压阀上端的弹簧设计得很软，而且在工作过程中阀芯的移动量很小，因此等式右边 $F_簧/A$ 可以视为常量，所以节流阀前后的压力差 $\Delta p = p_2 - p_3$ 也可视为不变，从而通过调速阀的流量基本上保持定值。

由上述分析可知，不管调速阀进、出压力如何变化，由于定差减压阀的补偿作用，节流阀前后的压力降将基本上维持不变。故通过调速阀的流量基本上不受外界负载变化的影响。

由图 7-32(d) 中可以看出，节流阀的流量随压力差变化较大，而调速阀在压力差大于一定数值后，流量基本上保持恒定。当压力差很小时，由于减压阀阀芯被弹簧压在最下端。不能工作，减压阀的节流口全开，起不到节流作用，故这时调速阀的性能与节流阀相同。所以，调速阀的最低正常工作压力降应保持在 0.4～0.5MPa 以上。图 7-32(b)、图 7-32(c) 均为其图形符号。

7.4.3　流量阀常见故障及排除方法

流量阀常见故障及排除方法见表 7-11。

表 7-11　流量阀常见故障及排除方法

故障	现象	产生原因	排除方法
节流阀	不出油	(1)油液脏堵塞节流口、阀芯和阀套配合不良造成阀芯卡死，弹簧弯曲变形或刚度不合适等 (2)系统不供油	(1)检查油液、清洗阀，检修，更换弹簧 (2)检查油路
节流阀	执行元件速度不稳定	(1)节流阀节流口、阻尼孔有堵塞现象，阀芯动作不灵敏等 (2)系统中有空气 (3)泄漏过大 (4)节流阀的负载变化大，系统设计不当，阀的选择不合适	(1)清洗阀、过滤或更换油液 (2)排除空气 (3)更换阀芯 (4)选用调速阀或重新设计回路
调速阀	不出油	油液脏堵塞节流口、阀芯和阀套配合不良造成阀芯卡死，弹簧弯曲变形或刚度不合适等	检查油液、清洗阀，检修，更换弹簧
调速阀	执行元件速度不稳定	(1)系统中有空气 (2)定差式减压阀阀芯卡死、阻尼孔堵塞、阀芯和阀体装配不当等 (3)油液脏堵塞阻尼孔、阀芯卡死 (4)单向调速阀的单向阀密封不好	(1)排除空气 (2)清洗调速阀、重新修理 (3)清洗阀、过滤油液 (4)修理单向阀

7.4.4　分流集流阀

分流集流阀是分流阀、集流阀和分流集流阀的总称。

分流阀的作用是使液压系统中的同一个能源向两个执行元件供应相同的流量（等量分流）或按一定比例向两个执行元件供应流量（比例分流），以实现两个执行元件的速度保持同步或定比关系。集流阀的作用则是从两个执行元件收集等流量或按比例的回油量，以实现其间的速度同步或定比关系。单独完成分流（集流）作用的液压阀称分流（集流）阀，能同时完成上述分流和集流功能的阀称为分流集流阀。图形符号如图 7-33 所示。

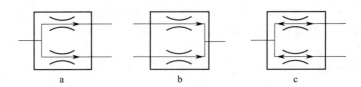

图 7-34 分流集流阀职能符号

a—分流阀；b—集流阀；c—分流集流阀

▶▶ 7.5 电液伺服阀

7.5.1 电液伺服阀的工作原理

电液伺服阀是一种能把微弱的电气模拟信号转变为大功率液压能（流量、压力）的伺服阀。它集中了电气和液压的优点，具有快速的动态响应和良好的静态特性，已广泛应用于电液位置、速度、加速度、力伺服系统中。

电液伺服阀工作原理见图 7-34，它由力矩马达、喷嘴挡板式液压前置放大级和四边滑阀功率放大级等三部分组成。

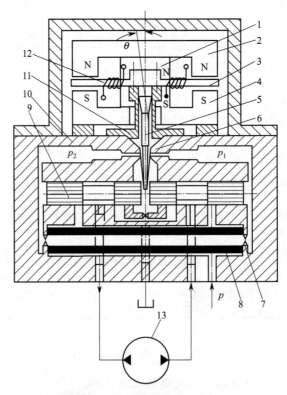

图 7-34 力反馈电液伺服工作原理图

1—永久磁铁；2, 4—导磁体；3—衔铁；5—挡板；6—喷嘴；7—固定节流口；8—滤油器；
9—滑阀；10—阀体；11—弹簧管；12—线圈；13—液压马达

（1）力矩马达　力矩马达由一对永久磁铁 1，导磁体 2、4，衔铁 3，线圈 12 和弹簧管

11等组成。其工作原理为：永久磁铁将两块导磁体磁化为N、S极。当控制电流通过线圈12时，衔铁3被磁化。若通入的电流使衔铁左端为N极，右端为S极，根据磁极间同性相斥、异性相吸的原理，衔铁向逆时针方向偏转θ角。衔铁由固定在阀座位10上的弹簧管11支承，这时弹簧管弯曲变形，产生一反力矩作用在衔铁上。由于电磁力与输入电流值成正比，弹簧管的弹性力矩又与其转角成正比，因此衔铁的转角与输入电流的大小成正比。电流越大，衔铁偏转的角度也越大。电流反向输入时，衔铁也反向偏转。

（2）前置放大级　力矩马达产生的力矩很小，不能直接用来驱动四边控制滑阀，必须先进行放大。前置放大级由挡板5（与衔铁固连在一起）、喷嘴6、固定节流口7和滤油器8组成。工作原理为：力矩马达使衔铁偏转，挡板5也一起偏转。挡板偏离中间对称位置后，喷嘴腔内的油液压力 p_1、p_2 发生变化。若衔铁带动挡板逆时针偏转时，挡板的节流间隙右侧减小，左侧增大。于是，压力 p_1 增大，p_2 减小，滑阀9在压力差的作用下向左移动。

（3）功率放大级　功率放大级由滑阀9和阀体10组成。其作用是将前置放大级输入的滑阀位移信号进一步放大，实现控制功率的转换和放大。工作原理为：当电流使衔铁和挡板作逆时针方向偏转时，滑阀受压差作用而向左移动，这时油源的压力油从滑阀左侧通道进入液压马达13，回油经滑阀右侧通道，经中间空腔流回油箱，使液压马达13旋转。与此同时，随着滑阀向左移动，使挡板在两喷嘴的偏移量减小，实现了反馈作用，当这种反馈作用使挡板又恢复到中位时，滑阀受力平衡而停止在一个新的位置不动，并有相应的流量输出。

由上述分析可知，滑阀位置是通过反馈杆变形力反馈到衔铁上，使诸力平衡而决定的，所以也称此阀为力反馈式电液伺服阀，其工作原理可用如图7-35所示的方框图表示。

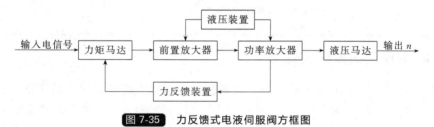

图 7-35　力反馈式电液伺服阀方框图

7.5.2　电液伺服阀常见故障及原因

电液伺服阀常见故障及原因见表7-12。

表 7-12　电液伺服阀常见故障及原因

常 见 故 障	原　　因
阀不工作（无流量或压力输出）	(1)外引线断路 (2)电插头焊点脱焊 (3)线圈霉断或内引线断路（或短路） (4)进油或回油未接通，或进、回油口接反
阀输出流量或压力过大或不可控制	(1)阀安装座表面不平，或底面密封圈未装妥，使阀壳体变形，阀芯卡死 (2)阀控制级堵塞 (3)阀芯被脏物或锈块卡住
阀反应迟钝，响应降低，零偏增大	(1)系统供油压力低 (2)阀内部油液太脏 (3)阀控制级局部堵塞 (4)调零机械或力矩马达（力马达）部分零组件松动

续表

常见故障	原　　因
阀输出流量或压力（或执行机构速度或力）不能连续控制	(1) 系统反馈断开 (2) 系统出现正反馈 (3) 系统的间隙、摩擦或其他非线性因素 (4) 阀的分辨率变差，滞环增大 (5) 油液太脏
系统出现抖动或振动（频率较高）	(1) 系统开环增益太大 (2) 油液太脏 (3) 油液混入大量空气 (4) 系统接地干扰 (5) 伺服放大器电源滤波不良 (6) 伺服放大器噪声变大 (7) 阀线圈绝缘变差 (8) 阀外引线碰到地线 (9) 电插头绝缘变差 (10) 阀控制级时堵时通
系统慢变（频率较低）	(1) 油液太脏 (2) 系统极限环振荡 (3) 执行机构摩擦大 (4) 阀零位不稳（阀内部螺钉或机构松动，或外调零机构未锁紧，或控制级中有污物） (5) 阀分辨率变差
外部漏油	(1) 安装座表面粗糙度过大 (2) 安装座表面有污物 (3) 底面密封圈未装妥或漏装 (4) 底面密封圈破裂或老化 (5) 弹簧管破裂

7.5.3　液压伺服系统实例

大型载重卡车广泛采用液压助力器，以减轻司机的体力劳动。这种液压助力器是一种位置控制的液压伺服机构。图 7-36 是转向液压助力器的原理图，它主要由液压缸和控制滑阀两部分组成。液压缸活塞 1 的右端通过铰销固定在汽车底盘上，液压缸缸体 2 和控制滑阀阀体连在一起形成负反馈，由方向盘 5 通过摆杆 4 控制滑阀阀芯 3 的移动。当缸体 2 前后移动

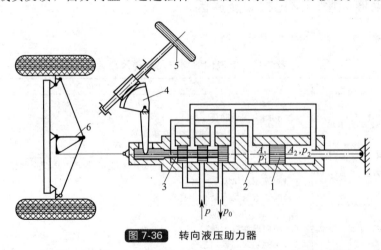

图 7-36　转向液压助力器

1—活塞；2—缸体；3—阀芯；4—摆杆；5—方向盘；6—转向连杆机构

时，通过转向连杆机构 6 等控制车轮偏转，从而操纵汽车转向。当阀芯 3 处于图示位置时，各阀口均关闭，缸体 2 固定不动，汽车保持直线运动。由于控制滑阀采用负开口的形式，故可以防止引起不必要的扰动。

当旋转方向盘，假设使阀芯 3 向右移动时，液压缸中压力 p_1 减小，p_2 增大，缸体也向右移动，带动转向连杆 6 向逆时针方向摆动，使车轮向左偏转，实现左转弯；反之，缸体若向左移就可实现右转弯。

实际操作时，驾驶方向盘旋转的方向和汽车转弯的方向上是一致的。为使驾驶员在操纵方向盘时能感觉到转向的阻力，所以在控制滑阀端部增加两个油腔，分别与液压缸前后腔相通，这时移动控制阀阀芯时所需的力就和液压缸的两腔压力差（$\Delta p = p_1 - p_2$）成正比，因而具有真实感。

▶▶ 7.6 比例阀、插装阀和叠加阀

7.6.1 电液比例控制阀

电液比例控制阀是一种按输入的电气信号连续地、按比例地对油液的压力、流量或方向进行远距离控制的阀。与手动调节的普通液压阀相比，电液比例控制阀能够提高液压系统参数的控制水平；与电液伺服阀相比，电液比例控制阀在某些性能上稍差一些，但它结构简单、成本低，所以广泛应用于要求对液压参数进行连续控制或程序控制，但对控制精度和动态特性要求不太高的液压系统中。

电液比例控制阀的构成，相当于在普通液压阀上装上一个比例电磁铁，以代替原有的控制部分。根据用途和工作特点的不同，电液比例控制阀可以分为电液比例压力阀、电液比例流量阀和电液比例方向阀三大类。

（1）电液比例压力阀及应用　用比例电磁铁代替溢流阀的调压螺旋手柄，构成比例溢流阀。如图 7-37 所示为先导式比例溢流阀，其下部为溢流阀，上部为比例先导阀。比例电磁

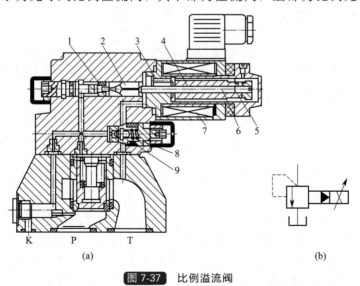

图 7-37　比例溢流阀

1—先导阀座；2—先导锥阀；3—极靴；4—衔铁；5,8—弹簧；6—顶杆；7—线圈；9—手调先导阀

铁的衔铁 4，通过顶杆 6 控制先导锥阀 2，从而控制溢流阀芯上腔压力，使控制压力与比例电磁铁输入电流成比例。其中手动调整的先导阀 9 用来限制比例压力阀最高压力。远控口 K 可以用来进行远程控制。用同样的方式，也可以组成比例顺序阀和比例减压阀。

图 7-38 为利用比例溢流阀和比例减压阀的多级调压回路。图中 2 和 6 为电子放大器。改变输入电流 I，即可控制系统的工作压力。用它可以替代普通多级调压回路中的若干个压力阀，且能对系统压力进行连续控制。

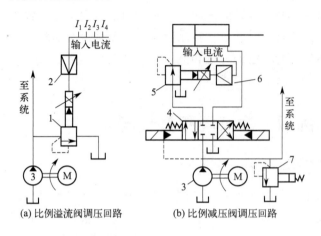

图 7-38 应用比例阀的调压回路

1—比例溢流阀；2，6—电子放大器；3—液压泵；4—电液换向阀；5—比例减压阀；7—溢流阀

(2) 电液比例换向阀　用比例电磁铁取代电磁换向阀中的普通电磁铁，便构成直动型比例换向阀，如图 7-39 所示。由于使用了比例电磁铁，阀芯不仅可以换位，而且换位的行程可以连续地或按比例变化，因而连通油口间的通流面积也可以连续地或按比例变化，所以比例换向阀不仅能控制执行元件的运动方向，而且能控制其速度。

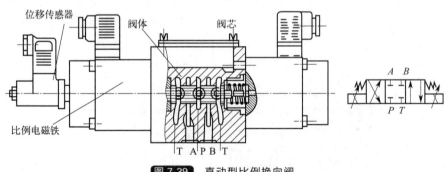

图 7-39 直动型比例换向阀

(3) 电液比例调速阀　用比例电磁铁取代节流阀或调速阀的手调装置，以输入电信号控制节流口开度，便可连续地或按比例地远程控制其输出流量，实现执行部件的速度调节。图 7-40 是电液比例调速阀的结构原理及图形符号。图中的节流阀芯由比例电磁铁的推杆操纵，输入的电信号不同，则电磁力不同，推杆受力不同，与阀芯左端弹簧力平衡后，便有不同的节流口开度。由于定差减压阀已保证了节流口前后压差为定值，因此一定的输入电流就对应一定的输出流量，不同的输入信号变化，就对应着不同的输出流量变化。

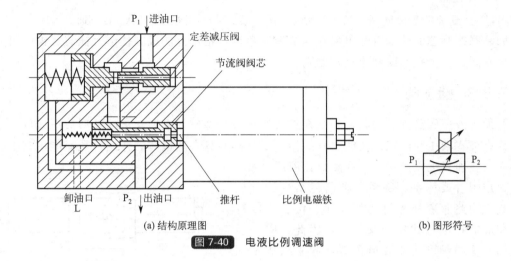

(a) 结构原理图　　　　　　　　　(b) 图形符号

图 7-40　电液比例调速阀

7.6.2　插装阀

插装阀也称为插装式锥阀或逻辑阀。它是一种结构简单，标准化、通用化程度高，通油能力大，液阻小，密封性能和动态特性好的新型液压控制阀，目前在高压大流量系统中广泛应用。

插装阀主要由锥阀组件、阀体、控制盖板及先导元件组成。图 7-41 中，阀套 2、弹簧 3 和锥阀 4 组成锥阀组件，插装在阀体 5 的孔内。上面的盖板 1 上设有控制油路与其先导元件连通（先导元件图中未画出）。锥阀组件上配置不同的盖板，就能实现各种不同的功能。同一阀体内可装入若干个不同机能的锥阀组件，加相应的盖板和控制元件组成所需要的液压回路或系统，可使结构很紧凑。

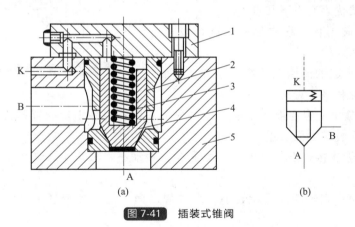

图 7-41　插装式锥阀

1—控制盖板；2—阀套；3—弹簧；4—锥阀；5—阀体

从工作原理上讲，插装阀是一个液控单向阀。图 7-41 中，A、B 为主油路通口，K 为控制油口。设 A、B、K 油口所通油腔的油液压力及有效工作面积分别为 p_A、p_B、p_K 和 A_1、A_2、A_K（$A_1+A_2=A_K$），弹簧的作用力为 F_s，且不考虑锥阀的质量、液动力和摩擦力等的影响，则当 $p_A A_1 + p_B A_2 < F_s + p_K A_K$ 时，锥阀闭合，A、B 油口不通；当 $p_A A_1 + p_B A_2 > F_s + p_K A_K$ 时，锥阀打开，油路 A、B 连通。因此可知，当 p_A、p_B 一定时，改变控制油腔的油压 p_K，可以控制 A、B 油路的通断。当控制油口 K 接通油箱时，$p_K=0$，锥阀下部的液压力超过弹簧力时，锥阀即打开，使油路 A、B 连通。这时若 $p_A > p_B$，则油由 A 流向 B；

若 $p_A < p_B$，则油由 B 流向 A。当 $p_K \geq p_A$，$p_K \geq p_B$ 时，锥阀关闭，A、B 不通。

插装阀锥阀芯的端部可开阻尼孔或节流三角槽，也可以制成圆柱形。插装式锥阀可用作方向控制阀、压力控制阀和流量控制阀。

7.6.3 叠加阀

叠加式液压阀简称叠加阀，它是在板式阀集成化基础上发展起来的新型液压元件。这种阀既具有板式液压阀的工作功能，其阀体本身又同时具有通道体的作用，从而能用其上、下安装面呈叠加式无管连接，组成集成化液压系统。

叠加阀自成体系，每系一种通径系列的叠加阀，其主油路通道和螺钉孔的大小、位置、数量都与相应通径的板式换向阀相同。因此，同一通径系列的叠加阀可按需要组合叠加起来组成不同的系统。通常用于控制同一个执行件的各个叠加阀与板式换向阀及底板纵向叠加成一叠，组成一个子系统。其换向阀（不属于叠加阀）安装在最上面，与执行件连接的底板块放在最下面。控制液流压力、流量，或单向流动的叠加阀安装在换向阀与底板块之间，其顺序应按子系统动作要求安排。由不同执行件构成的各子系统之间可以通过底板块横向叠加成为一个完整的液压系统，其外观图如图 7-42 所示。

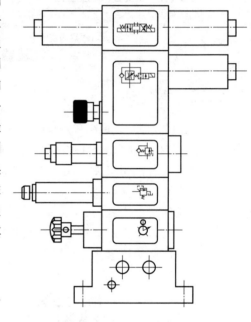

图 7-42　叠加阀叠积总成外观图

叠加阀的主要优点有以下几点。

① 标准化、通用化、集成化程度高，设计、加工、装配周期短。

② 用叠加阀组成的液压系统结构紧凑，体积小，重量轻，外形整齐美观。

③ 叠加阀可集中配置在液压站上，也可分散安装在设备上，配置形式灵活。系统变化时，元件重新组合叠装方便、迅速。

④ 因不用油管连接，压力损失小，漏油少，振动小，噪声小，动作平稳，使用安全可靠，维修容易。

其缺点是回路形式较少，通径较小，品种规格尚不能满足较复杂和大功率液压系统的需要。

根据叠加阀的工作功能，它可以分为单功能阀和复合功能阀两类。

思考题

1. 说明普通单向阀和液控单向阀的工作原理及区别，它们在用途上有何区别？
2. 什么是换向阀的"位"与"通"？
3. 什么是三位阀的中位机能？有哪些常用的中位机能？中位机能的特点和作用如何？
4. 滑阀式换向阀有哪几种控制方式？

5. 电磁换向阀采用直流电磁铁和交流电磁铁各有何特点?
6. 为什么直动式溢流阀适用于低压系统，而先导式溢流阀适用于高压系统?
7. 先导式溢流阀的阻尼孔起什么作用？如果它被堵塞，会出现什么情况？若把先导式溢流阀弹簧腔堵死，不与回油腔接通，会出现什么现象？若把先导式溢流阀的远程控制口当成泄漏口接油箱，会产生什么问题?
8. 溢流阀有何种应用?
9. 将减压阀的进、出油口反接，会出现什么现象?
10. 顺序阀有哪几种控制方式和泄油方式?
11. 试述节流阀的工作原理。
12. 调速阀是如何稳定其输出流量的?
13. 若将调速阀的进出口接错了，将出现何种后果?
14. 电液伺服阀工作原理是什么?
15. 电液比例控制阀工作原理是什么?
16. 插装阀特点有哪些?
17. 叠加阀特点有哪些?

8 液压辅助装置

液压系统中的辅助装置包括蓄能器、油箱、滤油器、加热器和冷却器等，是液压系统中不可缺少的组成部分。在液压系统中，液压辅助装置的数量多（如油管、管接头）、分布广（如密封装置），对液压系统和液压元件的正常运行、工作效率、使用寿命等影响极大，是保证液压系统有效地传递力和运动的重要元件。因此，在设计、选择、安装、使用和维护时，应给予足够的重视。辅助装置除油箱外已标准化、系列化，应合理选用。油箱则常需要根据系统的要求自行设计。

▶▶ 8.1 蓄能器

蓄能器在液压系统中是一个很重要的部件，合理地选用蓄能器，对液压系统的经济性、安全性及可靠性都有极其重要的影响。其作用是储蓄一定压力的液体能量，需要时再释放出去，对液压系统压力及流量起到稳定及缓冲作用。

8.1.1 蓄能器的类型及特点

蓄能器按其作用于工作液的物质不同，一般分为气体加载式和非气体加载式。每一类蓄能器又根据其结构有不同型式。具体分类如下：

蓄能器 $\begin{cases} 气体加载式 \begin{cases} 皮囊式蓄能器 \\ 活塞式蓄能器 \\ 波纹管式蓄能器 \\ 无隔离件式蓄能器 \end{cases} \\ 非气体加载式 \begin{cases} 重锤式蓄能器 \\ 弹簧式蓄能器 \end{cases} \end{cases}$

8.1 活塞式蓄能器

8.2 皮囊式蓄能器

蓄能器的结构和特点见表 8-1。

8.1.2 蓄能器常见故障及排除方法

蓄能器的故障产生原因及排除方法见表 8-2。

表 8-1　蓄能器的结构和特点

种类	结构	特点
皮囊式	皮囊式（充气阀、壳体、气囊、窗形阀）	(1) 利用气体的压缩和膨胀来储存、释放压力能；气体和油液在蓄能器中由皮囊隔开 (2) 带弹簧的菌状进油阀使油液能进入蓄能器又可防止皮囊自油口被挤出，充气阀只在蓄能器工作前皮囊充气时打开，蓄能器工作时则关闭 (3) 结构尺寸小，重量轻，安装方便，维护容易，皮囊惯性小，反应灵敏；但皮囊和壳体制造都较难 (4) 折合型皮囊容量较大，可用来储存能量；波纹型皮囊适用于吸收冲击
活塞式	活塞式（气口、壳体、活塞）	(1) 利用气体的压缩和膨胀来储存、释放压力能；气体和油液在蓄能器中由活塞隔开 (2) 结构简单，工作可靠，安装容易，维护方便，但活塞惯性大，活塞和缸壁间有摩擦，反应不够灵敏，密封要求较高 (3) 用来储存能量，或供中、高压系统吸收压力脉动之用
波纹管式	波纹管式（气体、金属波纹管）	压力容器内设置金属波纹管把气体与油液隔开。金属波纹管耐油性好，适应温度范围宽，但有疲劳损坏的危险。用于特殊流体及高温用等低压小容量场合
无隔离件式	气瓶式（压缩空气、液压油）	(1) 利用气体的压缩和膨胀来储存、释放压力能，气体和油液在蓄能器中直接接触 (2) 容量大、惯性小、反应灵敏，轮廓尺寸小，但气体容易混入油内，影响系统工作平稳性 (3) 只适用于大流量的中、低压回路
弹簧式	弹簧式（弹簧、活塞、液压油）	(1) 利用弹簧的伸缩来储存、释放压力能 (2) 结构简单，反应灵敏，但容量小 (3) 供小容量、低压（$p \leqslant 1 \sim 1.2$MPa）回路缓冲之用，不适用于高压或高频的工作场合

续表

种类	结构	特点
重锤式	（重物、油液）	在缸杆上堆放重物,利用该重物蓄能。输出压力可以保持恒定,仅取决于所放重物而与液面位置无关。适用于低压大容量蓄能的场合

表 8-2　蓄能器的故障产生原因及排除方法

类型	故障现象	产生原因	排除方法
重锤式	压力上不去 液压缸漏油 不能蓄压 蓄压时间慢	(1)重量不足 (2)密封件损坏 (3)从其他阀类产生内部漏损 (4)泵的容量不足;从其他元件产生内部漏损	(1)增加重量 (2)调换密封件 (3)调换密封件 (4)调换密封件
非隔离式	气体消耗量甚多 回路分离气泡	内部油和气体直接接触,因搅拌而消耗多回路中部分地方产生负压	提高最低油液面;在油的入口处设隔板,使出入油的流速不产生油的搅拌,设置节流阀,降低油的出入流速。在回路中设置背压,使液压缸、液压马达动作时不产生负压
活塞式	气体消耗量多	(1)活塞密封不好原因 ①材质、形状等未选择好 ②安装不良(安装时应预先充入10%左右的油) ③寿命已尽 (2)从端盖密封处漏气 (3)从充气阀处漏气	更换或重装密封件
皮囊式	气体消耗量多	(1)从充气阀处漏气 (2)从皮囊的微小孔处漏气	拆开检查
皮囊式	皮囊破损	(1)工作油过快注入油箱 (2)气体压力过低 (3)皮囊安装不恰当 (4)气体压力过高 (5)皮囊设计、制造上有缺陷 (6)工作油与皮囊材质不相容 (7)使用条件过于恶劣(使用频率高;高温下使用;高低压差太大) (8)寿命已尽(由于与内壁接触引起的磨损;油液和油温引起的性质变化)	(1)检查工作压力范围与封入气体压力的关系 (2)检查耐油性

8.1.3　蓄能器的作用

蓄能器在液压系统中的作用主要有以下几个方面。

① 用于储存能量和短期大量供油　液压缸在慢速运动时需要流量较小,快速时则较大,在选择液压泵时,应考虑快速时的流量。液压系统设置蓄能器后,可以减小液压泵的容量和驱动电机的功率。在图8-1中,当液压缸停止运动时,系统压力上升,压力油进入蓄能储存能量。当换向阀切换使液压缸快速运动时,系统压力降低,此时蓄能器中压力油排放出来与液压泵同时向液压缸供油。这种蓄能器要求容量较大。

② 用于系统保压和补偿泄漏　如图8-2所示,当液压缸夹紧工件后,液压泵供油压力达到

系统最高压力时，液压泵卸荷，此时液压缸靠蓄能器来保持压力并补偿漏油，减少功率消耗。

③ 用于应急油源　液压设备在工作中遇到特殊情况，如停电、液压阀或泵发生故障等，蓄能器可作为应急动力源向系统供油，使某一动作完成，从而避免事故发生。图 8-3 是蓄能器用作应急油源，正常工作时，蓄能器储油，当发生故障时，则依靠蓄能器提供压力油。

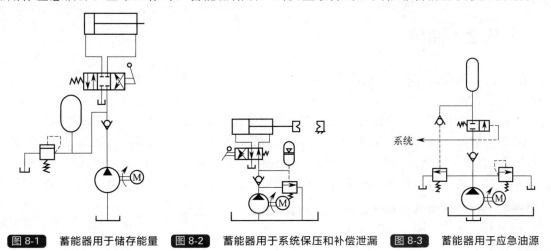

图 8-1　蓄能器用于储存能量　　图 8-2　蓄能器用于系统保压和补偿泄漏　　图 8-3　蓄能器用于应急油源

④ 用于吸收脉动压力　蓄能器与液压泵并联可吸收液压泵流量（压力）脉动（图 8-4）。对这种蓄能器要求是容量小、惯性小、反应灵敏。

⑤ 用于缓和冲击压力　图 8-5 中当阀突然关闭时，由于存在液压冲击会使管路破坏，泄漏增加，损坏仪表和元件，此时蓄能器可以起到缓和液压冲击的作用。用于缓和冲击压力时，要选用惯性小的气囊式、隔膜式蓄能器。

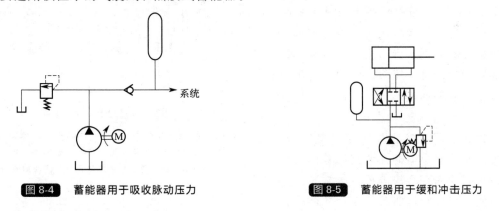

图 8-4　蓄能器用于吸收脉动压力　　图 8-5　蓄能器用于缓和冲击压力

8.1.4　蓄能器安装及使用

① 充气式蓄能器应将油口向下垂直安装，以使气体在上液体在下；装在管路上的蓄能器要有牢固的支持架装置。

② 液压泵与蓄能器之间应设单向阀，以防压力油向液压泵倒流；蓄能器与系统连接处应设置截止阀，供充气、调整、检修使用。

③ 应尽可能将蓄能器安装在靠近振动源处，以吸收冲击和脉动压力，但要远离热源。

④ 蓄能器中应充氮气，不可充空气和氧气。充气压力为系统最低工作压力的 85%～90%。

⑤ 不能拆卸在充油状态下的蓄能器。

⑥ 在蓄能器上不能进行焊接、铆接、机械加工。

⑦ 备用气囊应存放在阴凉、干燥处。气囊不可折叠，而要用空气吹到正常长度后悬挂起来。

⑧ 蓄能器上的铭牌应置于醒目的位置，铭牌上不能喷漆。

8.2 油箱

油箱的用途是储存系统所需的足够油液，散发系统工作中产生的一部分热量，分离油液中的气体及沉淀污物。

按油箱液面与大气是否相通分为开式油箱和闭式油箱；按油箱形状分为矩形油箱和圆筒形状油箱；按液压泵与油箱相对安装位置，分为上置式（液压泵装在油箱盖上）、下置式（液压泵装在油箱内浸入油中）和旁置式（液压泵装在油箱外侧旁边）三种油箱。其中上置式油箱，泵运转时由于箱体共鸣易引起振动和噪声，对泵的自吸能力要求较高，因此只适合于小泵；下置式油箱有利于泵的吸油，噪声也较小，但泵的安装、维修不便；对于旁置式油箱，因泵装于油箱一侧，且液面在泵的吸油口之上，最有利于泵的吸油、安装及泵和油箱的维修，此类油箱适合于大泵。

开式油箱的典型结构见图 8-6。

开式油箱由薄钢板焊接而成，大的开式油箱往往用角钢做骨架，蒙上薄钢板焊接而成。油箱的壁厚根据需要确定，一般不小于 3mm，特别小的油箱例外。油箱要有足够的刚度，以便在充油状态下吊运时，不致产生永久变形。

隔板 7 将油箱分隔成两个相互连通的空间，隔板两侧分别放置回油管 2 和吸油管 4，这样放置的目的是：使回油管出来的温度较高且含有污垢的油，不致立即被吸油管又吸回系统。

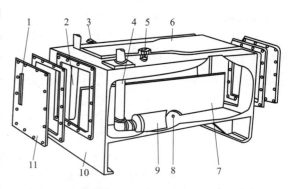

图 8-6 开式油箱结构示意图

1—液面指示器；2—回油管；3—泄油管；4—吸油管；
5—空气滤清器（带加油滤油器）；6—盖板；7—隔板；
8—堵塞；9—滤油器；10—箱体；11—清洗用侧板

隔板高度最高为油箱高度的 2/3，小的油箱可使油经隔板上的孔流到油箱的另一部分。较大的油箱有几块隔板，隔板宽度小于油箱宽度，使油经过曲折的途径才能缓慢到达油箱的另一部分。这样来自回油管的油液有足够的时间沉淀污垢并散热。有的隔板上带 60 目的滤网，它们既可阻留较大的污垢颗粒，又可使油中的空气泡破裂。

若油箱中装的不是油而是乳化液则不应设置隔板，以免油水分离。此种油箱应使乳化液在箱内流动时能充分搅拌（一般专设搅拌器），才能使油、水充分混合。即便是这种油箱，吸油管也应远离回油管。

泵的吸油管口距油箱底面最高点的距离不应小于 50mm。一般在吸油管口安装粗滤油器 9。有时在吸油管附近还装有磁性滤油器。这样安置吸油管是为防止吸油管吸入污垢。

回油管至少应伸入最低液面之下 500mm，以防止空气混入，与箱底距离不得小于管径的 1.5 倍，以防止箱底的沉积物冲起。管端应切成面对箱壁的 45°斜口，或在管端装扩散器以减慢回油流速。为了减少油管的管口数目,可将各回油管汇总成为回油总管再通入油箱。回油总管的尺寸理所当然应大于各个回油管。

泄油管 3 必须和回油管 2 分开,不得合用一根管子。这是为了防止回油管中的背压传入泄油管。一般泄油管端应在液面之上,以利于重力泄油和防止虹吸。

不管何种管子穿过油箱上盖或侧壁时,均靠焊接在上盖或侧壁上的法兰和接头使管子固定和密封。

油箱上盖是可拆的,但需要密封以防灰尘等侵入油箱,但是油面要保持大气压,这就需要使油箱和大气相通,于是在油箱上设专用的空气滤清器 5 并应兼有注油口的职能。

箱底应略倾斜,并在最低点设置放油塞 8,以利放净箱内油。箱底离地面不少于 150mm,以利放油、通风冷却和搬运。

为便于清洗,较大油箱应在侧壁上设清洗侧板 11。应在易于观察的部位设液面指示器 1,同时还应有测温装置。为了控制油温还应设加热器和冷却器。

若油箱装石油基液压油,油箱内壁应涂耐油防锈漆以防生锈。

8.3 过滤器

过滤器的作用是过滤掉油液中的杂质,降低液压系统中油液污染度,保证系统正常工作。其主要机制可归纳为直接阻截和吸附作用。

8.3.1 对过滤器的要求

液压油中往往含有颗粒状杂质,会造成液压元件相对运动表面的磨损、滑阀卡滞、节流孔堵塞,以致影响液压系统正常工作和寿命。一般对过滤器的基本要求是:
① 能满足液压系统对过滤精度要求,即能阻挡一定尺寸的机械杂质进入系统。
② 通流能力大,即全部流量通过时,不会引起过大的压力损失。
③ 滤芯应有足够强度,不会因压力油的作用而损坏。
④ 易于清洗或更换滤芯,便于拆装和维护。

8.3.2 过滤器的主要性能指标

滤油器的主要性能指标有过滤精度、通流能力、纳垢容量、压降特性、工作压力和温度等,其中过滤精度为主要指标。
① 过滤精度。过滤器的过滤精度是指滤芯能够滤除的最小杂质颗粒的大小,以直径 d 作为公称尺寸表示,按精度可分为粗过滤器 ($d \leqslant 100\mu m$)、普通过滤器 ($d \leqslant 10\mu m$)、精过滤器 ($d \leqslant 5\mu m$)、特精滤器 ($d \leqslant 1\mu m$)。
② 通流能力。通流能力是指在一定压力差下允许通过滤油器的最大流量。
③ 纳垢容量。纳垢容量是指过滤器在压力降达到规定值以前,可以滤除并容纳的污染物数量。滤油器的纳垢容量越大,使用寿命就越长。一般来说,过滤面积越大,其纳垢容量也越大。
④ 压降特性。压降特性主要是指油液通过滤油器滤芯时所产生的压力损失,滤芯的精度越高,所产生的压降越大,滤芯的有效过滤面积越大,其压降就越小。压力损失还与油液的流量、黏度和混入油液的杂质数量有关。为了保持滤芯不破坏或系统的压力损失不致过

大，要限制滤油器最大允许压力降。滤油器的最大允许压力降取决于滤芯的强度。

⑤ 工作压力和温度。滤油器在工作时，要能够承受住系统的压力，在液压力的作用下，滤芯不致破坏。在系统的工作温度下，滤油器要有较好的抗腐蚀性，且工作性能稳定。

8.3.3 过滤器的类型及特点

常用过滤器的种类及结构特点见表 8-3。

表 8-3 常用过滤器的种类及结构特点

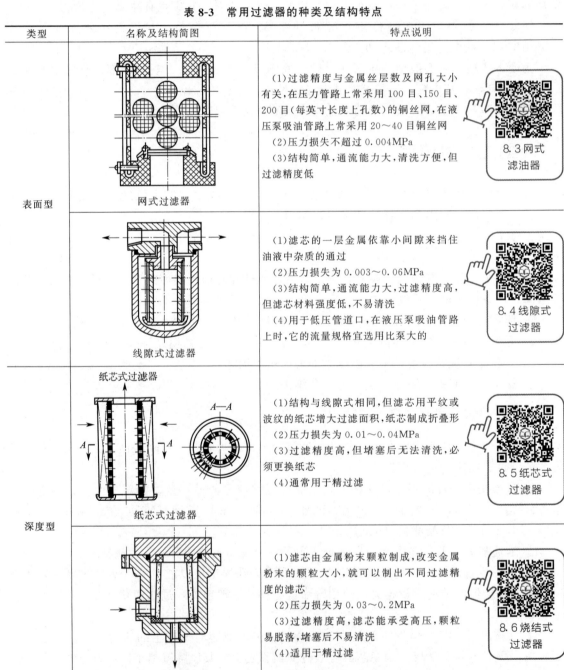

类型	名称及结构简图	特点说明
表面型	网式过滤器	(1)过滤精度与金属丝层数及网孔大小有关，在压力管路上常采用 100 目、150 目、200 目（每英寸长度上孔数）的铜丝网，在液压泵吸油管路上常采用 20～40 目铜丝网 (2)压力损失不超过 0.004MPa (3)结构简单，通流能力大，清洗方便，但过滤精度低
	线隙式过滤器	(1)滤芯的一层金属依靠小间隙来挡住油液中杂质的通过 (2)压力损失为 0.003～0.06MPa (3)结构简单，通流能力大，过滤精度高，但滤芯材料强度低，不易清洗 (4)用于低压管道口，在液压泵吸油管路上时，它的流量规格宜选用比泵大的
深度型	纸芯式过滤器	(1)结构与线隙式相同，但滤芯用平纹或波纹的纸芯增大过滤面积，纸芯制成折叠形 (2)压力损失为 0.01～0.04MPa (3)过滤精度高，但堵塞后无法清洗，必须更换纸芯 (4)通常用于精过滤
	烧结式过滤器	(1)滤芯由金属粉末颗粒制成，改变金属粉末的颗粒大小，就可以制出不同过滤精度的滤芯 (2)压力损失为 0.03～0.2MPa (3)过滤精度高，滤芯能承受高压，颗粒易脱落，堵塞后不易清洗 (4)适用于精过滤

续表

类型	名称及结构简图	特点说明
吸附型	 1—铁环；2—非磁性罩子；3—永久磁铁	(1) 滤芯由永久磁铁制成 (2) 常与其他形式滤芯合起来制成复合式过滤器 (3) 对加工钢铁件的机床液压系统特别适用

8.3.4 过滤器的安装

过滤器可以安装在液压系统的不同部位，过滤器的图形符号如图 8-7 所示。

图 8-7 过滤器的符号
(a) 一般符号 (b) 带磁性滤芯的滤油器 (c) 带堵塞指示器的滤油器

（1）安装在液压泵吸油路上　在液压泵吸油路上安装过滤器（图 8-8 中的 1）可使系统中所有元件都得到保护。但要求滤油器有较大的通油能力和较小的阻力（不大于 10^4 Pa），否则将造成液压泵吸油不畅，或出现空穴现象，所以一般都采用过滤精度较低的网式过滤器。而且液压泵磨损产生的颗粒仍将进入系统，所以这种安装方式实际上主要起保护液压泵的作用。

（2）安装在压油路上　这种安装方式可以保护除泵以外的其他元件（图 8-8 中的 2）。由于过滤器在高压下工作，滤芯及壳体应能承受系统的工作压力和冲击压力，压降应不超过 3.5×10^5 Pa。为了防止过滤器堵塞而使液压泵过载或引起滤芯破裂，过滤器应安装在溢流阀的分支油路之后，也可与滤油器并联一旁通阀或堵塞指示器。

（3）安装在回油路上　由于回油路压力低，这种安装方式可采用强度较低的过滤器，而且允许过滤器有较大的压力损失。它对系统中的液压元件起间接保护作用。为防备过滤器堵塞，也要并联一个安全阀（图 8-8 中的 3）。

（4）安装在旁路上　主要是装在溢流阀的回路上，并有一安全阀与之并联（图 8-8 中的 4）。这时过滤器通过的只是系统的部分流量，可降低过滤器的容量，这种安装方式还不会在主油路造成压力损失，过滤器也不承受系统的工作压力，但不能保证杂质不进入系统。

（5）单独过滤系统　这是用一个液压泵和过滤器组成一个独立于液压系统之外的过滤回路（图 8-8 中的 5）。它与主系统互不干扰，可以不断地清除系统中的杂质。它需要增加

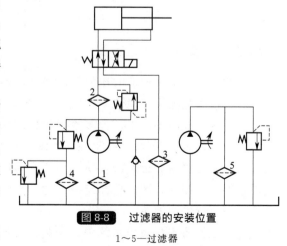

图 8-8 过滤器的安装位置
1～5—过滤器

单独的液压泵,适用于大型机械的液压系统。

在液压系统中为获得很好的过滤效果,上述这几种安装方式经常综合使用。特别是在一些重要元件(如调速阀、伺服阀等)的前面,安装一个精过滤器来保证它们正常工作。

【例 8-1】 如图 8-9 所示液压系统,为净化油液在系统中安装了三个滤油器。试分析它们的安装位置是否正确,并选择其类型。

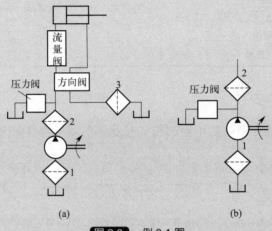

图 8-9 例 8-1 图

解:滤油器 1 的安装位置正确。它是为保护泵而设置的。用于泵吸油管上的滤油器常采用网式滤油器,它的过滤精度较低,通过能力大,压力损失小。

滤油器 2 的安装位置不正确。安装它的目的是保护液压泵之后的方向阀、流量阀等,但它安在压力阀之前,这样容易在滤油器堵塞时,引起液压泵过载,严重时甚至把滤芯击穿。正确的安装方式是应把滤油器 2 放于压力阀之后的主油路之上,如图 8-9(b) 所示。这种滤油器宜选用过滤精度较高的滤油器,例如纸芯式或烧结式滤油器。

滤油器 3 的安装位置正确。它是为保护泵而设置的。如果安装一个过滤精度较低的滤油器,过滤效果与泵入口处的滤油器等同,其作用不大。最好安装一个过滤精度较高的滤油器,例如纸芯式滤油器,它可以截住元件磨损后掉下来的细小颗粒,防止其回到油箱。

8.3.5 过滤器常见故障

(1) 滤芯的变形 油液的压力作用在滤油器的滤芯上,如果滤芯本身的强度不够,并且在工作中被严重地阻塞(通流能力减小),阻力急剧上升,就会造成滤芯变形,严重的时候会被破坏。这种故障的产生,大多数发生在网状滤油器、腐蚀板网滤油器和粉末烧结滤油器上,特别是单层金属滤网,在压力超过 10MPa 时,便容易冲坏,即使滤芯有刚度足够的骨架支撑,由于金属网和板网的壁薄,同样会使滤芯变形,造成弯曲凹陷、冲破等故障,严重时连同骨架一起损坏。因此选择与设计滤油器时,要使油液从滤芯的侧面或从切线方向进入,避免从正面直接冲击滤芯。

(2) 滤油器脱焊 液压系统中,安装在高压柱塞泵进口处的金属网和铜骨架脱离。其原因是锡铅焊料熔点为 183℃,而元件进口温度已达 117℃,环境温度高达 130~150℃。焊接强度大大降低,加上高压油的冲击,造成脱焊。解决方法是将锡铅焊料改成银焊料或银镉焊料，它们的熔点分别是 300～305℃ 与 235℃，经长期使用试验，效果良好。

（3）滤油器掉粒　多数发生在金属粉末烧结滤油器中。在额定压力 21MPa 试验时，液压阀的阻尼孔和节流孔堵塞，经检查发现，均是青铜粉末微粒，这纯属滤油器掉粒所致。解决方法是对金属粉末烧结滤油器在装机前要进行试验，以避免阻尼孔与节流孔堵塞。

8.4 热交换器

液压系统中油液的工作温度一般以 40～60℃ 为宜，最高不超过 65℃，最低不低于 15℃。油温过高或过低都会影响系统正常工作。为控制油液温度，油箱上常安装冷却器和加热器。

8.4.1 冷却器

如图 8-10 所示为最简单的蛇形管冷却器，它直接安装在油箱内并浸入油液中，管内通冷却水。这种冷却器的冷却效果好，耗水量大。

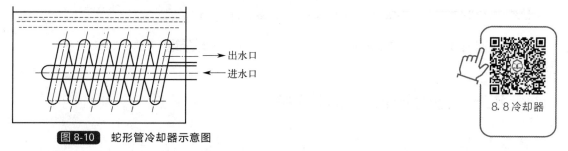

图 8-10　蛇形管冷却器示意图

液压系统中用得较多的是一种强制对流式多管冷却器，如图 8-11 所示。油从油口 c 进入，从油口 b 流出；冷却水从右端盖 4 中部的孔 d 进入，通过多根水管 3 从左端盖 1 上的孔 a 流出，油在水管外面流过，三块隔板 2 用来增加油液的循环距离，以改善散热条件，冷却效果好。

液压系统中也可用风冷式冷却器进行冷却。风冷式冷却器由风扇和许多带散热片的管子组成，油液从管内流过，风扇迫使空气穿过管子和散热片表面，使油液冷却。风冷式冷却器结构简单，价格低廉，但冷却效果较水冷式差。

冷却器一般都安装在回油路及低压管路上，如图 8-12 所示是冷却器常用的一种连接方式。安全阀 6 对冷却器起保护作用；当系统不需冷却时截止阀 4 打开，油液直通油箱。

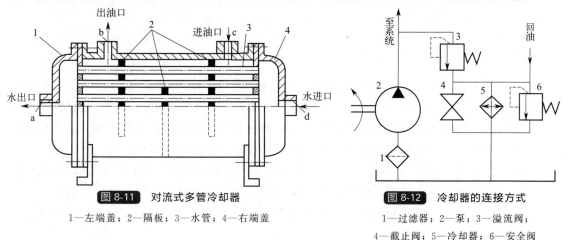

图 8-11　对流式多管冷却器

1—左端盖；2—隔板；3—水管；4—右端盖

图 8-12　冷却器的连接方式

1—过滤器；2—泵；3—溢流阀；
4—截止阀；5—冷却器；6—安全阀

8.4.2 加热器

液压系统中油温过低时可使用加热器,一般常采用结构简单,能按需要自动调节最高最低温度的电加热器。电加热器的安装方式如图 8-13 所示。电加热器水平安装,发热部分应全部浸入油中,安装位置应使油箱内的油液有良好的自然对流,单个加热器的功率不能太大,以避免其周围油液过度受热而变质。冷却器和加热器的图形符号如图 8-14 所示。

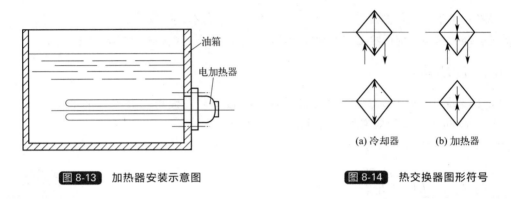

图 8-13　加热器安装示意图

图 8-14　热交换器图形符号

8.5　压力计和压力计开关

8.5.1　压力计

压力计可观测液压系统中各工作点的压力,以便控制和调整系统压力。因此,压力参数的测量极为重要。压力计的品种规格甚多,液压中最常用的压力计是弹簧弯管式压力计(常称压力表),其结构原理如图 8-15 所示。弹簧管 1 是一根弯成 C 字形、其横截面呈扁圆形的空心金属管,它的封闭端通过传动机构与指针 2 相连,另一端与进油管接头相连。测量压力时,压力油进入弹簧管的内腔,使管内涨产生弹性变形,导致它的封闭端向外扩张偏移,拉动杠杆 4,使扇形齿轮 5 摆动,与其啮合的小齿轮 6 便带动指针偏转。即可从刻度盘 3 上读出压力值。

压力计的精度等级以其误差占量程的百分数表示。选用压力计时,系统最高压力约为其量程的 3/4。

8.5.2　压力计开关

压力计开关用于切断或接通压力计和油路的通道。压力计开关的通道很小,有阻尼作用。测压时可减轻压力计的急剧跳动,防止压力计损坏。在无需测压时,用它切断油路,也保护了压力计。压力计开关按其所能测量的测点数目分为一点和多点的若干种。多点压力计开关可使一个压力计分别和几个被测油路相接通,以测量几部分油路的压力。

(1) 工作原理　图 8-16 为板式连接的压力计开关结构原理图。图示位置是非测量位置。此时压力计与油箱接通。若将手柄推进去,使阀芯的沟槽 s 将测量点与压力计接通,并将压力计连接油箱的通道隔断,便可测出一个点的压力。若将手柄转到另一位置,便可测出另一点的压力。

(2) 压力计开关故障

① 测压不准确　压力表开关中一般都有阻尼孔，当油液中脏物将阻尼调节过大时，也会引起压力表指针摆动缓慢和迟钝，测出的压力值也不会准确。因此使用时应注意油液的清洁，注意阻尼大小的调节。

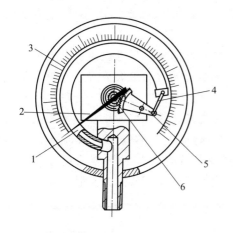

图 8-15　弹簧弯管式压力计

1—弹簧弯管；2—指针；3—刻度盘；
4—杠杆；5—扇形齿轮；6—小齿轮

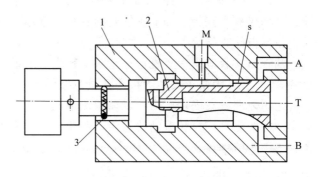

图 8-16　压力计开关

1—阀体；2—阀芯；3—定位钢球；
M—压力计接口；s—沟槽

② 内泄漏增大　压力表开关在长期使用后，由于阀口磨损过大，无法严格关闭，内泄漏量增大，使压力表指针随进油腔压力变化而变化，KF 型压力表开关由于密封面磨损增大，间隙增大，内泄漏量增大，使各测量点的压力互相串通。此时应更换被磨损的零件，以保证压力表开关在正常状态下使用。

▶▶ 8.6　油管和管接头

8.6.1　油管

液压系统中使用的油管种类很多，有钢管、纯铜管、橡胶软管、尼龙管、塑料管等，需根据系统的工作压力及其安装位置正确选用。

(1) 钢管　钢管分为焊接钢管和无缝钢管。压力小于 2.5MPa 时，可用焊接钢管；压力大于 2.5MPa 时，常用冷拔无缝钢管。要求防腐蚀、防锈的场合，可选用不锈钢管；超高压系统，可选用合金钢管。钢管能承受高压，刚性好，抗腐蚀，价格低廉，缺点是弯曲和装配均较困难，需要专门的工具或设备，因此，常用于中、高压系统或低压系统中装配部位限制少的场合。

(2) 纯铜管　纯铜管可以承受的压力为 6.5～10MPa，它可以根据需要较容易地弯成任意形状，且不必用专门的工具，因而适用于小型中、低压设备的液压系统，特别是内部装配不方便处。其缺点是价格高，抗振能力较弱，且易使油液氧化。

(3) 橡胶软管　橡胶软管用作两个相对运动部件的连接油管，分高压和低压两种。高压软管由耐油橡胶夹钢丝编织网制成。层数越多，承受的压力越高，其最高承受压力可达 42MPa。低压软管由耐油橡胶夹帆布制成，其承受压力一般在 1.5MPa 以下。橡胶软管安装方便，不怕振动，并能吸收部分液压冲击。

（4）尼龙管 尼龙管为乳白色半透明新型油管，其承压能力因材质而异，可为 2.5～8.0MPa。尼龙管有软管和硬管两种，其可塑性大。硬管加热后也可以随意弯曲成形和扩口，冷却后又能定形不变，使用方便，价格低廉。

（5）耐油塑料管 耐油塑料管价格便宜，装配方便，但承压低，使用压力不超过 0.5MPa，长期使用会老化，只用作回油管和泄油管。

与泵、阀等标准元件连接的油管，其管径一般由这些元件的接口尺寸决定。其他部位的油管（如与液压缸相连的油管等）的管径和壁厚，也可按通过油管的最大流量、允许的流速及工作压力计算确定。

油管的安装应横平竖直，尽量减少转弯。管道应避免交叉，转弯处的半径应大于油管外径的 3～5 倍。为便于安装管接头及避免振动影响，平行管之间的距离应大于 100mm。长管道应选用标准管夹固定牢固，以防振动和碰撞。软管直线安装时要有 30% 左右的余量，以适应油温变化、受拉和振动的需要。弯曲半径要大于 9 倍软管外径，弯曲处到管接头的距离至少等于 6 倍外径。

8.6.2 管接头

管接头是油管与油管，油管与液压元件间的可拆卸连接件。它应满足连接牢固，密封可靠，液阻小，结构紧凑，拆装方便等要求。

管接头的种类很多，按接头的通路方向分，有直通、直角、三通、四通、铰接等形式；按其与油管的连接方式分，有管端扩口式、卡套式、焊接式、扣压式等。管接头与机体的连接常用圆锥螺纹和普通细牙螺纹。用圆锥螺纹连接时，应外加防漏填料；用普通细牙螺纹连接时，应采用组合密封垫（熟铝合金与耐油橡胶组合），且应在被连接件上加工出一个小平面。

各种管接头已标准化，选用查有关手册。

1. 蓄能器的功能有哪些？安装和使用蓄能器应注意哪些问题？
2. 蓄能器的结构类型有哪些？它们在性能上有何特点？
3. 蓄能器常见故障有哪些？如何排除？
4. 油箱的功能有哪些？设计时应考虑哪些问题？
5. 对过滤器有哪些要求？过滤器性能指标有哪些？
6. 常见过滤器有哪些类型？各有何特点？
7. 过滤器在油路中的安装位置有几种情况？
8. 为什么要设置加热器和冷却器？液压系统的工作温度宜控制在什么范围？
9. 压力计开关的工作原理是什么？故障如何排除？
10. 简述油管的特点和使用场合。
11. 管接头的类型有哪些？

9 液压基本回路

基本液压回路按功能分为压力控制回路、速度控制回路、方向控制回路和多缸控制回路等。

9.1 压力控制回路

压力控制回路用来控制液压系统或系统中某一部分的压力,以满足执行机构对力或扭矩的要求。

9.1.1 调压回路

(1) 限压回路 如图9-1所示为变量泵与溢流阀组成的限压回路。系统正常工作时,溢流阀关闭,系统压力由负载决定;当负载过重、油路堵塞或液压缸到达行程终点时,负载压力超过溢流阀的开启压力时,溢流阀打开,泵压力就不会无限升高,防止事故的发生。此处溢流阀起限压、安全作用。

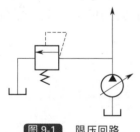

图9-1 限压回路

9.1 限压回路

9.2 单级调压回路

(2) 双向调压回路 执行元件正反行程需不同的供油压力时,可采用双向调压回路,如图9-2所示。当换向阀在左位工作时,活塞为工作行程,泵出口由溢流阀1调定为较高压力,缸右腔油液通过换向阀回油箱,溢流阀2此时不起作用。当换向阀如图示在右位工作时,缸作空行程返回,泵出口由溢流阀2调定为较低压力,阀1不起作用。

(3) 多级调压回路 如图9-3所示为三级调压回路。在图示状态下,系统压力由溢流阀1调节(为10MPa);当1YA通电时,系统压力由溢流阀3调节(为5MPa);2YA通电时,系统压力由溢流阀2调节(为7MPa)。这样可得到三级压力。三个溢流阀的规格都必须按泵的最大供油量来选择。这种调压回路能调出三级压力的条件是溢流阀1的调定压力必须大于另外两个溢流阀的调定值,否则溢流阀2、3将不起作用。

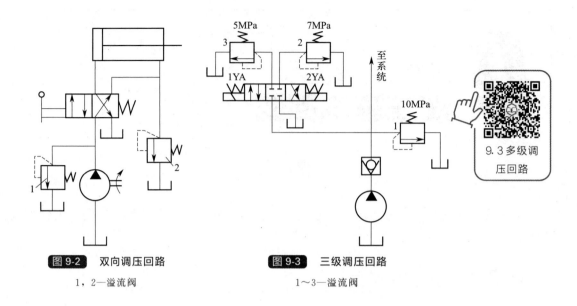

图9-2 双向调压回路
1, 2—溢流阀

图9-3 三级调压回路
1~3—溢流阀

9.1.2 保压回路

液压缸在工作循环的某一阶段,若需要保持一定的工作压力,就应采用保压回路。在保压阶段,液压缸无运动,最简单的办法是用一个密封性能好的单向阀来保压。但单向阀保压时间短,稳定性差。此时液压泵常处于卸荷状态(为了节能)或给其他液压缸供应一定压力的工作油液,为补偿保压缸的泄漏和保持其工作压力,可在回路中设置蓄能器。

(1) 泵卸荷的保压回路 如图9-4所示的回路,当主换向阀在左位工作时,液压缸前进压紧工件,进油路压力升高,压力继电器发信号使二通阀通电,泵即卸荷,单向阀自动关闭,液压缸则由蓄能器保压。缸压不足时,压力继电器复位使泵重新工作。保压时间取决于蓄能器容量,调节压力继电器的通断调节区间即可调节缸压力的最大值和最小值。

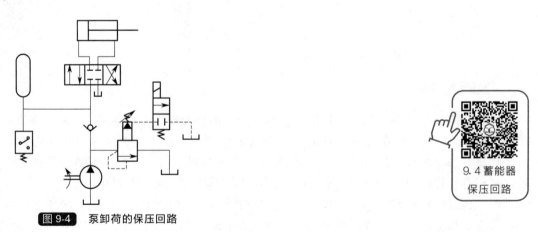

图9-4 泵卸荷的保压回路

(2) 多缸系统一缸保压的回路 多缸系统中负载的变化不应影响保压缸内压力的稳定。如图9-5所示的回路中,进给缸快进时,泵压下降,但单向阀3关闭,把夹紧油路和进给油路隔开。蓄能器4用来给夹紧缸保压并补偿泄漏。压力继电器5的作用是在夹紧缸压力达到预定值时发出电信号，使进给缸动作。

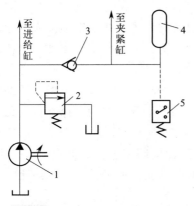

图 9-5　多缸系统一缸保压的回路

1—泵；2—溢流阀；3—单向阀；
4—蓄能器；5—压力继电器

9.5 保压回路

9.1.3　减压回路

当多执行机构系统中某一支油路需要稳定或低于主油路的压力时，可在系统中设置减压回路。一般在所需的支路上串联减压阀即可得到减压回路。如图 9-6 所示，图 9-6（a）为由单向减压阀组成的单级减压回路，换向阀 1 左位工作时，液压泵同时向液压缸 3、4 供压力油，进入缸 4 的油压由溢流阀调定，进入缸 3 的油压由单向减压阀 2 调定，缸 3 所需的工作压力必须低于缸 4 所需的工作压力。图 9-6（b）为二级减压回路，主油路压力由溢流阀 5 调定，压力为 p_1；减压油路压力为 p_2（$p_2 < p_1$）。换向阀为图示位置时，p_2 由减压阀 6 调定；当换向阀在下位工作时，p_2 由阀 7 调定。阀 7 的调定压力必须小于阀 6 的调定压力。一般减压阀的调定压力至少比主系统压力低 0.5MPa，减压阀才能稳定工作。

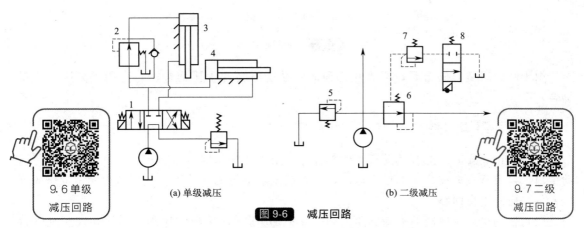

图 9-6　减压回路

1—换向阀；2—单向减压阀；3,4—液压缸；5,7—溢流阀；6—减压阀；8—二位二通换向阀

9.1.4 卸荷回路

当液压系统的执行机构短时间停止工作或者停止运动时，为了减少能量损失，应使泵在空载（或输出功率很小）的工况下运行。这种工况称为卸荷，这样既能节省功率损耗，又可延长泵和电机的使用寿命。

如图 9-7 所示为几种卸荷回路。图 9-7(a) 采用具有 H 型（或 M 型，K 型）滑阀中位机能的换向阀构成卸荷回路。其结构简单，但不适用于一泵驱动两个或两个以上执行元件的系统。图 9-7(b) 是由二位二通电磁换向阀组成的卸荷回路，该换向阀的流量应和泵的流量相适应，宜用于中小流量系统中。图 9-7(c) 是将二位二通换向阀安装在溢流阀的远控油口处。卸荷时，二位二通阀通电，泵的大部分流量经溢流阀流回油箱，此处的二位二通阀为小流量的换向阀。

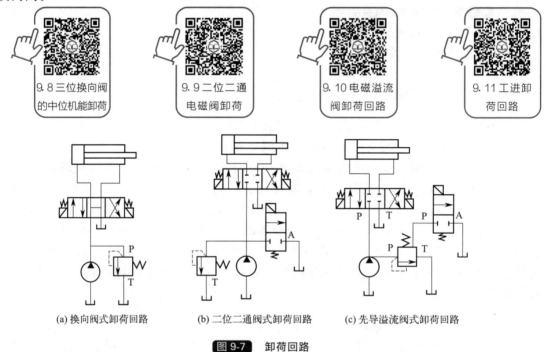

(a) 换向阀式卸荷回路　　(b) 二位二通阀式卸荷回路　　(c) 先导溢流阀式卸荷回路

图 9-7　卸荷回路

由于卸荷时溢流阀全开，当停止卸荷时，系统不会产生压力冲击，适用于高压大流量场合。

9.1.5 平衡回路

为了防止立式液压缸及其随行工作部件在悬空停止期间因自重而自行下滑，或在下行运动中由于自重造成失控超速不稳定运动，可在液压缸下行的回路上设置能产生一定背压的液压元件，构成平衡回路。

(1) 采用单向顺序阀的平衡回路　如图 9-8(a) 所示，单向顺序阀 4 串接在液压缸下行的回油路上，其调定压力略大于运动部件自重在液压缸 5 下腔中形成的压力。当换向阀 3 处于中位时，自重在液压缸 5 下腔形成的压力不足以使单向顺序阀 4 开启，防止了运动部件的自行下滑；当 1YA 通电换向阀处左位时，压力油进入液压缸上腔，液压力使缸下腔的压力超过单向顺序阀 4 的调定压力，单向顺序阀 4 开启。单向顺序阀开启后在活塞下腔建立的背压平衡了自重，活塞以液压泵 1 供油流量所提供的速度平稳下行，避免了超速。此种回路活塞下行运动平稳，但顺序阀调定后，所建立的背压即为定值。若下行过程中，超越负载变小时，将产生过平衡而增加泵的供油压力，故只适用于超越负载不变的场合。

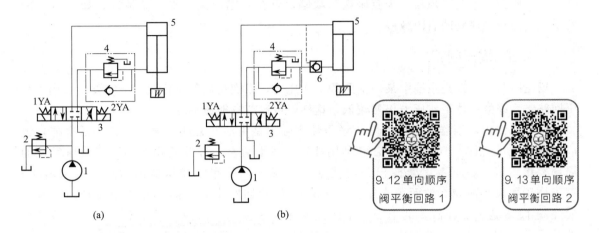

图 9-8　采用单向顺序阀的平衡回路

1—液压泵；2—溢流阀；3—换向阀；
4—单向顺序阀；5—液压缸；6—液控单向阀

这种平衡回路，由于单向顺序阀 4 的泄漏，当液压缸停留在某一位置后，活塞还会缓慢下降。因此，若在单向顺序阀 4 和液压缸 5 之间增加一液控单向阀 6 [图 9-8(b)]，由于液控单向阀 6 密封性很好，就可以防止活塞因单向顺序阀泄漏而下降。

(2) 采用液控顺序阀的平衡回路　如图 9-9(a) 所示是采用液控顺序阀的起重机平衡回路。此种平衡回路适于应用在超越负载有变化的情形。

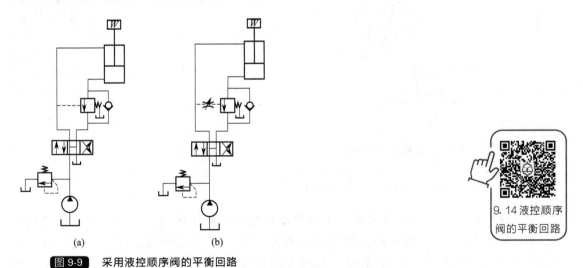

图 9-9　采用液控顺序阀的平衡回路

当换向阀切换至右位时，液压泵所提供的压力油通过单向阀进入液压缸下腔，举起重物。当换向阀切换至左位时，压力油进入液压缸上腔，只有在此压力升高到液控顺序阀的调定压力时，通过控制油路使液控顺序阀打开，活塞下行放下重物。将换向阀切换至中位，液压缸上腔迅速卸压，液控顺序阀关闭，活塞停止运动。这一回路的特点是液控顺序阀的启闭取决于控制口的油压,与负载大小无关。但此平衡回路是不完善的。当压力油使液控顺序阀打开,活塞开始向下运动时,液压缸上腔的压力将迅速降低,这可能导致液控顺序阀关闭,活塞停止运动,紧接着压力升高,液控顺序阀又被打开,活塞又开始运动,所以活塞断续下降,产生所谓"点头"现象。为克服这一缺陷,可在控制油路上加一节流阀,如图9-9(b)所示,使液控顺序阀的启闭减慢。

9.1.6 增压回路

增压回路可以提高系统中某一支路的工作压力,以满足局部工作机构的需要。采用了增压回路,系统的整体工作压力仍然较低,这样就可以节省能源消耗。

(1) 单作用增压器的增压回路 增压器实际上是由活塞缸和柱塞缸(或小活塞缸)组成的复合缸(见图9-10中件4),它利用柱塞(或小活塞)有效面积的不同使液压系统的局部获得高压。在不考虑摩擦损失与泄漏的情况下,单作用增压器的增压倍数(增比)等于增压器大小两腔有效面积之比。在图9-10所示回路中,当阀1在左位工作时,压力油经阀1、6进入工作缸7的上腔,下腔经顺序阀8和阀1回油,活塞下行。当负载增加使油压升高到顺序阀2的调定值时,阀2的阀口打开,压力油即经阀2、阀3进入增压器4的左腔,推动增压活塞右行,增压器右腔便输出高压油进入工作缸7。调节顺序阀2,可以调节工作缸上腔在非增压状态下的最大工作压力。调节减压阀3,可以调节增压器的最大输出压力。

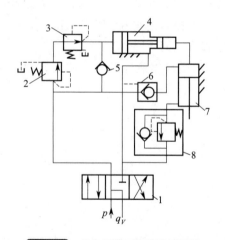

9.15 单作用增压器增压回路

图 9-10 单作用增压器的增压回路

1—换向阀;2—顺序阀;3—减压调;4—增压器;
5—单向阀;6—液控单向阀;7—工作缸;8—单向顺序阀

(2) 双作用增压器的增压回路 单作用增压器只能断续供油,若需获得连续输出的高压油,可采用图9-11所示的双作用增压器连续供油的增压回路。图示位置,液压泵压力油进入增压器左端大、小油腔,右端大油腔的回油通油箱,右端小油腔增压后的高压油经单向阀4输出,此时单向阀1、3被封闭。当活塞移到右端时,二位四通换向阀的电磁铁通电,油路换向后,活塞反向左移。同理,左端小油腔输出的高压油通过单向阀3输出。这样,增压器的活塞不断往复运动,两端便交替输出高压油,从而实现了连续增压。

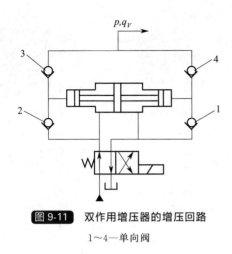

图 9-11 双作用增压器的增压回路

1~4—单向阀

9.16 双作用增压器增压回路

9.2 速度控制回路

执行元件的速度应在一定范围内调节。

液压缸的速度为 $v=q_V/A$（q_V 为流量，A 为液压缸的工作面积），液压马达的转速为 $n_m=q/V_m$（V_m 为液压马达的排量），那么改变运动速度（转速）可通过改变 q_V 或 $A(V_m)$ 来实现，而工作中面积 A 改变较难，故合理的调速途径是改变流量 q_V（流量阀或变量泵）和使用排量 V_m 可变的变量马达。根据上述分析，调速回路有以下三种形式。

(1) 节流调速　采用定量泵供油，依靠流量控制阀调节流入或流出执行元件的流量实现变速。

(2) 容积调速　依靠改变变量泵或改变变量液压马达的排量来实现变速。

(3) 容积节流调速（联合调速）　依靠变量泵和流量控制阀的联合调速。其特点是由流量控制阀改变输入或流出执行元件的流量来调节速度，同时又通过变量泵的自身调节过程使其输出的流量和流量阀所控制的流量相适应。

9.2.1 节流调速回路

在采用定量泵的液压系统中，利用节流阀或调速阀改变进入或流出液动机的流量来实现速度调节的方法称为节流调速。采用节流调速，方法简单，工作可靠，成本低，但它的效率不高，容易产生温升。

(1) 进口节流调速回路　进口节流调速回路如图 9-12 所示，节流阀设置在液压泵和换向阀之间的压力管路上，无论换向阀如何换向，压力油总是通过节流之后才进入液压缸的。通过调整节流口的大小，控制压力油进入液压缸的流量，从而改变它的运动速度。

(2) 出口节流调速回路　出口节流调速回路如图 9-13 所示，节流阀设置在换向阀与油箱之间，无论怎样换向，回油总是经过节流阀流回油箱。通过调整节流的大小，控制液压缸回油的流量，从而改变它的运动速度。

(3) 旁路节流调速回路　旁路节流调速回路如图 9-14 所示，节流阀设置在液压泵与油箱之间，液压泵输出的压力油的一部分经换向阀进入液压缸，另一部分经节流阀流回油箱，通过调整旁路节流阀开口的大小来控制进入液压缸压力油的流量，从而改变它的运动速度。

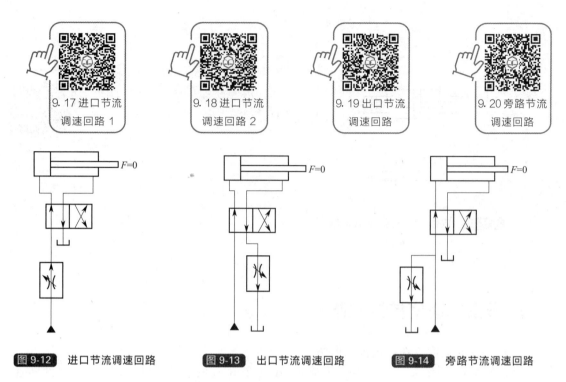

图 9-12 进口节流调速回路　　图 9-13 出口节流调速回路　　图 9-14 旁路节流调速回路

(4) 进出口同时节流调速回路　图 9-15 是进出口同时节流调速回路，它在换向阀前的压力管路和换向阀后的回油管路各设置一个节流阀同时进行节流调速。

(5) 双向节流调速回路　在单活塞杆液压缸的液压系统中，有时要求往复运动的速度都能独立调节，以满足工作的需要，此时可采用两个单向节流阀，分别设在液压缸的进出油管路上。

如图 9-16 所示为双向进口节流调速回路。当换向阀 1 处于图示位置时，压力油经换向阀 1、节流阀 2 进入液压缸左腔，液压缸向右运动，右腔油液经单向阀 5、换向阀 1 流回油箱。换向阀切换到右端位置时，压力油经换向阀 1、节流阀 4 进入液压缸右腔，液压缸向左运动，左腔油液经单向阀 3、换向阀 1 流回油箱。

图 9-17 为双向出口节流调速回路，它的工作原理与双向进口节流调速回路基本相同，只是两个单向阀的方向恰好相反。

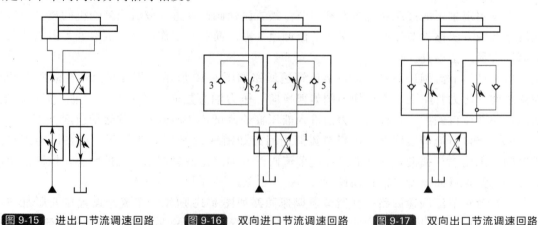

图 9-15 进出口节流调速回路　　图 9-16 双向进口节流调速回路　　图 9-17 双向出口节流调速回路

9.2.2 容积调速回路

容积调速回路可通过改变变量泵或(和)变量液压马达的排量来对液压马达(或液压缸)进行无级调速。这种调速回路无溢流损失和节流损失,所以效率高,发热少,适用于高压、大流量的大型机床、工程机械和矿山机械等大功率设备的液压系统。

容积调速回路按油液循环方式的不同分为开式回路和闭式回路两种。前者油液在油路中的循环路线为:泵的出口→执行元件→油箱→泵的入口。其特点是油液在油箱中得以较好地冷却,且利于油中杂质的沉淀和气体的逸出,但油箱尺寸较大,污物容易侵入。而后者油液油路的循环路线为:泵的出口→执行元件→泵的入口,即油液形成闭式循环。其特点是油箱尺寸小,结构紧凑,空气和污物不易侵入,但结构较复杂,油液散热差,需要辅助泵向系统供油,以弥补泄漏和冷却。

根据液压泵和执行元件组合方式不同,容积调速回路分泵-缸式和泵-马达式。

(1) 泵-缸式容积调速回路

① 开式容积调速回路　图9-18是液压缸直线运动的开式容积调速回路。改变变量泵的流量可以调节液压缸的运动速度,单向阀用以防止停机时系统油液流空,溢流阀1在此回路作安全阀使用,溢流阀2作背压阀使用。

② 闭式容积调速回路　图9-19是采用双向变量泵的闭式容积调速回路,改变变量泵的输油方向可以改变液压缸的运动方向,改变输油流量可以控制液压缸的运动速度。图中两个溢流阀1、2作安全阀使用,单向阀3、4在液压缸换向时可以吸油以防止系统吸入空气,手动滑阀5的启闭可以控制液压缸的开停。

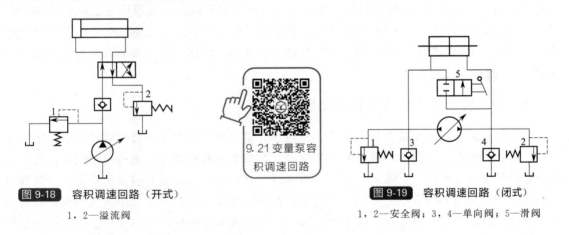

图9-18　容积调速回路(开式)
1,2—溢流阀

图9-19　容积调速回路(闭式)
1,2—安全阀;3,4—单向阀;5—滑阀

(2) 泵-马达式容积调速回路　泵-马达式容积调速回路有变量泵-定量马达式、定量泵-变量马达式和变量泵-变量马达式三种形式。

① 变量泵-定量马达式容积调速回路　调速回路如图9-20所示,此回路为闭式回路。5为安全阀;1为补充泄漏用的辅助泵(其流量为变量泵最大输出流量的10%~15%),其输出低压由溢流阀2调定。变量泵4输出的流量全部进入定量马达6。

② 定量泵-变量马达式容积调速回路　调速回路如图9-21所示,此回路为闭式回路。图中5为安全阀,1为补油用的辅助泵,2为辅助泵定压溢流阀。溢流阀2的压力调得较低,使主泵4的吸油腔有一定的压力。采用辅助泵补油可改善主泵的吸油条件。

③ 变量泵-变量马达式容积调速回路　如图9-22所示。其中1为辅助泵,2为给泵1定

压的溢流阀,在回路中设置了 4 个单向阀,图中单向阀 3 和 5 用于实现双向补油,而单向阀 6 和 8 使安全阀 9 能在两个方向起安全作用。双向变量泵 4 既可以改变流量,又可以改变供油方向,用以实现液压马达 7 的调速和换向。

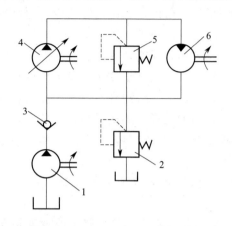

图 9-20　变量泵-定量马达式容积调速回路
1—辅助泵;2—溢流阀;3—单向阀;
4—变量泵;5—安全阀;6—定量马达

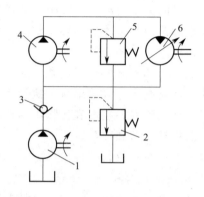

图 9-21　定量泵-变量马达式容积调速回路
1—辅助泵;2—溢流阀;3—单向阀;
4—定量泵;5—安全阀;6—变量马达

若双向变量泵 4 逆时针转动时,液压马达的回油及辅助泵 1 的供油经单向阀 3 进入双向变量泵 4 的下油口,则其上油口排出的压力油进入液压马达 7 的上油口并使液压马达 7 逆时针方向转动,液压马达 7 下油口的回油又进入双向变量泵 4 的下油口,构成闭式循环回路。这时单向阀 5 和 8 关闭,3 和 6 打开。如果液压马达 7 过载,可由安全阀 9 起保护作用。若双向变量泵 4 顺时针转动,则单向阀 5 和 8 打开,3 和 6 关闭。双向变量泵 4 的上油口为进油口,下油口为排油口,液压马达也顺时针转动,实现了液压马达的换向。这时若液压马达过载,安全阀 9 仍起保护作用。

9.2.3　容积节流调速(联合调速)回路

容积调速回路的突出优点是效率高、发热小,但也存在着速度随载荷增加而下降的特性(由泵和马达的泄漏引起),在低速时更为突出。与采用调速阀的节流调速回路相比,容积调速回路的低速稳定性较差。如果对系统既要求效率高,又要求有较好的低速稳定性,则容积节流调速回路是可取的方案。容积节流调速回路是用变量液压泵供油,用调速阀或节流阀改变进入液压缸的流量,以实现工作速度的调节,并且液压泵的供油量与液压缸所需的流量相适应。这种调速回路没有溢流损失,效率较高,速度稳定性也比容积调速回路好,常用于速度范围大、功率不太大的场合。下面介绍两种容积节流调速回路。

(1) 限压式变量泵和调速阀组成的容积节流调速回路　如图 9-23 所示回路由限压式变量泵 1 供油,压力油经调速阀 2 进入液压缸 3 无杆腔,回油经背压阀 4 返回油箱。液压缸的运动速度由调速阀中的节流阀来调节。设泵的流量为 q_{Vp},则稳定工作时 $q_{Vp}=q_{V1}$。如果关小节流阀,则在关小阀口的瞬间 q_{V1} 减小,而此时液压泵的输出量还未来得及改变,于是 $q_{Vp}>q_{V1}$,因回路中阀 5 为安全阀,没有溢流,故必然导致泵出口压力 p_p 升高,该压力反馈使得限压式变量泵的输出流量自动减少,直至 $q_{Vp}=q_{V1}$(节流阀开口减小后的 q_{V1});反之亦然。由此可见,调速阀不仅能调节进入液压缸的流量,而且可以作为反馈元件,将通过阀的流量转换成压力信号反馈到泵的变量机构，使泵的输出流量自动地和阀的开口大小相适应，没有溢流损失。这种回路中的调速阀也可装在回油路上。

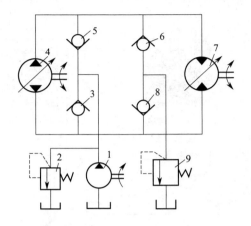

图 9-22 变量泵-变量马达式容积调速回路

1—辅助泵；2—溢流阀；3，5，6，8—单向阀；
4—双向变量泵；7—液压马达；9—安全阀

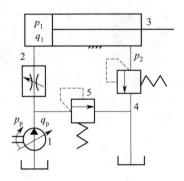

图 9-23 限压式变量泵和调速阀
组成的容积节流调速回路

1—限压式变量泵；2—调速阀；3—液压缸；
4—背压阀；5—安全阀

（2）差压式变压泵和节流阀组成的容积节流调速回路　如图 9-24 所示为差压式变量泵和节流阀组成的容积节流调速回路，通过节流阀 2 控制进入液压缸 3 的流量 q_{V1}，并使变量泵 1 输出流量去 q_{Vp} 自动和 q_{V1} 相适应。节流阀前后压差 $\Delta p = p_p - p_1$ 基本上由作用在泵变量机构控制柱塞上的弹簧力来确定。因为弹簧刚度很小，工作中伸缩量的变化也很小，所以基本恒定，即 Δp 也近似为常数，所以通过节流阀的流量仅与阀的开口大小有关，不会随负载而变化，这与调速阀的工作原理是相似的。因此，这种调速回路的性能和前述回路不相上下，它的调速范围仅受节流阀调节范围的限制。此外，该回路因能补偿由负载变化引起的泵的泄漏变化，因此在低速小流量的场合使用性能更好。

9.2.4　增速回路

（1）液压缸差动连接的快速运动回路　图 9-25 为采用单杆活塞缸差动连接实现快速运动的回路。当图中只有电磁铁 1YA 通电时，换向阀 3 左位工作，压力油可进入液压缸的左腔，也经阀 4 的左位与液压缸右腔连通，因活塞左端受力面积大，故活塞差动快速右移。这时如果 3YA 电磁铁也通电，阀 4 换为右位，则压力油只能进入缸左腔，缸右腔则经调速阀 5 回油实现活塞慢速运动。当 2YA、3YA 同时通电时，压力油经阀 3、阀 6、阀 4 进入缸右腔，缸左腔回油，活塞快速退回。

这种快速回路简单、经济，但快、慢速的转换不够平稳。

（2）双泵供油的快速运动回路　图 9-26 为双泵供油的快速运动回路。液压泵 1 为高压小流量泵，其流量应略大于最大工进速度所需要的流量，其流量与泵 1 流量之和应等于液压系统快速运动所需要的流量，其工作压力由溢流阀 5 调定。泵 2 为低压大流量泵（两泵的流量也可相等），其工作压力应低于液控顺序阀 3 的调定压力。

空载时，液压系统的压力低于液控顺序阀 3 的调定压力，阀 3 关闭，泵 2 输出的油液经单向阀 4 与泵 1 输出的油液汇集在一起进入液压缸，从而实现快速运动。当系统工作进给承受负载时，系统压力升高至大于阀 3 的调定压力，阀 3 打开，单向阀 4 关闭，泵 2 的油经阀 3 流回油箱，泵 2 处于卸荷状态。此时系统仅由小泵 1 供油，实现慢速工作进给，其工作压力由阀 5 调节。

9.22 差压式变量泵和节流阀调速回路

9.23 差动缸差动连接快速回路 1

9.24 差动缸差动连接快速回路 2

9.25 差动缸差动连接快速回路 3

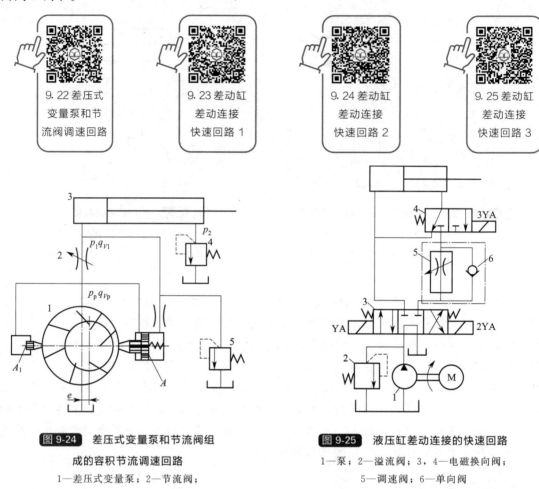

图 9-24　差压式变量泵和节流阀组成的容积节流调速回路
1—差压式变量泵；2—节流阀；3—液压缸；4，5—溢流阀

图 9-25　液压缸差动连接的快速回路
1—泵；2—溢流阀；3，4—电磁换向阀；5—调速阀；6—单向阀

这种快速回路功率利用合理，效率较高，缺点是回路较复杂，成本较高。

(3) 采用蓄能器的快速运动回路　图 9-27 为采用蓄能器 4 与液压泵 1 协同工作实现快速运动的回路。它适用于在短时间内需要大流量的液压系统中。当换向阀 5 中位，液压缸不工作时，液压泵 1 经单向阀 2 向蓄能器 4 充油。当蓄能器内的油压达到液控顺序阀 3 的调定压力时，阀 3 被打开，使液压泵卸荷。当换向阀 5 左位或右位，液压缸工作时，液压泵 1 和蓄能器 4 同时向液压缸供油，使其实现快速运动。

这种快速回路可用较小流量的泵获得较高的运动速度。其缺点是蓄能器充油时，液压缸须停止工作，在时间上有些浪费。

9.2.5　速度换接回路

有些工作机构，要求在工作行程的不同阶段有不同的运动速度，这时可采用速度换接回路。速度换接回路的作用是将一种运动速度转换成另一种运动速度。

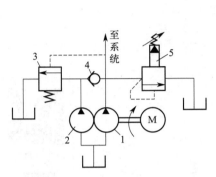
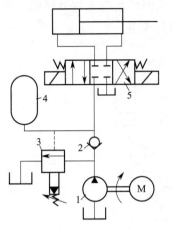

图 9-26　双泵供油的快速运动回路
1，2—双联泵；3—卸荷阀（液控顺序阀）；
4—单向阀；5—溢流阀

图 9-27　采用蓄能器的快速运动回路
1—泵；2—单向阀；3—液控顺序阀；
4—蓄能器；5—换向阀

9.26 采用蓄能器的快速回路

(1) 快慢速换接回路

① 用电磁换向阀的快慢速转换回路　图 9-28 是利用二位二通电磁阀与调速阀并联实现快速转慢速的回路。当图中电磁铁 1YA、3YA 同时通电时，压力油经阀 4 进入液压缸左腔，缸右腔回油，工作部件实现快进；当运动部件上的挡块碰到行程开关使 3YA 电磁铁断电时，阀 4 油路断开，调速阀 5 接入油路。压力油经调速阀 5 进入缸左腔，缸右腔回油，工作部件以阀 5 调节的速度实现工作进给。

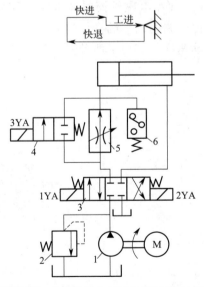

图 9-28　用电磁换向阀的快慢速转换回路
1—泵；2—溢流阀；3，4—换向阀；
5—调速阀；6—压力继电器

9.27 电磁换向阀速度换接回路

② 用行程阀的快慢速转换回路　图 9-29 是用单向行程调速阀进行快慢速转换的回路。当电磁铁 1YA 通电时，压力油进入液压缸左腔，缸右腔油经行程阀 5 回油，工作部件实现

快速运动。当工作部件上的挡块压下行程阀时,其回油路被切断,缸右腔油只能经调速阀 6 流回油箱,从而转变为慢速运动。

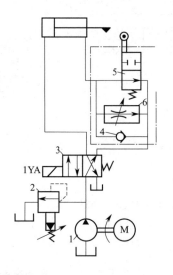

图 9-29 用行程阀的快慢速转换回路

1—泵;2—溢流阀;3—换向阀;4~6—单向行程调速阀

9.28 行程阀控制的快慢速换接回路

(2) 两种慢速的转换回路

① 调速阀串联的慢速转换回路 图 9-30 是由调速阀 3 和 4 串联组成的慢速转换回路。当 1YA 电磁铁通电时,压力油经调速阀 3 和二位电磁阀左位进入液压缸左腔,缸右腔回油,运动部件得到由阀 3 调节的第一种慢速运动。当 1YA、3YA 电磁铁同时通电时,压力油须经调速阀 3 和调速阀 4 进入缸的左腔,缸右腔回油。由于调速阀 4 的开口比调速阀 3 的开口小,因而运动部件得到由阀 4 调节的第二种更慢的运动速度,实现了两种慢速的转换。

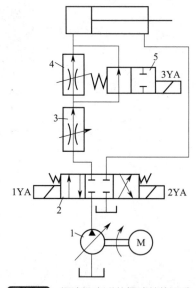

图 9-30 调速阀串联的慢速转换回路

1—泵;2,5—换向阀;3,4—调速阀

9.29 调速阀串联的速度换接回路

在这种回路中，调速阀 4 的开口必须比调速阀 3 的开口小，否则调速阀 4 将不起作用。该种回路常用于组合机床中实现二次进给的油路中。

② 调速阀并联的慢速转换回路　图 9-31 为由调速阀 4 和 5 并联的慢速转换回路。当 1YA 电磁铁通电时，压力油经调速阀 4 进入液压缸左腔，缸右腔回油，工作部件得到由阀 4 调节的第一种慢速，这时阀 5 不起作用；当 1YA、3YA 电磁铁同时通电时，压力油经调速阀 5 进入液压缸左腔，缸右腔回油，工作部件得到由阀 5 调节的第二种慢速运动，这时阀 4 不起作用。

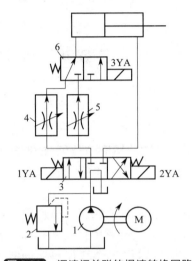

图 9-31　调速阀并联的慢速转换回路

1—泵；2—溢流阀；3，6—换向阀；4，5—调速阀

这种回路当一个调速阀工作时，另一个调速阀油路被封死，其减压阀口全开。当电磁换向阀换位其出油口与油路接通的瞬时，压力突然减小，减压阀口来不及关小，瞬时流量增加，会使工作部件出现前冲现象。

9.3　方向控制回路

在液压系统中，执行元件的启动、停止、改变运动方向是通过控制元件对液流实行通、断、改变流向来实现的，这些回路称为方向控制回路。

9.3.1　换向回路

如图 9-32 所示回路，用二位二通换向阀控制液流的通与断，以控制执行机构的运动与停止。图示位置时，油路接通；当电磁铁通电时，油路断开，泵的排油经溢流阀流回油箱。

如图 9-33 所示为换向阀换向回路。当三位四通换向阀左位工作时，液压缸活塞向右运动；当换向阀中位工作时，活塞停止运动；当换向阀右位工作时，活塞向左运动。同样，采用 O 型、Y 型、M 型等换向阀也可实现油路的通与断。

如图 9-34 所示为差动缸回路。当二位三通换向阀左位工作时，液压缸活塞快速向左移动，构成差动回路；当换向阀右位工作时，活塞向右移动。

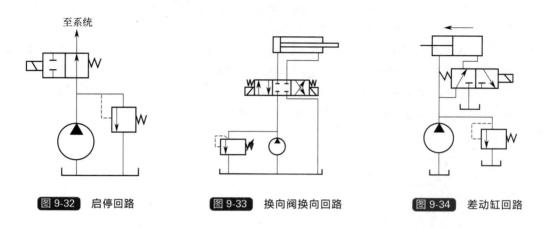

图 9-32　启停回路　　　图 9-33　换向阀换向回路　　　图 9-34　差动缸回路

9.3.2　锁紧回路

为了使油泵停止运转处于卸荷状态时，油缸活塞能停在任意位置上，并防止其停止后因外界影响而发生漂移或窜动，采用锁紧回路。锁紧回路的功能是切断执行元件的进出油路，要求切断动作可靠、迅速、平稳、持久。通常把能将活塞固定在油缸的任意位置的液压装置称液压锁。

（1）液控单向阀锁紧回路　如图 9-35 所示为单向阀锁紧回路。在液压缸两侧油路上串接液控单向阀（也称液压锁），换向阀处中位时，液控单向阀关闭液压缸两侧油路，活塞被双向锁紧，左右都不能窜动。对于立式安装的液压缸，也可以用一个液控单向阀实现单向锁紧。

在液控单向阀的锁紧回路中，换向阀中位应采用 Y 型或 H 型滑阀机能，这样换向阀处于中位时，液控单向阀的控制油路可立即失压，保证单向阀迅速关闭，锁紧油路。

（2）换向阀锁紧回路　如图 9-36 所示为换向阀的锁紧回路。它利用三位四通换向阀的中位机能（O 型或 M 型）可以使活塞在行程范围内的任意位置上停止运动并锁紧。但由于滑阀式换向阀的泄漏，这种锁紧回路能保持执行元件锁紧的时间不长，锁紧效果差。

图 9-35　液控单向阀锁紧回路　　　9.31 液控单向阀锁紧回路　　　图 9-36　换向阀锁紧回路

9.3.3 浮动回路

浮动回路与锁紧回路相反，它是将执行元件的进、回油路连通或同时接回油箱，使之处于无约束的浮动状态，在外力的作用下执行元件仍可运动。

利用三位四通换向阀的中位机能（Y 型或 H 型）就可实现执行元件（单活塞杆缸）的浮动，如图 9-37(a) 所示。液压马达（或双活塞杆缸）也可用二位二通换向阀将进、回油路直接连通实现浮动，如图 9-37(b) 所示。

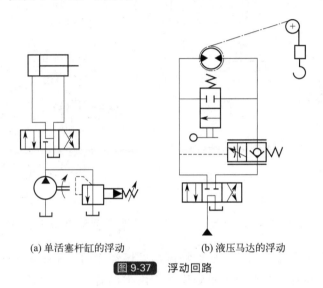

(a) 单活塞杆缸的浮动　　　(b) 液压马达的浮动

图 9-37　浮动回路

9.4 多缸控制回路

多缸控制回路就是用一个压力油源来控制几个油缸或顺序动作或同步动作或防止互相干涉。

9.4.1 顺序动作回路

按照控制方式的不同，有行程控制和压力控制两大类。

(1) 行程控制的顺序动作回路

① 用行程阀控制的顺序动作回路　在如图 9-38 所示状态下，A、B 二缸的活塞皆在左位。使阀 C 右位工作，缸 A 右行，实现动作①。挡块压下行程阀 D 后，缸 B 右行，实现动作②。手动换向阀复位后，缸 A 先复位，实现动作③。随着挡块后移，阀 D 复位，缸 B 退回，实现动作④。至此，顺序动作全部完成。

② 用行程开关控制的顺序动作回路　在如图 9-39 所示的回路中，1YA 通电，缸 A 右行完成动作①后，触动行程开关 1ST 使 2YA 通电，缸 B 右行，在实现动作②后，又触动 2ST 使 1YA 断电，缸 A 返回，在实现动作③后，又触动 3ST 使 2YA 断电，缸 B 返回，实现动作④，最后触动 4ST 使泵卸荷或引起其他动作，完成一个工作循环。

行程控制的顺序动作回路，换接位置准确，动作可靠，特别是行程阀控制回路换接平稳，常用于对位置精度要求较高处。但行程阀需布置在缸附近，改变动作顺序较困难。而行程开关控制的回路只需改变电气线路即可改变顺序，故应用较广泛。

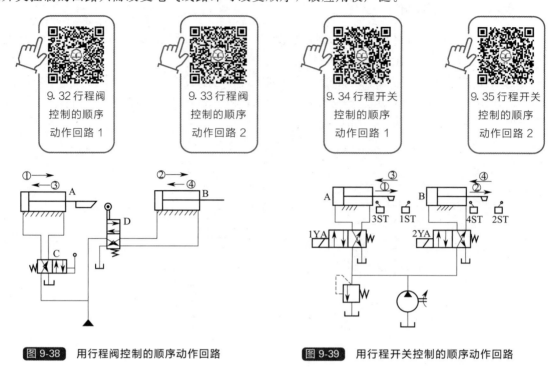

图 9-38　用行程阀控制的顺序动作回路　　图 9-39　用行程开关控制的顺序动作回路

（2）压力控制的顺序动作回路　压力控制的顺序动作回路常采用顺序阀或压力继电器进行控制。用顺序阀控制的回路在第 7 章顺序阀应用举例时已作过介绍。下面介绍用压力继电器控制的顺序动作回路。

如图 9-40 所示是一种利用压力继电器控制电磁换向阀以实现油缸顺序动作的回路。首先 1YA 通电，换向阀 1 换向，压力油进入液压缸 5 使其活塞右移。当到达终点后，系统压力升高。压力继电器 3 发出电信号使 3YA 通电，压力油进入液压缸 6 的左腔使其活塞前进。前进到终点后，电路设计使 4YA 通电（3YA 断电）。换向阀 2 换向，压力油进入液压缸 6 右腔，使其活塞返回。当活塞返回至原位时，系统压力升高，压力继电器 4 发出信号，使 2YA 通电（1YA 断电），压力油进入液压缸 5 的右腔，使其活塞返回。为了防止压力继电器误动作，压力继电器的预调压力应比油缸的工作压力高 300～500kPa，但比溢流阀的调定压力低 300～500kPa。

9.4.2　同步回路

多个液压缸带动同一个工作结构时，它们的动作应该一致。但是有很多因素影响执行机构运动的一致。这些因素是负载、摩擦、泄漏、制造精度和结构变形上的差异。本回路的功能是尽管存在着这些差异而仍能使各缸的运动一致，也就是运动同步，即指各缸的运动速度和最终达到的位置相同。

（1）用分流集流阀控制的同步回路　当两个油缸的负载发生偏差时，一般的流量阀不能随之自动作相应的变化，就会出现较大的同步误差，此时应用分流集流阀的同步回路就可解决这个问题。如图 9-41 所示为高炉液压炉顶采用的分流集流阀的同步回路。压力油经分流阀 4 流到油缸 5 和 6，使这四个油缸同步上升。当把油液接到油箱时，油缸在自重的作用下，实现同步下降。

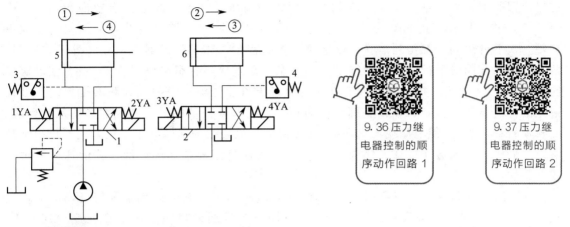

图 9-40 用压力继电器控制的顺序动作回路

1，2—换向阀；3，4—压力继电器；5，6—液压缸

(2) 用流量阀控制的同步回路　如图 9-42 所示为采用并联调速阀的同步回路。液压缸 5 和 6 油路并联，分别用调速阀 1、3 调节其活塞的运动速度。仔细调节两个调速阀的流量使之相同，则两个工作面积相同的液压缸做同步运动。当换向阀 7 处在右位时，压力油可通过单向阀 2、4 使两缸的活塞快速返回。这种同步方法比较简单，成本低，但因为两个调速阀的性能不可能完全一致，同时还受到载荷变化和泄漏的影响，所以同步精度不高。

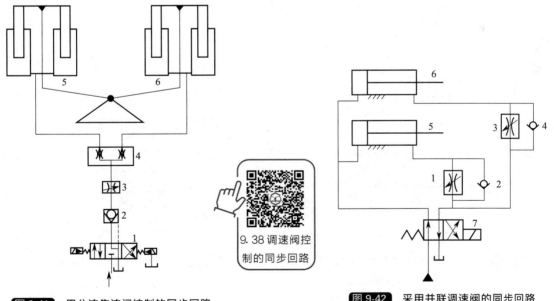

图 9-41 用分流集流阀控制的同步回路

1—换向阀；2—单向阀；3—节流阀；
4—分流阀；5，6—液压缸

图 9-42 采用并联调速阀的同步回路

1，3—调速阀；2，4—单向阀；
5，6—液压缸；7—换向阀

(3) 带补偿措施的串联液压缸同步回路 如图 9-43 所示为两液压缸串联同步回路。在这个回路中，液压缸 1 有杆腔 A 的有效面积与液压缸 2 无杆腔 B 的有效面积相等，因而从 A 腔排出的油液进入 B 腔后，两液压缸便同步下降。回路中有补偿措施使同步误差在每一次下行运动中都得到消除，以避免误差的积累。当三位四通换向阀 6 处于右位时，两液压缸活塞同时下行，若液压缸 1 的活塞先运动到底，它就触动行程开关 1S 使电磁换向阀 5 的 3YA 通电，电磁换向阀 5 处在右位，压力油经电磁换向阀 5 和液控单向阀 3 向液压缸 2 的 B 腔补油，推动活塞继续运动到底，误差即被清除。若液压缸 2 先运动到底，则触动行程开关 2S 使电磁换向阀 4 的 4YA 通电，电磁换向阀 4 处于上位，控制压力油使液控单向阀 3 反向通道打开，使液压缸 1 的 A 腔通过液控单向阀回油，其活塞即可继续运动到底。

(4) 用比例调速阀的同步回路 如图 9-44 所示回路，它的同步精度较高，绝对精度达 0.5mm，已足够一般设备的要求。回路使用一个普通调速阀 C 和一个比例调速阀 D，各装在一个由单向阀组成的桥式整流油路中，分别控制缸 A 和缸 B 的正反向运动。当两缸出现位置误差时，检测装置发出信号，调整比例调速阀的开口，修正误差，即可保证同步。

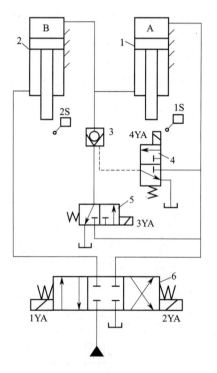

图 9-43 带补偿措施的串联液压缸同步回路
1，2—液压缸；3—液控单向阀；
4，5—电磁换向阀；6—三位四通换向阀

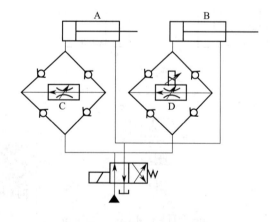

图 9-44 用比例调速阀的同步回路

9.4.3 互不干涉回路

在一泵多缸的液压系统中，往往会出现由于一个液压缸转为快速运动的瞬间，吸入大量油液，造成整个系统的压力下降，影响了其他液压缸工作的平稳性。因此，在速度平稳性要求较高的多缸液压系统中，常采用互不干扰回路。

如图 9-45 所示为双泵供油多缸工作互不干扰回路，各缸快速进退皆由大泵 2 供油，任一缸进入工进，则改由小泵 1 供油，彼此无牵连，也就无干扰。图示状态各缸原位停止。当电磁铁 3YA、4YA 通电时，换向阀 7、8 的左位工作，两缸都由大泵 2 供油作差动快进，小泵 1 供油在换向阀 5、6 处被堵截。设缸 A 先完成快进，由行程开关使电磁铁 1YA 通电，3YA 断电，此时大泵 2 对缸 A 的进油路被切断，而小泵 1 的进油路打开，缸 A 由调速阀 3 调速作工进，缸 B 仍作快进，互不影响。当各缸都转为工进后，它们全由小泵供油。此后，若缸 A 又率先完成工进，行程开关应使换向阀 5 和 7 的电磁铁都通电，缸 A 即由大泵 2 供油快返。当各电磁铁皆断电时，各缸皆停止运动，并被锁于所在位置上。

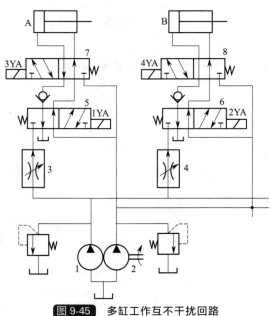

图 9-45　多缸工作互不干扰回路

1—小泵；2—大泵；3，4—调速阀；5~8—换向阀

9.39 多缸互不干扰回路

思考题

1. 什么是压力控制回路？常见的压力控制回路有哪几种？各有什么特点？
2. 什么是方向控制回路？常见的方向控制回路有哪几种？各有什么特点？
3. 什么是速度控制回路？常见的速度控制回路有哪几种？各有什么特点？
4. 说明图 1 的液压系统中，由哪些基本回路组成？并指出实现各种回路功能的液压元件名称。
5. 说明图 2 的液压系统中，由哪些基本回路组成？并指出实现各回路功能的液压元件的名称。
6. 指出图 3 的液压系统中，由哪些基本回路组成？说明液压缸往返行程中的油路走向。

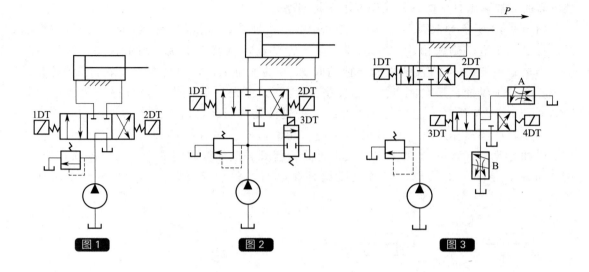

图1　　图2　　图3

10 典型液压系统

液压传动系统是根据液压设备要完成的工作循环和工作要求,选用一些不同功能的液压基本回路加以适当组合而构成的。在液压系统原理图中,各元件及它们之间的连接与控制方式均用国标规定的图形符号绘出。

分析液压系统,主要是读液压系统图,其方法和步骤是:

① 了解液压系统的任务、工作循环、应具备的性能和需要满足的要求;

② 查阅系统图中所有的液压元件及其连接关系,分析它们的作用及其所组成的回路功能;

③ 分析油路,了解系统的工作原理及特点。

▶▶ 10.1 Q2-8型液压起重机液压系统

如图10-1所示是Q2-8型汽车起重机外形。它由汽车1、转台2、支腿3、吊臂变幅液压缸4、基本臂5、吊臂伸缩液压缸6和起升机构7等组成。其主要部分的作用如下。

① 转台:使吊臂回转。

② 支腿:起重作业时使轮胎脱离地面,并可调整车的水平。

③ 吊臂伸缩机构:改变吊臂长度。

④ 吊臂变幅机构:改变吊臂倾角。

⑤ 起升机构:使重物升降。

这台汽车起重机最大起重量为8t,最大起重高度为11.5m。

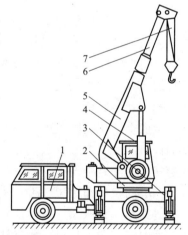

图 10-1 Q2-8型汽车起重机外形

1—汽车;2—转台;3—支腿;
4—吊臂变幅液压缸;5—基本臂;
6—吊臂伸缩液压缸;7—起升机构

10.1.1 液压系统的工作原理

Q2-8型汽车起重机的液压系统如图10-2所示。该系统属于中高压系统,用一个轴向柱塞泵作动力源,由汽车发动机通过传动装置(取力箱)驱动工作。整个系统由支腿收放、转台回转、吊臂伸缩、吊臂变幅和吊重起升五个工作支路所组成。其中,前、后支腿收放支路的手动换向阀A、B组成一个阀组(双联多路阀,如图中1),其余四支路的手动换向阀C、D、E、F组成另一阀组(四联多路阀,如图中2)。各换向阀均为M型中位机能三位四通手动换向阀,相互串联组合,可实现多缸卸荷。

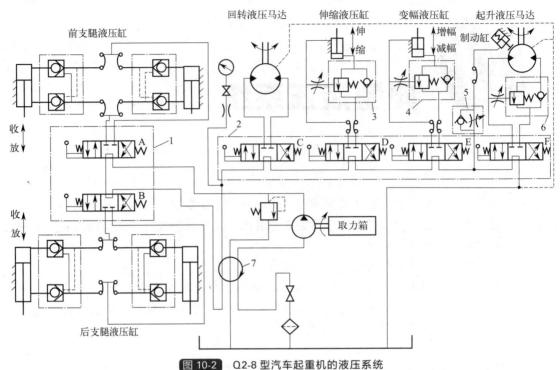

图 10-2　Q2-8 型汽车起重机的液压系统

1，2—阀组；3，4，6—平衡阀；5—单向节流阀；7—旋转接头

系统中除液压泵、安全阀、阀组 1 及支腿液压缸外，其他液压元件都装在可回转的上车部分。油箱也装在上车部分，兼作配重。上车和下车部分的油路通过中心旋转接头 7 连通。

(1) 支腿收放支路　由于汽车轮胎支承能力有限，且为弹性变形体，作业时很不安全，故在起重作业前必须放下前、后支腿，使汽车轮胎架空，用支腿承重。在行驶时又必须将支腿收起，轮胎着地。为此，在汽车的前、后端各设置两条支腿，每条支腿均配置有液压缸。前支腿两个液压缸同时用一个手动换向阀 A 控制其收、放动作，后支腿两个液压缸用手动换向阀 B 来控制其收、放动作。为确保支腿停放在任意位置并能可靠地锁住，在每一个支腿液压缸的油路中设置一个由两个液控单向阀组成的双向液压锁。

当手动换向阀 A 在左位工作时，前支腿放下，其进、回油路线如下。

进油路：液压泵→手动换向阀 A→液控单向阀→前支腿液压缸无杆腔；

回油路：前支腿液压缸有杆腔→液控单向阀→手动换向阀 A→手动换向阀 B→手动换向阀 C→手动换向阀 D→手动换向阀 E→手动换向阀 F→油箱。

后支腿液压缸用手动换向阀 B 控制，其油液流经路线与前支腿支路相同。

(2) 转台回转支路　转台回转支路的执行元件是一个大转矩液压马达，它能双向驱动转台回转。通过齿轮、蜗杆机构减速，转台可获得 1～3r/min 的低速。马达由手动换向阀 C 控制正、反转，其油路如下。

进油路：液压泵→手动换向阀 A→手动换向阀 B→手动换向阀 C→回转液压马达；

回油路：回转液压马达→手动换向阀 C→手动换向阀 D→手动换向阀 E→手动换向阀 F→油箱。

(3) 吊臂伸缩支路　吊臂由基本臂和伸缩臂组成，伸缩臂套装在基本臂内，由吊臂伸缩液压缸带动作伸缩运动。为防止吊臂在停止阶段因自重作用而向下滑移，油路中设置了平衡阀 3（外控式单向顺序阀）。吊臂的伸缩由手动换向阀 D 控制，使伸缩臂具有伸出、缩回和停止三种工况。例如，当手动换向阀 D 在右位工作时，吊臂伸出。其油流路线如下。

进油路：液压泵→手动换向阀 A→手动换向阀 B→手动换向阀 C→手动换向阀 D→平衡阀 3 中的单向阀→伸缩液压缸无杆腔；

回油路：伸缩液压缸有杆腔→手动换向阀 D→手动换向阀 E→手动换向阀 F 油箱。

（4）吊臂变幅支路　变幅要求工作平稳可靠，故在油路中也设置了平衡阀 4。增幅或减幅运动由手动换向阀 E 控制，其油液流动路线类同于伸缩支路。

（5）吊重起升支路　吊重起升支路是本系统的主要工作油路。吊重的提升和落下作业由一个大转矩液压马达带动绞车来完成。液压马达的正、反转由手动换向阀 F 控制，马达转速即起吊速度可通过改变发动机油门（转速）及控制手动换向阀 F 来调节。油路设有平衡阀 6，用以防止重物因自重而下落。由于液压马达的内泄漏比较大，当重物吊在空中时，尽管油路中设有平衡阀，重物仍会向下缓慢滑移，为此，在液压马达驱动的轴上设有制动器。当起升机构工作时，在系统油压作用下，制动器液压缸使闸块松开；当液压马达停止转动时，在制动器弹簧作用下，闸块将轴抱紧。当重物悬空停止后再次起升时，若制动器立即松闸，马达的进油路可能未来得及建立足够的油压，就会造成重物短时间失控下滑。为避免这种现象产生，在制动器油路中设置了单向节流阀 5，使制动器抱闸迅速，松闸却能缓慢进行（松闸时间用节流阀调节）。

10.1.2　液压系统的主要特点

① 系统中采用了平衡回路、锁紧回路和制动回路，能保证起重机工作可靠、操作安全。

② 采用三位四通手动换向阀不仅可以灵活方便地控制换向动作，还可通过手柄操纵来控制流量，以实现节流调速。在起升工作中，将此节流调速方法与控制发动机转速的方法结合使用，可以实现各工作部件微速动作。

③ 换向阀串联组合，不仅各机构的动作可以独立进行，而且在轻载作业时，可实现起升和回转复合动作，以提高工作效率。

④ 各换向阀的中位机能均为 M 型，处于中位时系统即卸荷，能减少功率损耗，适于间歇性工作。

10.2　组合机床动力滑台液压系统

动力滑台是组合机床用来实现进给运动的通用部件，配置动力头和主轴箱后可以对工件完成孔加工、端面加工等工序。液压动力滑台用液压缸驱动，可实现多种进给工作循环。

现以 YT4543 型动力滑台为例分析其液压系统的工作原理和特点。YT4543 型动力滑台进给速度范围为 6.6～600mm/min，最大进给力为 4.5×10^4 N。如图 10-3 所示为 YT4543 型动力滑台的液压系统。

10.2.1　YT4543 型动力滑台液压系统的工作原理

（1）快进　按下启动按钮，电磁铁 1YA 通电，电液换向阀 4 左位接入系统，顺序阀 13 因系统压力低而处于关闭状态，变量泵 2 则输出较大流量，这时液压缸 5 两腔连通，实现差动快进，其油路为：

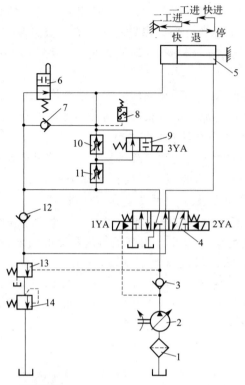

图 10-3　YT4543 型动力滑台的液压系统

1—过滤器；2—变量泵；3，7，12—单向阀；4—换向阀；5—液压缸；6—行程阀；
8—压力继电器；9—二位二通换向阀；10，11—调速阀；13—顺序阀；14—背压阀

进油路：过滤器 1→泵 2→单向阀 3→换向阀 4→行程阀 6→液压缸 5 左腔。

回油路：液压缸 5 右腔→换向阀 4→单向阀 12→行程阀 6→液压缸 5 左腔。

(2) 第一次工作进给　当滑台快进结束时，挡块压下行程阀 6，切断快速运动进油路，电磁铁 1YA 继续通电，阀 4 仍以左位接入系统。这时液压油只能经调速阀 11 和二位二通换向阀 9 进入液压缸 5 左腔。由于工进时系统压力升高，变量泵 2 便自动减小其输出流量，顺序阀 13 此时打开，单向阀 12 关闭，液压缸 5 右腔的回油最终经背压阀 14 流回油箱，这样就使滑台转为第一次工作进给运动。进给量的大小由阀 11 调节，其油路为：

进油路：过滤器 1→泵 2→阀 3→阀 4→阀 11→阀 9→液压缸 5 左腔。

回油路：液压缸 5 右腔→阀 4→阀 13→阀 14→油箱。

(3) 第二次工作进给　第二次工作进给油路和第一次工作进给油路基本上是相同的，所不同之处是当第一次工进结束时，滑台上挡块压下行程开关，发出电信号使阀 9 电磁铁 3YA 通电，使其油路关闭，这时液压油须通过阀 11 和 10 进入液压缸左腔。回油路和第一次工作进给完全相同。因调速阀 10 的通流面积比调速阀 11 通流面积小，故第二次工作进给的进给量由调速阀 10 来决定。

(4) 止挡块停留　滑台完成第二次工作进给后，碰上止挡块即停留下来。这时液压缸 5 左腔的压力升高，使压力继电器 8 动作，发出电信号给时间继电器，停留时间由时间继电器调定。设置止挡块可以提高滑台加工进给的位置精度。

(5) 快速退回　滑台停留时间结束后，时间继电器发出信号，使电磁铁 1YA、3YA 断

电，2YA 通电，这时阀 4 右位接入系统。因滑台返回时负载小，系统压力低，变量泵 2 输出流量又自动恢复到最大，滑台快速退回，其油路为：

进油路：过滤器 1→泵 2→阀 3→阀 4→液压缸 5 右腔。

回油路：液压缸 5 左腔→阀 7→阀 4→油箱。

(6) 原位停止　滑台快速退回到原位，挡块压下原位行程开关，发出信号，使电磁铁 2YA 断电，至此全部电磁铁皆断电，阀 4 处于中位，液压缸两腔油路均被切断，滑台原位停止。这时变量泵 2 出口压力升高，输出流量减到最小，其输出功率接近于零。

系统图中各电磁铁及行程阀的动作顺序见表 10-1（电磁铁通电、行程阀压下时，表中记"＋"号；反之，记"－"号）。

表 10-1　电磁铁和行程阀动作顺序表

动作	电磁铁			行程阀
	1YA	2YA	3YA	
快进	＋	－	－	－
一次工进	＋	－	－	＋
二次工进	＋	－	＋	＋
止挡块停留	＋	－	＋	＋
快退	－	＋	－	±
原位停止	－	－	－	－

10.2.2　动力滑台液压系统的特点

① 系统采用了"限压式变量叶片泵＋调速阀＋背压阀"式的容积节流（进口）调速回路。用变量泵供油可使空载时获得快速（泵的流量大）。工进时，负载增加，泵的流量会自动减小，且无溢流损失，因而功率的利用合理。用调速阀调速可保证工作进给时获得稳定的低速（最小可达 6.6mm/min）、有较好的速度刚性。调速阀设在进油路上，便于利用压力继电器发信号实现动作顺序的自动控制。回油路上加背压阀能防止负载突然减小时产生的前冲现象，并能使工进速度平稳。同时其调速范围较大（达 100r/min 左右）。

② 系统采用了限压式变量泵和差动连接液压缸来实现快进，能量利用比较合理。滑台停止运动时，换向阀使液压泵在低压下卸荷，减少能量损耗。

③ 采用行程阀和顺序阀实现快进与工进换接，不仅简化了油路，而且使动作可靠，换接精度高。至于两个工进之间的换接，则由于两者速度都较低，采用电磁阀完全能保证换接精度。

④ 采用换向时间可调的电液换向阀来切换回路，使滑台的换向更加平稳，冲击和噪声小。

动力滑台的行程范围及有关加工行程主要靠行程挡块来保证和调节，加工过程中滑台在死挡块处的停留时间可用延时继电器来实现。

▶▶ 10.3　连铸机中间包滑动水口液压系统

10.3.1　连铸机工艺

连铸机工艺过程如图 10-4 所示。

连铸机中的中间包是连铸生产线上的重要设备。滑动水口是安装在中间包底部用来控制钢液从中间包流到结晶器的流量。年产 400 万吨板坯的大型连铸机的中间包底部装有 2 套液压滑动水口装置。液压滑动水口克服了塞棒操作时出现的断裂、熔融、变形、钢流关不住等故障。

滑动水口主要参数：

水口滑动行程	120mm	滑动速度	60mm/s
驱动方式	油缸直接驱动	驱动力	87.7kN

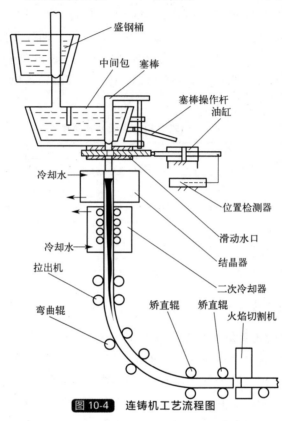

图 10-4　连铸机工艺流程图

10.3.2　主要参数

油泵：

型式	轴向柱塞泵 2 台（其中一台备用）
压力	14MPa
流量	75dm^3/min

油缸：

型式	双杆活塞式 1 台
规格	ϕ100mm×ϕ45mm×100mm
工作压力	14MPa

蓄能器：

数量	2 个
容量	50dm^3
预充氮气压力	7～8MPa

油箱：

容量	500dm^3

电机功率　　　　　22kW，2台（一台备用）
位置检测器检测行程　120mm
工作介质：
类型　　　　　　　脂肪酸酯
性能　　黏度较高，有较好的防气蚀性能，最高温度界限150～180℃。

10.3.3 液压系统工作原理

连铸机滑动水口液压系统由两台液压泵（其中一台备用）、蓄能器、滤油器、冷却器及阀组组成，如图10-5所示。

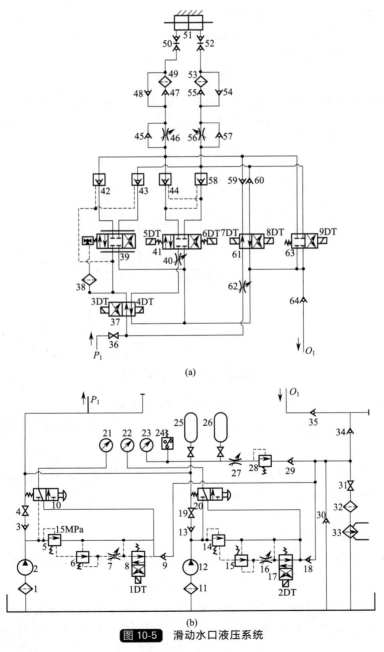

图 10-5　滑动水口液压系统

工程泵过载时可自动卸荷，同时备用泵自行启动向系统供油，换接过程由电气元件与电磁铁 1DT、2DT 互锁控制。当蓄能器压力低于 10MPa 时，操作者可手动启动备用液压泵向系统和蓄能器供油，常用液压泵一般不向蓄能器供油、处于卸荷状态。元件 6、7 是为防止卸荷时的振动设计的。油箱油量少于 250L 时所有液压泵均停转，但蓄能器可保证液压泵停转时尚能进行一次以上的滑动水口动作并使水口关闭。溢流阀与调定压力为 15MPa。系统的回油均经滤油器 32 回油箱，滤油精度为 $25\mu m$，滤油器污染堵塞时回油经单向阀 30 回油箱，单向阀开启压力为 0.4MPa。当油温超过调定值时，温度检测器发出信号使冷却器 33 工作，压力继电器有四个接点，其调定值如下：

① 压力低于 1MPa 时，液压泵负载。
② 压力高于 14MPa 时，液压泵卸荷。
③ 压力低于 10MPa 时，压力下降报警。
④ 压力低于 9MPa 时，压力最低报警。

本系统可以进行自动、手动和紧急状态三种操作方式。

(1) 自动控制　自动控制是利用液位检测信号和水口实际位置的位置检测信号与设定值相比较所产生的误差来控制滑动水口驱动液压缸动作，自动调节滑动水口开度的大小以调节钢液流量，实现随动控制。其工作流程如图 10-6 所示。

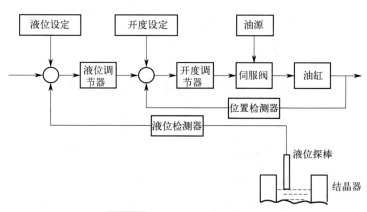

图 10-6　滑动水口控制流程图

当关闭节流阀 62，4DT 通电。滑动水口开启时的主油路为：

进油路：压力油源 P_1→截止阀 36→ 换向阀 37 右位 →伺服阀 39 右位→液控单向阀
　　　　　　　　　　　　　　　　　　　　　　↓
　　　　　　　　　　　　　　　　　液控单向阀 43、42K 口

43→节流阀 56→单向阀 54→快速接头 52→液压缸 51 右腔，活塞左移，滑动水口开启。

回油路：油缸左腔→快速接头 50→滤油器 49→单向阀 47→单向阀 45→液控单向阀 42→伺服阀 39 右位→单向阀 64→油箱。

滑动水口关闭时的主油路为：

进油路：压力油源 P_1→截止阀 36→ 换阀 37 右位 →伺服阀 39 左位→液控单向阀 42→
　　　　　　　　　　　　　　　　　　　　　　↓
　　　　　　　　　　　　　　　　　液控单向阀 42、43K 口

节流阀 46→单向阀 48→快速接头 50→液压缸 51 左腔，活塞右移，滑动水口关闭。

回油路：液压缸右腔→快速接头 52→滤油器 53→单向阀 55→单向阀 57→液控单向阀

43→伺服阀 39 左位→单向阀 64→油箱。

(2) 手动控制　控制电磁铁 3DT，5DT，6DT 就可以进行手动控制。滑动水口开启时，使 3DT 和 6DT 通电，主油路是：

进油路：压力油源 P_1→截止阀 36→换向阀 37 左位→节流阀 40→ 换向阀 41 右位 →液控单向阀 58→节流阀 56→单向阀 54→快速接头 52→液压缸 51 右腔，活塞左移，滑动水口开启。（液控单向阀 44K 口）

回油路：液压缸 51 左腔→快速接头 50→滤油器 49→单向阀 47→单向阀 45→液控单向阀 44→换向阀 41 右位→单向阀 64→油箱。

滑动水口关闭时 3DT 和 5DT 通电，主油路是：

进油路：压力油源 P_1→截止阀 36→换向阀 37 左位→ 换向阀 41 左位 →液控单向阀 44→节流阀 46→单向阀 48→快速接头 50→液压缸 51 左腔。活塞右移，滑动水口关闭。（液控单向阀 58K 口）

回油路：液压缸 51 右腔→快速接头 52→滤油器 53→单向阀 55→单向阀 57→液控单向阀 58→换向阀 41 左位→单向阀 64→油箱。

(3) 紧急关闭滑动水口控制　正常情况下 8DT 通电，7DT 断电。当出现紧急情况时，可手动控制使 7DT 通电，8DT 断电。其主油路是：

进油路：压力油源 P_1→截止阀 36→节流阀 62→换向阀 61 左位→单向阀 59→节流阀 46→单向阀 48→快速接头 50→液压缸左腔。活塞右移、滑动水口关闭。

回油路：液压缸 51 右腔→快速接头 52→滤油器 53→单向阀 55→单向阀 57→液控单向阀 60→换向阀 61 左位→单向阀 64→油箱。

(4) 卸荷状态　为检修或排除故障，可使系统卸压，使 7DT、9DT 通电即可，其主油路是：

压力油源 P_1→截止阀 36→节流阀 62→换向阀 61 左位→单向阀 59→换向阀 63 右位→单向阀 64→油箱。

10.4　高炉泥炮液压系统

10.4.1　泥炮的用途与机械工作原理

高炉在出铁完毕至下一次出铁之前，出铁口必须堵住。堵塞出铁口的办法是用泥炮将一种特制的炮泥推入出铁口内，炉内高温将炮泥烧结固状而实现堵住出铁口的目的。下次出铁时再用开孔机将出铁口打开。

泥炮的类型有气动、电动和液压传动泥炮。目前广泛采用液压泥炮。日产万吨生铁的大型高炉（4063m³）有四个出铁口，各配有一台相同型号的液压泥炮。

(1) 旋转装置　旋转装置的作用是将打泥装置旋转到炉口前或退后到装泥、检修等的位置上。旋转装置是由一个带有减速器的液压马达驱动的。

(2) 保持装置　保持装置的作用是使打泥装置倾斜一定角度，将炮嘴对准出铁口并支持打泥装置推泥，此动作也称为压炮。

(3) 钩锁装置　在泥炮的支架上设有一个钩子，在基础上设有一个钩座。推泥时钩子可以自动地搭在钩座上,承受推泥时的反力矩。脱钩由液压缸驱动进行。

(4) 打泥装置　打泥装置的作用是将炮泥推入出铁口内。它的前部有喷嘴、炮筒和投泥口,后部是推泥缸。

10.4.2　泥炮液压系统

泥炮液压系统是由三个液压缸和一个液压马达来完成各部分动作的,泥液压传动系统如图 10-7、图 10-8 所示。

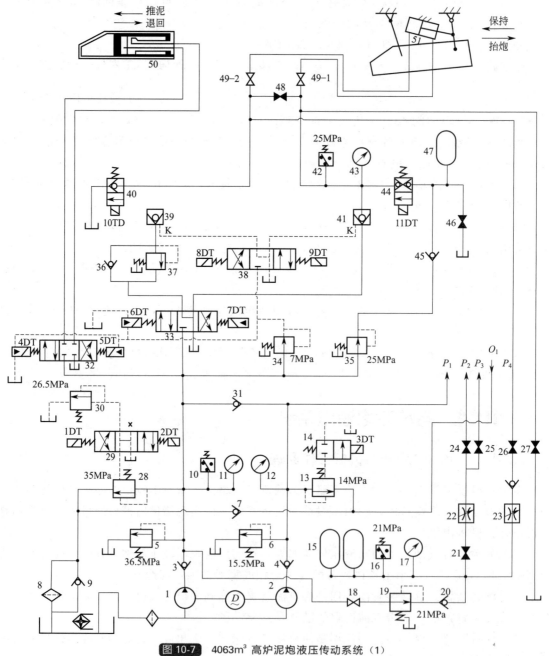

图 10-7　4063m³ 高炉泥炮液压传动系统(1)

—▷◁— 为常开截止阀,—▶◀— 为常闭截止阀

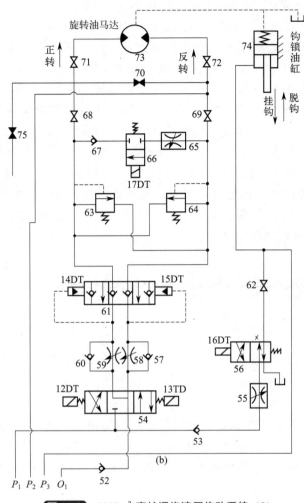

图 10-8　4065m³ 高炉泥炮液压传动系统（2）

(1) 主要参数

① 工作压力。打泥系统（35MPa）、保持系统（25MPa）、旋转和钩锁系统（14MPa）。

② 高压泵。型式（柱塞式）、额定压力（35MPa）、额定流量（123dm³/min）、电机功率（32kW）。

③ 低压泵。型式（叶片式）、额定压力（14MPa）、额定流量（82dm³/min）。

④ 蓄能器（压炮用）。型式（活塞式）、最高使用压力（25MPa）、容积（5dm³）、预充氮气压力（13MPa）。

⑤ 蓄能器（停电时用）。型式（球胆型）、最高使用压力（21MPa）、容积（60dm³）、预充氮气压力（10MPa）。

⑥ 油箱容积（1200dm³）。

⑦ 纯磷酸酯型（难燃型）。

⑧ 充填液压缸规格（ϕ470mm×ϕ320mm×1195mm）。

⑨ 保持液压缸规格（ϕ250mm×ϕ160mm×480mm）。

⑩ 液压马达规格。排量（72.6dm³）、扭矩[2550N·m（14MPa 时）]。

⑪ 钩锁装置液压缸规格（$\phi 50\text{mm} \times \phi 22.4\text{mm} \times 150\text{mm}$）。

（2）液压系统工作原理　在液压站设有两套液压装置，出现故障时可替换进行工作。由图10-7可知：系统由一台高压泵和一台低压泵供油。高压泵为充填和保持装置供油。操作电磁换向阀29可使系统实现二级调压（35MPa和26.5MPa）或卸荷。低压泵为旋转和钩锁装置供油，当系统压力达14MPa时，压力继电器可使泵卸荷。蓄能器15能保证保持、旋转和钩锁装置完成一次全行程动作。蓄能器47的作用是使保持装置保持强大的保持力。安全阀63、64兼起抵消由于紧急制动而产生的冲击。开始正转时电磁换向阀66的电磁铁处于断电状态，正转完毕电磁铁通电起分流作用。打开截止阀48、70可人力推动旋转装置和保持装置强行启动。当炮嘴压住出铁口时，若停电，可把二位换向阀40、44手动推入并锁紧使其继续工作。当充填装置推泥停电时，可手动操作电液换向阀32使其推泥动作继续进行。停电时打开截止阀26、27可使保持装置上升；打开截止阀21、25可使钩锁装置脱钩；打开截止阀21、24、75可使旋转装置动作。

① 打泥液压缸工作过程

a. 打泥时使电磁铁1DT和4DT通电，其主油路为：

进油：泵1→单向阀3→电液换向阀32左位→缸50左腔，使活塞左移。

回油：缸50右腔→电液换向阀32左位→油箱。

b. 退回时，使电磁铁1DT，5DT通电，其主油路为：

进油：泵1→单向阀3→电液换向阀32右位→缸50右腔，使活塞右移。

回油：缸50左腔→电液换向阀32右位→油箱。

② 保持液压缸工作过程

a. 保持时，使7DT和9DT通电，此时控制压力油经减压阀34→电磁换向阀38→液控单向阀39K口将单向阀打开。其主油路为：

进油：泵1→单向阀3→电液换向阀33右位→液控单向阀41→截止阀49-1→缸51右腔，使活塞左移。

回油：缸51左腔→截止阀49-2→液控单向阀39→顺序阀37→电液换向阀33右位→油箱。

b. 抬炮时，使6DT和8DT通电，此时控制压力油将液控单向阀41打开。其主油路为：

进油：泵1→单向阀3→电液换向阀33左位→单向阀36→液控单向阀39→截止阀49-2→缸51左腔，使活塞右移。

回油：缸51右腔→截止阀49-1→液控单向阀41→电液换向阀33左位→油箱。

③ 旋转装置液压马达工作过程

a. 正转时，使13DT和14DT通电，其主油路为：

进油：泵2→单向阀4→电磁换向阀54右位→单向阀60→液控换向阀61左位→截止阀68、71→液压马达左腔。

回油：液压马达右腔→截止阀72、69→液控换向阀61左位→节流阀58→电磁换向阀54右位→单向阀52、7→滤油器8→油箱。

b. 反转时，使12DT和15DT通电。其主油路为：

进油：泵2→单向阀4→电磁换向阀54左位→单向阀57→液控换向阀61右位→截止阀69、72→液压马达73右腔。

回油：液压马达73左腔→截止阀71、68→液控换向阀61右位→节流阀59→电磁换向阀 54 左位→单向阀 52、7→滤油器 8→油箱。

④ 钩锁装置液压缸工作过程

a. 脱钩时，使 16DT 通电。其主油路为：

进油：泵 2→单向阀 4、53→节流阀 55→电磁换向阀 56 左位→截止阀 62→缸 74 下腔，使活塞上移。

b. 搭钩时，使 16DT 断电，弹簧力使其活塞下移、

回油：缸 74 下控→截止阀 62→电磁换向阀 56 右位→油箱。

10.5 液压机液压系统

10.5.1 概述

液压机是一种可用于加工金属、塑料、木制、皮革、橡胶等各种材料的压力加工机床，能完成锻压、冲压、冷挤、校直、弯曲、成形、打包等多种工艺，具有压力和速度可大范围无级调整，可在任意位置输出全部功率和保持所需压力等许多优点，因而被广泛应用。

液压机按其所用的工作介质不同，可分为油压机和水压机两种；按机体的结构不同，有单臂式、柱式和框架式等。其中以柱式液压机应用较广泛。如图 10-9 所示，这种压力机由四个导向立柱，上、下横梁和滑块组成，在上、下横梁中安置着上、下两个液压缸，上缸为主液压缸，下缸为顶出缸。

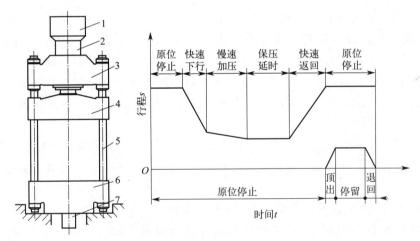

图 10-9　柱式液压机的组成及动作循环图

1—充液箱；2—上缸；3—上横梁；4—滑块；5—导向立柱；6—下横梁；7—顶出缸

液压机要求液压系统完成的主要动作是：主液压缸驱动滑块快速下行、慢速加压、保压延时、快速返回及在任意点停止；顶出活塞缸的顶出、退回等。在作薄板拉伸时，有时还需要利用顶出液压缸将坯料压紧，以防止周边起皱。这时顶出液压缸下腔需保持一定的压力并随主缸一起下行。

10.5.2 万能液压机液压系统的工作原理

如图 10-10 所示为 YB32-200 型四柱万能液压机的液压系统原理图。

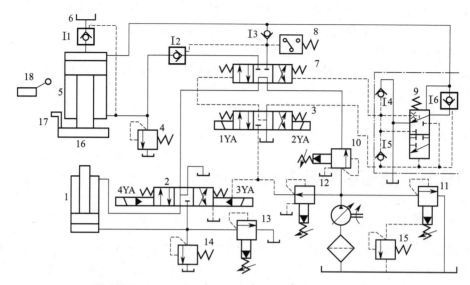

图 10-10　YB32-200 型四柱万能液压机的液压系统原理图

1—下缸（顶出缸）；2—下缸电液换向阀；3—主缸先导阀；4—主缸安全阀；5—上缸（主缸）；
6—充液箱；7—主缸换向阀；8—压力继电器；9—释压阀；10—顺序阀；11—泵站溢流阀；12—减压阀；
13—下缸溢流阀；14—下缸安全阀；15—远程调压阀；16—滑块；17—挡块；18—行程开关

（1）主缸的运动

① 快速下行　快速下行时，电磁铁 1YA 通电，先导阀 3（电磁换向阀）和主缸换向阀 7（液动换向阀）左位接入系统，液控单向阀Ⅰ2 被打开。在上缸 5 快速下行的起初阶段，尚未触及工件时，主缸活塞在自重作用下迅速下行。这时液压泵的流量较小，还不足以补充主缸上腔空出的体积，因而上腔形成真空。处于液压机顶部的充液箱 6 在大气压作用下，打开液控单向阀Ⅰ1 向主缸上腔加油，使之充满油液，以便主缸活塞下行到接触工件时，能立即进行加压。这时系统中油液流动的情况为：

进油路：液压泵→顺序阀 10→主缸换向阀 7（左位）→单向阀Ⅰ3→主缸 5 上腔。

回油路：主缸 5 下腔→液控单向阀Ⅰ2→主缸换向阀 7（左位）→下缸电液换向阀 2（中位）→油箱。

② 接触工件，慢速加压　在滑块 16 接触到工件后，阻力增加，这时主缸 5 上腔压力迅速升高，关闭液控单向阀Ⅰ1，这时只有液压泵继续向主缸上腔提供高压油，推动活塞慢速下行，对工件加压。加压速度仅由液压泵的流量来决定，油液流动情况与快速下行相同。

③ 保压延时　当主缸上腔的油压达到预定数值时，压力继电器 8 发出信号，使电磁铁 1YA 断电，主缸先导阀 3 和主缸换向阀 7 都回复中位，主缸上、下油腔封闭。液压泵处于卸荷状态，系统中没有油液流动。而单向阀Ⅰ3 被高压油自动关闭，主缸上腔进入保压状态。保压时间由压力继电器 8 控制的时间继电器（图中未画出）控制，能在 0～24min 内调节。这时的油液流动情况为：

液压泵→顺序阀 10→主缸换向阀 7（中位）→下缸电液换向阀 2（中位）→油箱。

④ 泄压、快速返回　保压结束（到了预定的保压时间）后，时间继电器发出信号，使电磁铁 2YA 通电，主缸先导阀 3 右位接入系统，释压阀 9 使主缸换向阀 7 也以右位接

入系统。这时液控单向阀Ⅰ1被打开，使主缸上腔的排油全部排回充液箱6，当充液箱6内液面超过预定位置时，多余油液由溢流管（图中未画出）排回主油箱。油液流动情况为：

进油路：液压泵→顺序阀10→主缸换向阀7（右位）→液控单向阀Ⅰ2→主缸5下腔。

回油路：主缸5上腔→液控单向阀Ⅰ1→充液箱6。

液压机中的释压阀9是为了防止保压状态向快速返回状态转变过快，在系统中引起压力冲击而设置的。因为若此时主缸上腔立即与回油相通，则系统内液体积蓄的弹性能将突然释放出来，产生液压冲击，造成机器和管路的剧烈振动，发出很大噪声，所以保压后必须先泄压再返回。故系统中设置了释压阀9，它的主要功能是使主缸5上腔释压之后，压力油才能通入该缸下腔，从而实现由保压状态向快速返回状态的平稳转换，其工作原理如下：在保压阶段，释压阀9以上位接入系统；当电磁铁2YA通电，主缸先导阀3右位接入系统时，控制油路中的压力油虽已进入释压阀阀芯的下端，但由于其上端的高压未曾释放，阀芯不动。而液控单向阀Ⅰ6（阀芯中带有小型卸荷阀芯）是可以在控制压力低于其主油路压力下打开的，因此泄压油路路线为：

主缸5上腔→液控单向阀Ⅰ6→释压阀9（上位）→油箱。

于是主缸5上腔的压力经液控单向阀Ⅰ6逐渐释放，释压阀9的阀芯逐渐向上移动，最终以其下位接入系统，它一方面切断主缸5上腔通向油箱的通道，一方面使控制油路中的压力油进入主缸换向阀7阀芯的右端，使其右位接入系统，实现滑块的快速返回。另外，主缸换向阀7在由左位转换到中位时，阀芯右端由油箱经单向阀Ⅰ4补油；在由右位转换到中位时，阀芯右端的油液经单向阀Ⅰ5排回油箱。

⑤ 原位停止　当顶出缸1到预定位置时，滑块上的挡块17触动行程开关18，使电磁铁2YA断电，主缸先导阀3和主缸换向阀7都回复到中位。主缸被阀7锁紧，活塞停止运动，此时液压泵在低压下卸荷。

（2）顶出缸的运动　顶出缸1的动作是在主缸停止运动后进行的。因为进入顶出缸的压力油必须先经过主缸换向阀7的中位（即主缸停止运动的位置），然后进入控制顶出缸运动的换向阀2，从而实现了主缸和顶出缸运动的互锁。

① 顶出缸顶出　顶出缸的初始位置是活塞处于最下端。执行向上顶出动作时，电磁阀3YA通电，主缸先导阀3和主缸换向阀7都处于中位，其油流路线为：

进油路：液压泵→顺序阀10→主缸换向阀7（中位）→下缸电液换向阀2（右位）→下缸1下腔。

回油路：下缸1上腔→下缸电液换向阀2（右位）→油箱。

顶出缸活塞上升、顶出，以便取出压制成型的工件。

② 顶出缸退回　顶出缸向下退回时，电磁铁3YA断电、4YA通电，这时油流路线为：

进油路：液压泵→顺序阀10→主缸换向阀7（中位）→下缸电液换向阀2（左位）→下缸1上腔。

回油路：下缸1下腔→下缸电液换向阀2（左位）→油箱。

③ 顶出缸停止　电磁铁3YA、4YA都断电，下缸电液换向阀2处于中位，顶出缸停止运动。

表10-2为该系统电磁铁的动作顺序。

表 10-2 电磁铁动作顺序

动作名称		电磁铁			
		1YA	2YA	3YA	4YA
主缸(上缸)	快速下行	+	—	—	—
	慢速加压	+	—	—	—
	保压延时	—	—	—	—
	快速返回	—	+	—	—
	原位停止	—	—	—	—
顶出缸(下缸)	顶出	—	—	+	—
	退回	—	—	—	+
	停止	—	—	—	—

10.5.3 四柱万能液压机液压系统的主要特点

① 系统是利用主缸活塞、滑块自重的作用实现快速下行,并利用充液箱和液控单向阀 Ⅰ1 对主缸充液,从而减小泵的流量,简化油路结构。

② 系统中采用了释压阀来实现主缸滑块快速返回时主缸换向阀的延时换向(先卸压后换向),保证液压机动作平稳,不会在换向时产生液压冲击和噪声。

③ 系统利用管道和密封油液的弹性变形来实现保压,方法简单,但对液控单向阀和液压缸等元件的密封性能要求较高。

④ 主缸与下缸的运动互锁,以确保操作安全。

⑤ 系统中的两个液压缸各有一个安全阀进行过载保护。

【例 10-1】 图 10-11 为 2500kN 粉末制品液压机液压系统图。其自动循环动作顺序如下:(1) 送料Ⅲ驱动送料器前进到最前位置,推出上次制件;(2) 下缸Ⅱ上升到上端位置;(3) 送料缸Ⅲ振动后退回;(4) 定量加料装置向送料器加料;(5) 上活塞Ⅰ快速下降,上模接触粉末之前减速下行接触粉末;(6) 上活塞Ⅰ继续下降,压制工件,凹模浮动下降,直至规定压力;(7) 保压;(8) 卸压;(9) 下活塞Ⅱ下降脱模,制件突出在凹模之上;(10) 上活塞Ⅰ回程。

根据液压机自动循环动作顺序,阅读该液压系统,并完成以下工作:(1) 写出标 1~18 的液压元件名称;(2) 说明各工步的油流走向;(3) 指出压力阀 6、8、17 的作用;(4) 说明使上活塞Ⅰ快速下行的主要措施。

解:(1) 标号 1~18 的元件名称。

1—低压泵;2—高压变量泵;3—卸荷调节阀;4,11,16—电液动换向阀;5,10—节流阀;6,8,17—溢流阀;7—控制泵;9—二位三通电磁换向阀;12,18—单向阀;13—充液阀;14—单向顺序阀;15—压力继电器。

(2) 各工步的油流走向。

① 送料缸Ⅲ回路。

启动辅助泵 7,油液→阀 9→缸Ⅲ右腔。缸Ⅲ左腔→阀 10→阀 9→缸Ⅲ右腔(差动)。电磁铁 1YA 通、断和无触点行程开关相配合,实现缸Ⅲ往复运动(即振动),完成动作顺序 (1) 和 (3)。

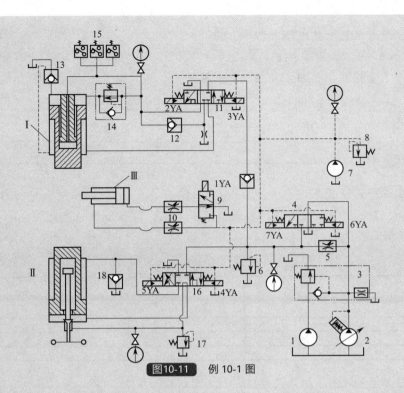

图10-11 例10-1图

② 上缸Ⅰ回路。

启动控制泵7、主液压泵组1、2，7YA、2YA通电，压力油→阀3→阀4→阀11→上缸Ⅰ中的增速缸上腔。

增速缸下腔排油→阀11→阀12→增速缸上腔，构成部分差动回路。充液阀13打开，上缸Ⅰ工作腔充液。

无触点行程开关发信，6YA通电，切断阀4通道，压力油→节流阀5→阀11→阀12→增速缸上腔，节流阀5形成的阻力使液压泵压力升高，低压泵1卸荷，活塞Ⅰ减速。

活塞Ⅰ凸模接触制件后，系统压力逐渐升高，超过阀14调定压力，压力油除进入增速缸外，同时进入工作腔，阀13关闭。上活塞进入全压慢速压制。

活塞Ⅰ进程终止后，通过溢流阀6实行开泵溢流，实现保压。

3YA通电，压力油→阀11→上活塞Ⅰ下腔，上活塞回程。在压力油作用下，充液阀13打开，上活塞上腔回油经阀13同充液箱。

③ 下缸Ⅱ回路。

下缸Ⅱ活塞升、降由阀16控制。

阀16处于中位时，下缸Ⅱ活塞可以向下浮动，浮动时上腔通过阀18从油箱吸油。

当4YA通电，阀16右位接入系统，下缸活塞实现上升。

④ 控制油路。控制油由辅助泵7提供，溢流阀8调整控制压力，作为电液动换向阀4、11、16的控制油源。

(3) 压力阀6、8、17的作用。

① 压力阀6：上缸Ⅰ行程终端实现保压时，通过溢流阀6进行开泵溢流，实现保压。故溢流阀6的调整压力为保压压力。

② 压力阀8：调整控制油路压力的溢流阀。
③ 压力阀17：下缸活塞向下实现浮动时，其浮动压力通过溢流阀17调节。
(4) 上活塞Ⅰ快速下行的主要措施。双泵供油、增速缸及差动连接等。

思考题

1. 指出图1所示液压系统，具有（　　）、（　　）、（　　）和（　　）的功能和作用，图中 $Q_A > Q_B$。液压缸的活塞实现"快进、第一工进、第二工进和快退"的动作循环时，填出电磁铁通电情况表1。

表1　电磁铁通电情况

动作＼DT	1DT	2DT	3DT	4DT
快进				
一工进				
二工进				
快退				

2. 指出图2所示液压系统，具有（　　）、（　　）、（　　）、（　　）、（　　）和（　　）的功能和作用，并填出电磁铁动作情况表2。

表2　电磁铁通电情况

动作＼DT	1DT	2DT	3DT	4DT
A夹紧				
B快进				
B工进				
B快退				
B停止				
A松开				

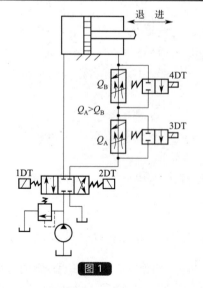

图1

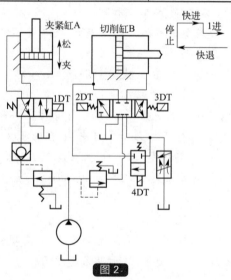

图2

11 液压系统设计

11.1 液压系统设计

液压系统的设计是整个机械设备设计的一部分，必须与主机设计联系在一起同时进行。一般在分析主机的工作循环、性能要求、动作特点等基础上，经过认真分析比较，在确定全部或局部采用液压传动方案之后，才提出液压传动系统的设计任务。

液压系统设计步骤大体如下：
① 明确液压系统的设计要求及工况分析；
② 主要性能参数的确定；
③ 拟订液压系统草图，进行系统方案论证；
④ 计算和选择液压元件；
⑤ 对液压系统主要性能进行验算；
⑥ 绘制正式工作图，编制技术文件。

液压系统设计是一种经验设计。因此设计步骤只说明一般设计的过程，此步骤互相联系、相互影响。在设计实践中，各步骤往往交错进行，有时需多次反复才能完成。

11.1.1 明确设计要求，进行工况分析

(1) 明确设计要求　设计要求是进行工程设计的主要依据，在设计前，一般应具体明确下列设计要求。
① 主机的用途、布置方式（卧式、斜式或垂直式）、空间位置。
② 执行元件的运动方式（直线运动、转动或摆动）、动作循环及其范围。
③ 外界负载的大小、性质及变化范围，执行元件的速度及其变化范围。
④ 各液压执行元件动作之间的顺序、转换和互锁要求。
⑤ 工作性能如速度的平稳性、工作的可靠性、转换精度、停留时间等方面的要求。
⑥ 液压系统的工作环境，如温度及其变化范围、湿度、振动、冲击、污染、腐蚀或易燃等情况（这涉及液压元件和介质的选用）。
⑦ 其他要求，如液压装置的重量、外形尺寸、经济性等方面的要求。

(2) 工况分析　工况分析就是分析液压执行元件在工作过程中速度和负载的变化规律，求出工作循环中各动作阶段的负载和速度的大小，并绘制速度、负载随时间（或位移）变化的曲线图（称速度循环图和负载循环图）。简单系统可不绘制，但应找出最大负载和最大速度点。从这两幅图中可明显看出最大负载和最大速度值及二者所在的工况。这是确定系统的

性能参数和执行元件的结构参数（结构尺寸）的主要依据。

在一般情况下，液压缸承受的负载由六部分组成，即工作负载、导轨摩擦负载、惯性负载、重力负载、密封负载和背压负载，前五项构成了液压缸所要克服的机械总负载。

① 工作负载 F_w　工作负载与主机的工作性质有关，它可能是定值，也可能为变值。其大小要根据具体情况加以计算，有时还要由样机实测确定。对于金属切削机床来说，沿液压缸轴线方向的切削力即为工作负载；对液压机来说，工件的压制抗力即为工作负载。工作负载 F_w 与液压缸运动方向相反时为正值，方向相同时为负值（如顺铣加工的切削力）。

② 导轨摩擦负载 F_f　导轨摩擦负载是指液压缸驱动运动部件时所受的导轨摩擦阻力，其值与运动部件的导轨形式、放置情况及运动状态有关。各种形式导轨的摩擦负载计算公式可查阅有关手册。机床上常用平导轨和 V 形导轨支承运动部件，其摩擦负载 F_f 值的计算公式（导轨水平放置时）如下。

对于水平导轨：

$$F_f = f(G + F_N)$$

对于 V 形导轨：

$$F_f = f \frac{G + F_V}{\sin \frac{\alpha}{2}}$$

式中　G——运动部件重力；
　　　F_N——作用在导轨上的垂直载荷；
　　　α——V 形导轨面夹角，一般取 $\alpha = 90°$。

③ 惯性负载 F_a　惯性负载是运动部件在启动加速或制动减速时产生的惯性力，其值可按牛顿第二定律求出。

$$F_a = ma = \frac{G}{g} \times \frac{\Delta v}{\Delta t}$$

式中　g——重力加速度；
　　　Δv——Δt 时间内速度的变化量；
　　　Δt——启动或制动时间，启动加速时，取正值，减速制动时，取负值。

一般机械系统 Δt 取 0.1~0.5s；行走机械系统 Δt 取 0.5~1.5s；机床运动系统 Δt 取 0.25~0.5s；机床进给系统 Δt 取 0.05~0.2s。工作部件较轻或运动速度较低时取小值。

④ 重力负载 F_g　垂直或倾斜放置的运动部件在没有平衡的情况下，其自重也成为一种负载。倾斜放置时，只计算重力在运动方向上的分力。液压缸上行时重力负载取正值，反之取负值。

⑤ 密封负载 F_s　密封负载是指密封装置的摩擦力，其值与密封装置的类型和尺寸、液压缸的制造质量和油液的工作压力有关。F_s 的计算公式详见有关手册。在未完成液压系统设计之前，不知道密封装置的参数，F_s 无法计算，一般用液压缸的机械效率 η_m 加以考虑，常取 $\eta_m = 0.90 \sim 0.97$。

⑥ 背压负载 F_b　背压负载是指液压缸回油腔背压所造成的阻力。在系统方案及液压缸结构尚未确定之前，F_b 也无法计算，在负载计算时可暂不考虑。

液压缸各个主要工作阶段的机械总负载 F 可按下列公式计算。

启动加速阶段：$F=(F_f+F_a\pm F_g)/\eta_m$

快速阶段：$F=(F_f\pm F_g)/\eta_m$

工进阶段：$F=(F_f\pm F_w\pm F_g)/\eta_m$

制动减速阶段：$F=(F_f\pm F_w-F_a\pm F_g)/\eta_m$

以液压马达为执行元件时，负载值的计算方法类同于液压缸，只需将上述负载力的计算变换成为负载力矩即可。

11.1.2　主要性能参数的确定

执行元件的工作压力和流量是液压系统最主要的参数。这两个参数是计算和选择液压元件、辅助元件、原动机（电机）的规格型号的依据。

要确定液压系统的压力和流量，首先必须根据各液压执行元件的负载循环图选定系统工作压力。系统压力一经确定，液压缸有效工作面积或液压马达的排量即可确定。然后，根据位移-时间循环图（或速度-时间循环图）确定其流量。

11.1.3　拟定液压系统图

一般的方法是选择一种与本系统类似的成熟系统作为基础，对它进行适应性调整或改进，使其成为具有继承性的新系统。如果没有合适的相似系统可借鉴，可参阅设计手册和参考书中有关的基本回路加以综合完善，构成自己设计的系统原理图。用这种方法拟定系统原理图时，包括选择系统类型、选择回路和合成系统三方面的内容。

（1）选择系统的类型　系统的类型有开式系统和闭式系统两种。选择系统的类型主要取决于它的调速方式和散热要求。一般来说，采用节流调速和容积节流调速的系统、有较大空间放置油箱且不需另设散热装置的系统、要求结构尽可能简单的系统等都宜采用开式系统；采用容积调速的系统、对工作稳定性和效率有较高要求的系统、行走机械上的系统宜采用闭式系统。

（2）选择液压基本回路　液压基本回路是决定主机动作和性能的基础，是组成系统的骨架。要根据液压系统所需完成的任务和工作机械对液压系统的设计要求来选择液压基本回路。

选择回路时既要考虑调速、调压、换向、顺序动作、动作互锁等要求，也要考虑节省能源、减少发热、减少冲击、保证动作精度等问题。

（3）液压系统的合成　满足系统要求的各个液压回路选定之后，就可进行液压系统的合成——将各液压回路放在一起，进行归并、整理，必要时再增加一些元件或辅助油路，使之成为一个完整的液压系统。合成液压系统时应特别注意以下几点。

① 防止回路间可能存在的相互干扰。

② 系统应力求简单，并将作用相同或相近的回路合并，避免存在多余回路。

③ 系统要安全可靠，要有安全、联锁等回路，力求控制油路可靠。

④ 组成系统的元件要尽量少，并应尽量采用标准元件。

⑤ 组成系统时还要考虑节省能源，提高效率，减少发热，防止液压冲击。

⑥ 测压点分布合理等。

最重要的是,实现给定任务有多种多样的系统方案,因此必须进行方案论证,对多个方案从结构、技术、成本、操作、维护等方面进行反复对比,最后组成一个结构完整、技术先进合理、性能优秀的系统。

11.1.4 计算与选择液压元件

液压元件的计算是指计算元件在工作中承受的压力和通过的流量,以便选择元件的规格、型号。此外,还要计算原动机的功率和油箱的容量。选择元件时,应尽量选用标准元件。

依据系统的最高工作压力和最大流量选择液压泵,注意要留有一定的储备。一般泵的额定压力应比计算的最高工作压力高 25%~60%,以避免动态峰值压力对泵的破坏;考虑到元件和系统的泄漏,泵的额定流量应比计算的最大流量大 10%~30%。

液压阀的规格是根据系统的最高工作压力和通过该阀的最大实际流量从产品样本中选取的。一般要求所选阀的额定压力和额定流量要大于系统的最高工作压力和通过该阀的最大实际流量,必要时通过该阀的最大实际流量可允许超过其额定流量,但最多不超过 20%,以避免压力损失过大,引起油液发热、噪声和其他性能恶化。对于流量阀,其最小稳定流量还应满足执行元件最低速度的要求。

11.1.5 液压系统的验算

液压系统设计完成之后,可对系统的技术性能指标进行一些必要的验算,以便初步判断设计的质量,或从几种方案中评选出最好的设计方案来。然而由于影响系统性能的因素较复杂,加上具体的液压装置尚未设计出来,因此验算工作只能是采用一些简化公式化近似估算。

液压系统验算的项目很多,主要是压力损失和温升两项。计算压力损失是在元件的规格和管路尺寸等确定之后进行的;温升的验算是在计算出系统的功率损失和确定了油箱的散热面积之后,按照热平衡原理进行的。若压力损失过大、温升过高,则必须重新设计系统或加设冷却器。

11.1.6 绘制工作图、编写技术文件

绘制工作图和编制技术文件主要包括液压系统原理图、各种装配图(泵站装配图、管路装配图)、非标准件部件图和零件图、设计使用说明书和液压元件、密封件、标准件的明细表等。其中,液压系统原理图应按照 GB/T 786.1—2009 的规定绘制,图中应附有动作循环顺序表或电磁铁动作顺序表,还要列出液压元件规格型号的明细表。

11.2 液压系统计算机辅助设计概述

11.2.1 引言

液压传动由于具有很多优点,因而在许多领域得到广泛应用,在我国机电液一体化的发展中占有重要地位。但相对来讲,液压技术本身还是比较复杂的,一个液压系统的设计水平

因人而异，往往差别很大，有时要花费较繁重的人工劳动（例如设计绘制液压系统装配图、液压集成块和插装阀块等），并且不易保证设计的质量。

要解决上述问题，提高液压系统设计水平，积极开展液压系统计算机辅助设计（液压CAD）的研究工作是一条重要途径。这不但可以使设计人员从繁重的甚至重复的设计绘图工作中解脱出来，而且可以保证设计的质量，缩短设计制造周期，提高产品的档次，获取显著的经济效益。

11.2.2 液压 CAD 的内容

目前，对于 CAD 内涵的理解虽不尽相同，但一个完整的液压 CAD 应包括下列几个内容。

(1) 液压系统原理图 CAD　包括液压回路设计、参数计算、液压元件选择、液压系统原理图的绘制和元件明细表的编制等。

(2) 液压专用件 CAD　包括专用液压缸、专用阀、液压集成阀块、插装阀块、操纵箱和专用箱等设计计算以及工作图绘制等。

(3) 液压系统安装图 CAD　包括安装图的设计和绘制，元件明细表的编制等。

(4) 液压系统性能分析、计算与验算 CAD　包括压力损失、系统温升和系统效率等。

11.2.3 液压 CAD 系统的构成

(1) 液压 CAD 软件包的组成　目前在国内，为完成上述各项功能，在对通用绘图工具软件包二次应用开发的基础上，构造了专门用于液压系统设计的软件包——液压CAD。该软件包的主要组成如下。

① 图形库　图形库是参考国家标准和国内主要液压元件生产厂家的标准，通过对液压原理图、装配图的构成分析，在液压 CAD 软件系统中建立一套完整的图形库支撑软件，以解决液压 CAD 中对图形输入输出的要求。图 11-1 为图形库及有关软件组成示意图。

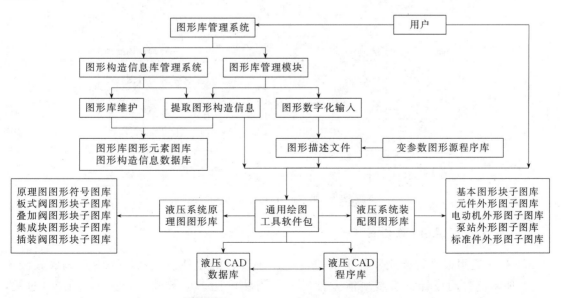

图 11-1　图形库及有关软件组成示意图

图形库中包含有各种液压元件的职能符号、常用液压回路块符号、各种通用液压集成块符号、各种通用叠加阀符号、插装阀符号，各类通用液压元件外形图和通用油箱外形图等。

② 数据库　进行液压系统的计算机辅助设计，需要利用数据库技术，将设计时所需要的各种数据、标准元件以及其他设计资料、信息和中间设计结果等存入数据库中以供设计人员使用。

数据库包含有各种图形的有关数据（如基准点、所占位置尺寸等），各类通用元件的结构和性能参数，设计计算所需的各种数据等。图 11-2 为数据库及软件组成示意图。

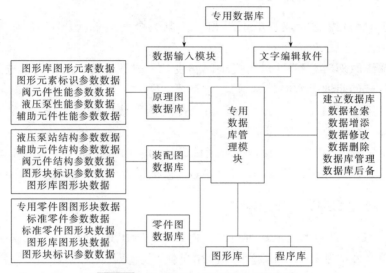

图 11-2　数据库及有关软件组成示意图

③ 程序库　程序库包含有各类设计计算公式和完成液压系统 CAD 各项功能的程序等。

(2) 液压 CAD 系统的构成　液压 CAD 系统由液压 CAD 软件和 CAD 硬件构成，图 11-3 为液压 CAD 系统的构成示意图。

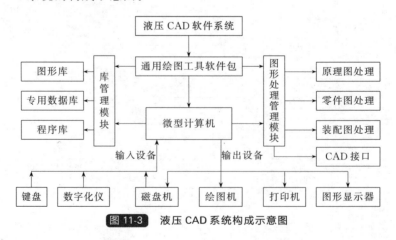

图 11-3　液压 CAD 系统构成示意图

11.2.4　YCADJ 软件简介

YCADJ 是用来进行板式元件集成式液压系统设计的软件包。从绘制液压集成式液压系统原理图到自动设计、绘制块体零件图和阀组装配图，可形成一个完整的 CAD 过程，提高了设计质量，缩短了设计周期，为集成式液压系统的设计提供了一种先进的辅助设计手段。此外，YCADJ 系统还具有良好的开放性，可供用户自行开发、扩充、修改和重建。

软件包括采用了人机交互对话方式工作运行，操作简便。屏幕全部用汉字提示，醒目清楚，一般专业人员通过认真阅读使用手册和适当的上机学习就能很快学会及熟练掌握。在 YCADJ 中，提供了强大的全屏幕汉字菜单提示和人机交互功能，设计人员可以不具备任何软件程序设计方面的知识，仅需借助于已有的设计经验，利用该软件包就可以在微型计算机上实现集成式液压系统的设计。

YCADJ 系统主菜单如图 11-4 所示。

在 YCADJ 系统主菜单下选择作业 1 时，便可进入集成式液压系统原理图设计绘图管理模块，其原理图菜单如图 11-5 显示。

```
主菜单
0. 结束工作返回 DOS 系统
1. 集成式液压系统原理图
2. 集成式液压系统装配图
3. 集成式液压系统阀块设计
4. 集成式液压系统阀块零件图
5. YCADJ 系统输出功能模块
6. YCADJ 系统使用说明

请输入您的选择：
```

```
原理图菜单
0. 返回 YCADJ 系统主菜单；
1. 绘制单个集成块原理图；
2. 检索绘制集成块液压系统原理图；
3. 原理图数据库管理

请输入您的选择：_____
```

图 11-4　YCADJ 系统主菜单　　　　图 11-5　YCADJ 系统原理图菜单

作业 1：屏幕编辑绘制液压集成块原理图。

在图形编辑状态下，输入命令或利用数字化仪上的原理图图形库菜单，调用图形库内的图形元素。使设计人员很快在屏幕上编辑出液压集成块的原理图。

作业 2：检索式自动绘制集成式液压系统原理图。

在 YCADJ 系统中提供有检索绘制原理图的功能，它通过非常简单的对话过程，将组成液压系统原理图的液压集成块的代号送入计算机内，计算机通过调用图形库内的液压集成块子图形库，自动生成所需要的系统原理图，例如：要实现图 11-6 所示的液压系统原理图检索自动绘图，其交互对话过程如下（屏幕显示）。

原理图检索绘图模块为您服务！

请逐一输入液压集成块代号

第一块的代号＝YB02

执行机构代号＝

下一块的代号＝YD01

执行机构代号＝

下一块的代号＝YK01

执行机构代号＝YG01

下一块的代号＝YK04

执行机构代号＝YG04

下一块的代号＝YK31

执行机构代号＝

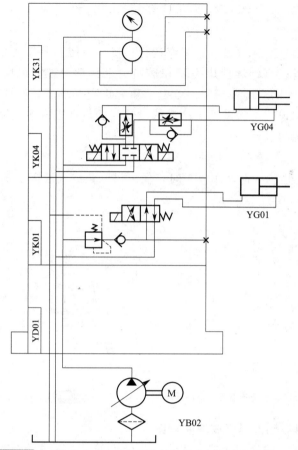

图 11-6　由检索方式自动绘制的钻孔组合机床液压系统原理图

下一块的代号＝

序　号	液压集成块代号	执行机构
1	YB02	
2	YD01	
3	YK01	YG01
4	YK04	YG04
5	YK31	

Q——返回　　R——修改　　A——增添　　D——删除,否则继续

正在从图形库中检索您需要的液压集成块,请等待……
正在从图形库中检索您需要的执行机构块,请等待……
正在把您选择的液压集成块组成液压系统原理图,请等待……
请输入 YLT,绘制液压集成块原理图。按回车键后,请等待……

上述过程的执行结果是,在屏幕上看到一个液压集成式液压系统原理图在自动生成。利用该检索式自动绘图模块可绘制任意的集成式液压系统原理图。

受篇幅限制,其他作业的操作内容详见《集成式液压系统 CAD—YCADJ 用户手册》。

11.2.5　其他液压 CAD、CAM 简介

(1) 插装阀液压 CAD 软件　该系统由五部分组成。

① 液压系统原理图生成模块。

② 插装阀块三维 CAD 设计模块。
③ 插装阀块三维、二维显示和编辑模块。
④ 液压系统总装图生成模块。
⑤ 液压系统零件图生成模块。

在该系统中建立了变参型数据图形库，在装配图中解决了覆盖消隐问题。此外，在高档计算机上能绘制阀块体三维立体图形。

（2）MBCADAM 软件包　MBCADAM 软件包是面向液压集成块从设计到加工制造全过程的集成化软件包，该系统采用了结构化、模块化程序设计技术，分为七个子系统。
① 计算机辅助集成块设计子系统。
② 集成块的三维图形显示及十字剖面显示子系统。
③ 计算机辅助集成块工艺规程设计子系统。
④ 计算机辅助集成块数控编程子系统。
⑤ 计算机动画模拟集成块数控加工子系统。
⑥ 数控加工机床与计算机接口通信程序设计子系统。
⑦ 库文件管理及编辑子系统。

MBCADAM 软件包实现了液压集成块 CAD/CAPP/CAM 一体化，从产品的零件图设计到工艺设计、数控编程，一直到集成块的数控加工模拟以及实际加工，完全可由 MBC-ADAM 软件包来辅助实现。借助计算机动画技术，实现了数控加工过程的计算机模拟，避免了因设计错误造成的加工制造中的浪费。

总之，我国液压 CAD/CAM 的研究与开发，虽然起步较晚，但通过努力，已取得相当可喜的成绩。近年来，其进展更为迅速，而且正在向实用化、商业化和智能化的方向发展。尤其值得指出的是，液压 CAD 系统软件的计算机操作简单、使用方便，人机交互界面友好，即使是使用人员不熟悉关于计算机语言程序设计知识，也可经简单上机实践就能基本掌握，而且设计、绘图质量高，准确无误，因此，它必将受到更多专业技术人员的欢迎，在生产设计中发挥越来越大的作用。

1. 设计液压系统一般有哪些步骤？
2. 设计液压系统要进行哪些方面计算？

第二篇

气压传动

12 气源装置及辅助元件

气压传动同前面所讲的液压传动原理是相似的,所用的各种元件结构原理也是相似的。不同的是:液压传动是利用液压的压力能,气压传动是利用气体的压力能。因此,学习气压传动原理时可同前面液压传动对照起来进行学习。

▶▶ 12.1 气压传动系统的组成及特点

12.1.1 气压传动系统的组成

典型的气压传动系统由气压发生装置(动力元件)、控制元件、执行元件和辅助元件组成,如图 12-1 所示。

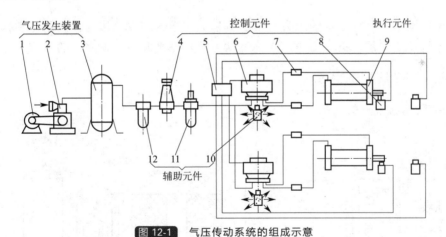

图 12-1 气压传动系统的组成示意

1—电动机;2—空气压缩机;3—储气罐;4—压力控制阀;5—逻辑元件;6—方向控制阀;
7—流量控制阀;8—行程阀;9—气缸;10—消声器;11—油雾器;12—空气过滤器

(1) 气压发生装置(动力元件) 气压发生装置的作用是将原动机输出的机械能变为空气的压力能。其主要设备是空气压缩机,简称空压机。

(2) 控制元件 控制元件是用来控制压缩空气的压力、流量和流动方向,以保证执行元件具有一定的输出力和速度并按设计的程序正常工作。如压力阀、流量阀、方向阀和逻辑阀等。

(3) 执行元件 执行元件是将空气的压力能转变为机械能的能量转换装置。如气缸和气马达。

（4）辅助元件　辅助元件是用于辅助保证气动系统正常工作的一些装置。如各种干燥器、空气过滤器、消声器和油雾器等。

12.1.2　气压传动的特点

(1) 气压传动的优点

① 工作介质为空气，来源经济方便，用过之后直接排入大气，处理简单，不污染环境。

② 由于空气流动损失小，压缩空气可集中供气，作远距离输送。

③ 与液压传动相比，气动具有动作迅速、反应快、维护简单、管路不易堵塞的特点，且不存在介质变质、补充和更换等问题。

④ 对工作环境的适应性好，可安全可靠地应用于易燃易爆场所。

⑤ 气动装置结构简单、重量轻、安装维护简单、压力等级低，故使用安全。

⑥ 空气具有可压缩性，气动系统能够实现过载自动保护。

(2) 气压传动的缺点

① 由于空气有可压缩性，所以气缸的动作速度受负载变化影响较大。

② 工作压力较低（一般为 0.4~0.8MPa），因而气动系统输出动力较小。

③ 气动系统有较大的排气噪声。

④ 工作介质空气没有自润滑性，需另加装置进行给油润滑。

12.2　气源装置

在气压传动中需要有一定的压力和足够流量的洁净压缩空气作为控制系统和执行系统的动力源，才能使气动系统正常工作，而这种动力源是靠气源系统来完成的。

12.2.1　气源系统组成

图 12-2 所示为常见的气源装置。

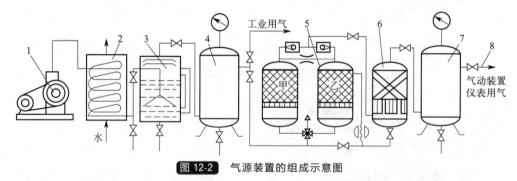

图 12-2　气源装置的组成示意图

1—空气压缩机；2—冷却器；3—除油器；4，7—储气罐；5—干燥器；6—过滤器；8—输气管道

在图 12-2 中，1 为空气压缩机，一般由电动机带动；2 为冷却器，将压缩机排出的压缩气体降温，使其中水汽、油雾汽凝结成水滴和油滴；3 为除油器，用以分离压缩空气中凝聚的水分和油分等杂质；4、7 为储气罐，用以储存一定数量的压缩空气，稳定压力和除去部分水分和油分，4 输出的压缩空气用于一般要求的系统，而 7 输出的压缩空气可用于要求较高的系统（如气动仪表）；5 为空气干燥器，将进一步吸收和排除压缩空气中的水分、油分

及杂质,使之变成干空气;6 为空气过滤器,滤除压缩空气的水分、油滴及杂质微粒,以达到气动系统的净化要求。

12.2.2 空气压缩机

空气压缩机是将电动机输出的机械能转变为气体压力能输送给气动系统的装置,是气动系统的动力源。

空气压缩机的种类很多,但目前使用最广泛的是活塞式压缩机。如图 12-3 所示为一单级单作用活塞式压缩机工作原理。

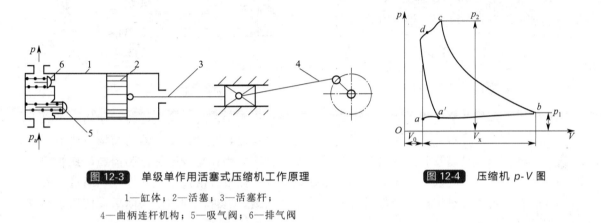

图 12-3 单级单作用活塞式压缩机工作原理
1—缸体;2—活塞;3—活塞杆;
4—曲柄连杆机构;5—吸气阀;6—排气阀

图 12-4 压缩机 p-V 图

当活塞向右运动时,气缸内容积增大而形成部分真空,外界空气在大气压力下推开吸气阀 5 而进入气缸中;当活塞反向运动时,吸气阀关闭,随着活塞的左移、缸内空气受到压缩而使压力升高,当压力增至足够高(即达到排气管路中的压力)时排气阀 6 打开,气体被排出,并经排气管输送到储气罐中。曲柄旋转一周,活塞往复行程一次,即完成一个工作循环。

压缩机的实际工作循环是由吸气、压缩、排气和膨胀四个过程所组成的,如图 12-4 所示的压缩机压容图。图中线段 ab 表示吸气过程,p_1 为空气被吸入气缸时的起始压力;曲线 bc 表示活塞向左运动时气缸内发生的压缩过程;cd 表示气缸内压缩气体压力达到出口处压力 p_2,排气阀被打开时的排气过程;当活塞回到 d 时运动终止,排气过程结束,排气阀关闭。这时余隙(活塞与气缸之间余留的空隙)中还留有一些压缩空气将膨胀而达到吸气压力 p_1,曲线 da' 即表示余隙内空气的膨胀过程。所以气缸重新吸气的过程并不是从 a 点开始,而是从 a' 点开始,显然这将减少压缩机的输气量。图 12-3 中只表示一个缸一个活塞的空气压缩机,大多数空气压缩机是多缸和多活塞的组合。

12.2.3 气源净化装置

(1) 冷却器 冷却器安装在压缩机出口的管道上,将压缩机排出的压缩气体温度由 120~170℃降至 40~50℃,使空气中的水汽、油雾达到饱和,使其大部分析出并凝结成水滴和油滴分离出来,以便将其清除,达到初步净化压缩空气的目的。冷却器主要有风冷式和水冷式两种。

风冷式冷却器如图 12-5 所示。压缩空气通过管道,由风扇产生的冷空气强迫吹向管道,冷热空气在管道壁面进行热交换。风冷式冷却器能将压缩机产生的高温压缩空气冷却到

40℃以下，能有效除去空气中的水分，具有结构紧凑、安装空间小、重量轻、便于维修、运行成本低等优点，但处理气量较少。

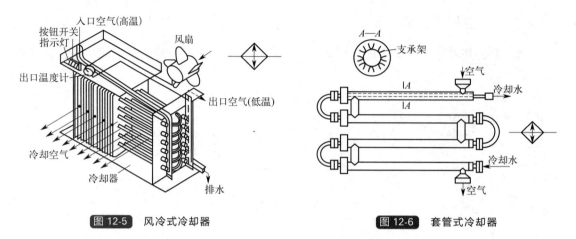

图 12-5　风冷式冷却器　　　　　　　　图 12-6　套管式冷却器

水冷式冷却器散热面积比风冷式大许多倍，热交换均匀，具有结构简单、使用和维修方便等优点。水冷式冷却器一般采用蛇管式或套管式冷却器，蛇管式冷却器的结构主要由一条蛇状空心盘管和一只盛装此盘管的圆筒组成。蛇状盘管可用铜管或钢管弯制而成，蛇管的表面积也就是该冷却器的散热面积。由空气压缩机排出的热空气由蛇管上部进入，通过管外壁与管外的冷却水进行热交换，冷却后，由蛇管下部输出。这种冷却器结构简单，使用维修方便，被广泛用于流量较小的场合。

套管式冷却器的结构如图 12-6 所示，压缩空气在外管与内管之间流动，内、外管之间由支承架来支承。这种冷却器流通截面小，易达到高速流动，有利于散热冷却，管间清理也较方便，但其结构笨重，消耗金属量大，主要用在流量不太大、散热面积较小的场合。

（2）除油器　除油器的作用是分离压缩空气中凝聚的水分和油分等杂质。使压缩空气得到初步净化，其结构形式有环形回转式、撞击折回式、离心旋转式和水浴式等。

如图 12-7 所示为撞击折回并环形回转式除油器结构原理。压缩空气自入口进入后，因撞击隔板而折回向下，继而又回升向上，形成回转环流，使水滴、油滴和杂质在离心力和惯性力作用下，从空气中分离析出，并沉降在底部，定期打开底部阀门排出，初步净化的空气从出口送往储气罐。

（3）空气干燥器　空气干燥器的作用是为了满足精密气动装置用气，把初步净化的压缩空气进一步净化以吸收和排除其中的水分、油分及杂质，使湿空气变成干空气。由图 12-2 可知，从压缩机输出的压缩空气经过冷却器、除油器和储气罐的初步净化处理后已能满足一般气动系统的使用要求。但对一些精密机械、仪表等装置

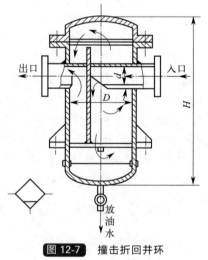

图 12-7　撞击折回并环形回转式除油器

还不能满足要求。为此需要进一步净化处理，为防止初步净化后的气体中的含湿量对精密机械、仪表产生锈蚀，为此要进行干燥和再精过滤。

目前在工业上常用的是冷冻法和吸附法。

① 冷冻式干燥器　使压缩空气冷却到一定的露点温度，然后析出相应的水分，使压缩空气达到一定的干燥度。适用于处理低压大流量，并对干燥度要求不高的压缩空气。冷冻式干燥器的工作原理如图 12-8 所示。最初进入空气干燥器的是湿热空气，先在热交换器中靠已除湿的干燥冷空气预冷却。然后进入冷却装置，被制冷剂冷却到 2～5℃ 以除湿。最后，冷凝成的水滴被分水排水器排走，而除湿后的冷空气进入热交换器，被入口进来的暖空气加热，其湿度降低后由出口输出。

② 吸附式干燥器　利用硅胶、活性氧化铝、焦炭、分子筛等物质表面能吸附水分的特性来清除水分。水分和这些干燥剂之间没有化学反应，不需要更换干燥剂。如图 12-9 所示为吸附式干燥器工作原理。

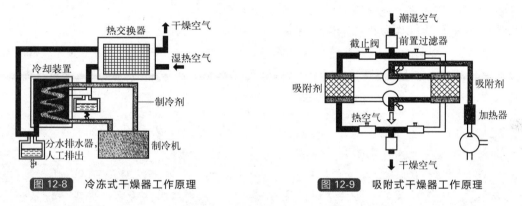

图 12-8　冷冻式干燥器工作原理　　　　图 12-9　吸附式干燥器工作原理

（4）空气过滤器　空气过滤器的作用是滤除压缩空气中的水分、油滴及杂质微粒，以达到气动系统所要求的净化程度。过滤的原理是根据固体物质和空气分子的大小和质量不同，利用惯性、阻隔和吸附的方法将灰尘和杂质与空气分离。它属于二次过滤器，大多与减压阀、油雾器一起构成气动三联件，安装在气动系统的入口处。

一般空气过滤器基本上是由壳体和滤芯所组成的，按滤芯所采用的材料不同可分为纸质、织物（麻布、绒布、毛毡）、陶瓷、泡沫塑料和金属（金属网、金属屑）等过滤器。空气压缩机中普遍采用纸质过滤器和金属过滤器。这种过滤器通常又称为一次过滤器，其滤灰效率为 50％～70％；在空气压缩机的输出端（即气源装置）使用的为二次过滤器（滤灰效率为 70％～90％）和高效过滤器（滤灰效率大于 99％）。

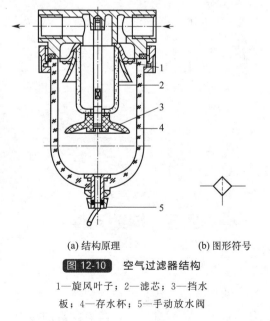

(a) 结构原理　　　(b) 图形符号

图 12-10　空气过滤器结构

1—旋风叶子；2—滤芯；3—挡水板；4—存水杯；5—手动放水阀

如图 12-10 所示为空气过滤器结构。压缩空气从输入口进入后，沿旋风叶子强烈旋转，夹在空气中的水滴、油滴和杂质在离心力的作用下分离出来，沉积在存水杯底，而气体经过中间滤芯时，又将其中微粒杂质和雾状水分滤下，沿挡水板流入杯底。洁净空气经出口输出。

空气过滤器主要根据系统所需要的流量、过滤精度和容许压力等参数来选取，通常垂直安装在气动设备入口处，进出气孔不得装反，使用中注意定期放水，清洗或更换滤芯。

（5）储气罐　储气罐的作用是消除压力脉动，保证输出气流的连续性；储存一定数量的压缩空气，调节用气量或以备发生故障和临时需要应急使用；依靠绝热膨胀和自然冷却使压缩空气降温而进一步分离其中的水分和油分。

储气罐一般采用圆筒状焊接结构，有立式和卧式两种，一般以立式居多。立式储气罐的高度 H 为其直径 D 的 2～3 倍，同时应使进气管在下，出气管在上，并尽可能加大两管之间的距离，以利于进一步分离空气中的油水。同时，每个储气罐应有：

① 安全阀，调整极限压力，通常比正常工作压力高 10%。
② 清理、检查用的孔口。
③ 指示储气罐罐内空气压力的压力表。
④ 储气罐的底部应有排放油水的接管。

冷却器、除油器和储气罐都属于压力容器，制造完毕后，应进行水压试验。目前，在气压传动中，冷却器、除油器和储气罐三者一体的结构形式已被采用，这使压缩空气站的辅助设备大为简化。

【例 12-1】 空气压缩机排出的压缩空气如果不进行净化有哪些危害？

解：一般使用的空压机都采用油润滑，在空压机中空气被压缩，温度可升高到 140～170℃，这时部分润滑油变成气态，加上吸入空气中的水和灰尘，形成了水汽、油气、灰尘等混合杂质。如果将含有这些杂质的压缩空气供气动设备使用，将会产生极坏的影响。

① 混在压缩空气中的油气聚集在储气罐中形成易燃物，甚至有爆炸的危险。同时，油分在高温汽化后形成有机酸，使金属设备腐蚀，影响设备的寿命。

② 混合杂质沉积在管道和气动元件中，使流通面积减小，流通阻力增大，致使整个系统工作不稳定。

③ 压缩空气中水气在一定压力和温度下会析出水滴，在寒冷季节会使管道和辅件因冻结而破坏，或使气路不畅通。

④ 压缩空气中的灰尘对气动元件的运动部件产生研磨作用，使之磨损严重，影响其寿命。

因此，在气动系统中设置除水、除油、除尘和干燥等气源净化装置是十分必要的。

12.3　辅助元件

12.3.1　油雾器

油雾器是气压系统中一种特殊的注油装置。其作用是把润滑油雾化后，经压缩空气携带进入系统中各润滑部位，满足润滑的需要。其优点是方便、干净、润滑质量高。

（1）油雾器工作原理　油雾器的工作原理如图 12-11 所示。假设气流通过文氏管后压力降为 p_2，当输入压力 p_1 和 p_2 的压差 Δp 大于把油液吸引到排出口所需压力 $\rho g h$ 时，油液被吸上，在排出口形成油雾并随压缩空气输送出去。若已知输入压力为 p_1，通过文氏管后

压力降为 p_2，而 $\Delta p = p_1 - p_2$，但因油的黏性阻力是阻止油液向上运动的力，因此实际需要的压力差要大于 $\rho g h$，黏度较高的油液被吸上时所需的压力差 Δp 就较大。相反，黏度较低的油液被吸上时所需的压力差 Δp 就小一些。但是，黏度较低的油液即使雾化也容易沉积在管道上，很难到达所期望的润滑地点。因此在气动装置中要正确选择润滑油的牌号。

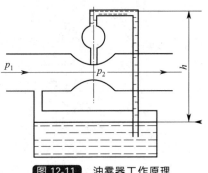

图 12-11　油雾器工作原理

（2）油雾器结构　图 12-12 所示是油雾器的结构。当压缩空气从输入口进入后，绝大部分从主气道流出，一小部分通过小孔 A 进入阀座 8 腔中，此时特殊单向阀在压缩空气和弹簧作用下处在中间位置，如图 12-13 所示，所以气体又进入储油杯 4 上腔 C，使油液受压后经吸油管 7 将单向阀 6 顶起。因钢球上方有一边长小于钢球直径的方孔，所以钢球不能封死管道，而使油源源不断地进入视油器 5 内，再滴入喷嘴 1 腔内，被主气道中的气流从小孔 B 中引射出来。进入气流中的油滴被高速气流雾化后经输出口输出。视油器 5 上的节流阀 9 可调节滴油量，使滴油量可在 0～200 滴/min 范围内变化。当旋松油塞 10 后，储油杯上腔 C 与大气相通，此时特殊单向阀 2 背压降低，输入气体使特殊单向阀 2 关闭，从而切断了气体与上腔 C 的通道，气体不能进入上腔 C。单向阀 6 也由于 C 腔压力降低处于关闭状态，气体也不会从吸油管进入 C 腔。因此可以在不停气源的情况下从油塞口给油雾器加油。

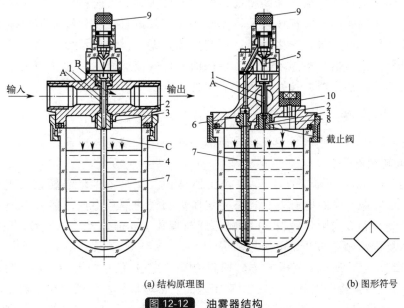

(a) 结构原理图　　　　(b) 图形符号

图 12-12　油雾器结构

1—喷嘴；2—特殊单向阀；3—弹簧；4—储油杯；5—视油器；6—单向阀；7—吸油管；8—阀座；9—节流阀；10—油塞

（3）油雾器的主要性能指标

① 流量特性：指油雾器中通过其额定流量时，输入压力与输出压力之差，一般不超过 0.15MPa。

② 起雾空气流量：当油位处于最高位置，节流阀 9 全开（如图 12-12 所示），气流压力为 0.5MPa 时，起雾时的最小空气流量规定为额定空气流量的 40%。

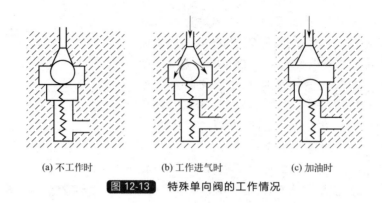

(a) 不工作时　　　(b) 工作进气时　　　(c) 加油时

图 12-13　特殊单向阀的工作情况

③ 油雾粒径：在规定的试验压力 0.5MPa 下，输油量为 30 滴/min，其粒径不大于 50μm。

④ 加油后恢复滴油时间：加油完毕后，油雾器不能马上滴油，要经过一定的时间。在额定工作状态下，这一时间一般为 20～30s。

(4) 油雾器应用　油雾器在安装使用中常与空气过滤器和减压阀一起构成气动三联件，尽量靠近换向阀垂直安装，进出气口不要装反，油雾器供油量一般以 $10m^3$ 自由空气用 1mL 油为标准，使用中可根据实际情况调整。

12.3.2　消声器

消声器的作用是排除压缩气体高速通过气动元件排到大气时产生的刺耳噪声污染。

气压传动装置的噪声一般都比较大，尤其当压缩气体直接从气缸或阀中排向大气，较高的压差使气体体积急剧膨胀，产生涡流，引起气体的振动，发出强烈的噪声，为消除这种噪声应安装消声器。消声器是指能阻止声音传播而允许气流通过的一种气动元件，气动装置中的消声器主要有阻性消声器、抗性消声器及阻抗复合消声器三大类。

12.3.3　转换器

转换器是将电、液、气信号相互间转换的辅件，用来控制气动系统工作。

(1) 气-电转换器

① 如图 12-14 (a) 所示为低压气-电转换器结构。它是把气信号转换成电信号的元件。硬芯 3 与焊片 1 是两个常断电触点。当有一定压力的气动信号由信号输入口进入后，膜片 2 向上弯曲，带动硬芯 3 与限位螺钉 11 接触，即与焊片 1 导通，发出电信号。气信号消失后，膜片带动硬芯复位，触点断开，电信号消失。

② 如图 12-14 (b) 所示为高压气-电转换器结构。在气压信号输入 D 室后，膜片 6 受推力上移，推动顶杆 8 克服弹簧力使微动开关 3、7 闭合而发出电信号；失压后在弹簧 2 作用下顶杆下移，膜片复位，切断电信号。调节螺母 1 的位置或更换弹簧 2 均可改变发信压力的大小。

在选择气-电转换器时要注意信号工作压力大小、电源种类、额定电压和额定电流大小，安装时不应倾斜和倒置，以免发生误动作，控制失灵。

(2) 电-气转换器　如图 12-15 所示为低压电-气转换器原理，其作用与气-电转换器相反，是将电信号转换为气信号的元件。当无电信号时，在弹簧 1 的作用下橡胶挡板 4 上抬，喷嘴打开，气源输入气体经喷嘴排空，输出口无输出。当线圈 2 通有电信号时，产生磁场吸下衔铁 3，橡胶挡板挡住喷嘴。如输出口有气信号输出，如图 12-16 所示为电-气转换器结构。

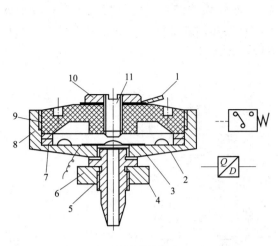

(a) 低压气-电转换器结构　　　　　(b) 高压气-电转换器结构

1—焊片；2—膜片；3—硬芯；4—密封垫；5—接头；
6,10—螺母；7—压圈；8—外壳；9—盖；11—限位螺钉

1—螺母；2—弹簧；3,7—微动开关；4—爪枢；
5—圆盘；6—膜片；8—顶杆

图 12-14　气-电转换器

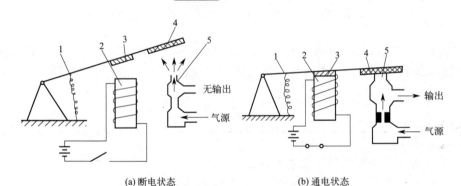

(a) 断电状态　　　　　　　　(b) 通电状态

图 12-15　电-气转换器原理

1—弹簧；2—线圈；3—衔铁；4—橡胶挡板；5—喷嘴

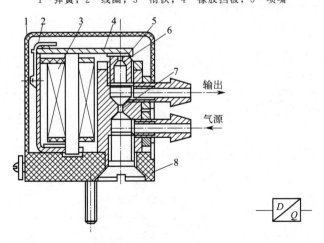

(a) 结构原理　　　　　　　　(b) 图形符号

图 12-16　电-气转换器结构

1—罩壳；2—弹性支撑；3—线圈；4—杠杆；5—橡胶挡板；6—喷嘴；7—固定节流孔；8—底座

(3) 气-液转换器 如图 12-17 所示为气-液转换器结构,它是把气压直接转换成液压的压力装置。压缩空气自上部进入转换器内,直接作用在油面上,使油液液面产生与压缩空气相同的压力,压力油从转换器下部引出供液压系统使用。

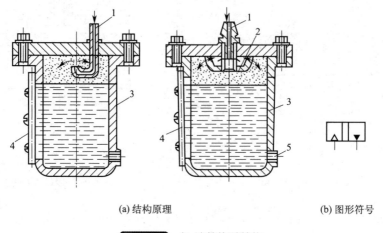

图 12-17 气-液转换器结构

1—空气输入管;2—缓冲装置;3—本体;4—油标;5—油液输出口

气-液转换器选择时应考虑液压执行元件的用油量,一般应是液压执行元件用油量的 5 倍。转换器内装油不能太满,液面与缓冲装置间应保持 20~50mm 以上距离。

思考题

1. 简述活塞式空气压缩机的工作原理。
2. 何谓气动三联件?每个元件起什么作用?
3. 气源装置为何要设置储气罐?
4. 简述油雾器的工作原理。

13 气动执行元件

13.1 气缸

13.1.1 气缸的分类

气缸的种类很多,一般可按压缩空气作用在活塞端面上的方向、结构特征、安装形式和功能来分类。

(1) 按压缩空气在活塞端面作用力的方向分

① 单作用气缸:气缸只有一个方向的运动是气压传动,复位靠弹簧力或自重和其他外力。

② 双作用气缸:气缸的往返运动全靠压缩空气完成。

(2) 按气缸的安装方式分

① 固定式气缸:气缸安装在机体上固定不动,有耳座式、凸缘式和法兰式等。

② 轴销式气缸:缸体围绕一固定轴可作一定角度的摆动。

③ 回转式气缸:缸体固定在机床主轴上,可随机床主轴作高速旋转运动。这种气缸常用于机床上气动卡盘中,以实现工件的自动装卡。

④ 嵌入式气缸:气缸在夹具本体内。

(3) 按气缸的结构特征分 有活塞式、薄膜式、柱塞式、摆动式气缸等。

(4) 按气缸的功能分

① 普通气缸:包括单作用式和双作用式气缸,常用于无特殊要求的场合。

② 缓冲气缸:气缸的一端或两端带有缓冲装置,以防止和减轻活塞运动到端点时对气缸缸盖的撞击。其缓冲原理与液压缸相同。

③ 气-液阻尼缸:气缸与液压缸串联,可控制气缸活塞的运动速度,并使其速度相对稳定。

④ 冲击气缸:一种以活塞杆高速运动形成冲击力的高能缸,可用于冲压、切断等。

⑤ 步进气缸:一种根据不同的控制信号,使活塞杆伸出不同的相应位置的气缸。

13.1.2 气缸的组成

如图 13-1 所示为最常用的单杆双作用普通气缸结构示意图。气缸主要由缸筒、活塞、活塞杆、前后端盖及密封件和紧固件等组成。

缸筒在前后缸盖之间固定连接。有活塞杆侧的缸盖为前缸盖,缸底侧则为后缸盖。一般在缸盖上开有进排气通口,有的还设有气缓冲机构。前缸盖上设有密封圈、防尘圈,

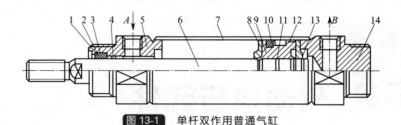

图 13-1 单杆双作用普通气缸

1,13—弹簧挡圈；2—防尘圈压板；3—防尘圈；4—导向套；5—杆侧端盖；
6—活塞杆；7—缸筒；8—缓冲垫；9—活塞；10—活塞密封圈；11—密封圈；
12—耐磨环；14—无杆侧端盖

同时还设有导向套，以提高气缸的导向精度。活塞杆与活塞紧固相连。活塞上除有密封圈防止活塞左右两腔相互串气外，还有耐磨环以提高气缸的导向性。带磁性开关的气缸，活塞上装有磁环。活塞两侧常装有橡胶垫作为缓冲垫。如果是气缓冲，则活塞两侧沿轴线方向设有缓冲柱塞，同时缸盖上有缓冲节流阀和缓冲套，当气缸运动到端头时，缓冲柱塞进入缓冲套，气缸排气需经缓冲节流阀，排气阻力增加，产生排气背压，形成缓冲气垫，起到缓冲作用。

13.1.3 气缸的工作特性

气缸的工作特性是指气缸输出力、气缸内压力的变化以及气缸的运动速度等静态和动态特性。

(1) 气缸的输出力　单作用式气缸［如图 13-2(a)所示］的输出推力为

$$F = A_1 p_1 - (f + ma + L_0 K_s) \tag{13-1}$$

式中　A_1——活塞的工作面积；

p_1——作用于活塞上的压力；

f——摩擦阻力（包括活塞与气缸以及活塞杆和气缸密封圈等）；

m——运动构件质量；

a——运动构件加速度；

L_0——活塞位移 L 和弹簧预压缩量的总和；

K_s——弹簧刚度。

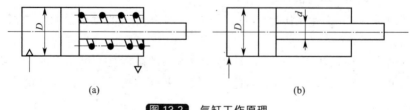

图 13-2 气缸工作原理

双作用式气缸［如图 13-2(b) 所示］输出的推力为

$$F = p_1 A_1 - p_2 A_2 - (f + ma) \tag{13-2}$$

式中　p_1、p_2——输入侧和排气侧的气压；

A_1、A_2——输入侧和排气侧的面积。

一般在计算过程中，用下式求双作用缸活塞上输出的推力，即

$$F = (p_1 A_1 - p_2 A_2)\eta \tag{13-3}$$

式中，η 为气缸效率，一般取 $\eta = 0.8 \sim 0.9$。

(2) 气缸的压力特性　气缸的压力特性是指气缸内压力变化的情形。

气缸通常被活塞分为进气腔和排气腔两部分，当向进气腔输入压缩空气时，排气腔处于排气状态。当两腔的压力差所形成的力刚好克服各种阻力负载时，活塞就开始运动。当无负载时，这个开始运动所需要的压力仅需 $0.02 \sim 0.05 \mathrm{MPa}$。在气缸运动过程中，进气腔压力逐步升高至气源压力，排气腔则逐渐降低压力。进排气腔中的气体压力是随时间变化的，其变化曲线通常称之为气缸的压力特性曲线，如图 13-3 所示。

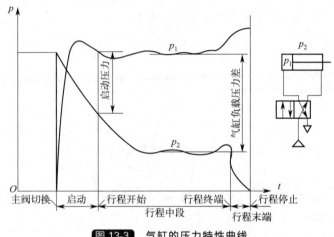

图 13-3　气缸的压力特性曲线

由于气缸的压力特性曲线变化过程比较复杂，现只能作定性说明。在换向阀切换以前，进气腔中气体压力为大气压。当换向阀切换后，进气腔与气源接通，因进气腔容积小，气体将很快充满并升至气源压力。排气腔则不同，启动前其腔中压力为气源压力，因为排气腔的容积大，腔中气体压力的下降速度要比进气缸中压力上升的速度缓慢得多。当两腔的压力差超过启动压差后，就开始启动。也就是说，从换向阀换向到气缸启动是需要一定时间的。

气缸启动以后，活塞所受的摩擦力从静摩擦力转为动摩擦力而变小，使活塞加速运动。由于活塞的运动，进气腔容积相对增大，只要补充气源充分，活塞就继续运动。另一方面，排气腔的容积在不断减少，而且其容积的相对减少量越来越大，因此在不断的排气过程中压力继续下降，并总是小于进气腔压力。活塞在两腔压力差作用下继续前进。

当气缸行程较长，且活塞杆上有负载时，会产生进排气速度与活塞速度相平衡的情况。这时，压力特性曲线将趋于水平，活塞在两腔不变压力差的推动下匀速前进。

当气缸行到末端时，排气腔的压力急剧下降，直至大气压，进气腔压力再次急剧上升，直至气源压力。这种较大的压力差，很容易形成气缸的冲击，因而在气缸的设计中要考虑设置缓冲装置。

(3) 气缸的速度　由于活塞两侧压力 p_1、p_2 的变化比较复杂，因而推动活塞的力的变化也比较复杂，再加上气体的可压缩性，要使气缸保持准确的运动速度是比较困难的。通

常，气缸的平均运动速度可按进气量的大小求出，即

$$v = \frac{q_V}{A} \tag{13-4}$$

式中　q_V——压缩空气体积流量；
　　　A——活塞的有效面积。

气缸在一般工作条件下，其平均速度约为 0.5m/s。

(4) 气缸的耗气量　气缸的耗气量与气缸的活塞直径 D、活塞杆直径 d、活塞的行程 L 以及单位时间往复次数 N 有关。以图 13-2(b) 所示的单杆双作用式气缸为例，活塞杆伸出和退回行程的耗气量分别为

$$V_1 = \frac{\pi}{4} D^2 L \tag{13-5}$$

$$V_2 = \frac{\pi(D^2 - d^2)}{4} L \tag{13-6}$$

所以，活塞往复一次所耗压缩空气量为

$$V = V_1 + V_2 = \frac{\pi}{4}(2D^2 - d^2)L \tag{13-7}$$

若活塞每分钟往返 N 次，则每分钟活塞运动的耗气量为

$$V' = VN \tag{13-8}$$

由式(13-8)计算的是理论耗气量，实际耗气量要比此值大，这是由于泄漏等因素造成的。因此实际耗气量应为

$$V_S = (1.2 \sim 1.5) V' \tag{13-9}$$

式(13-8)和式(13-9)计算的是压缩空气的消耗量，是选择气源的供气量的重要依据。未经压缩的自由空气的消耗量要比该值大些，当实际消耗的压缩空气量为 V_S 时，其自由空气的消耗量 V_{SZ} 为

$$V_{SZ} = V_S[1 + (p/p_a)] \tag{13-10}$$

式中　p——气体的工作压力，MPa。
　　　p_a——大气压力，$p_a = 0.1013$MPa。

13.1.4　其他常用气缸

(1) 气-液阻尼缸　气、液阻尼缸是由气缸和液压缸组合而成的，它以压缩空气为能源，利用油液的不可压缩性和控制流量来获得活塞的平稳运动和调节活塞的运动速度。与气缸相比，它传动平稳，停位精确，噪声小；与液压缸相比，它不需要液压源，经济性好。由于其同时具有气缸和液压缸的优点，因此得到了越来越广泛的应用。

如图 13-4 所示为串联式气-液阻尼缸的工作原理。它的液压缸和气缸共用同一缸体，两活塞固联在同一活塞杆上。当气缸右腔供气左腔排气时，活塞杆伸出的同时带动液压缸活塞左移，此时液压缸左腔排油经节流阀 5 流向右腔，对活塞杆的运动起阻尼作用。调节节流阀便可控制排油速度，因两活塞固联在同一活塞杆上，所以也控制了气缸活塞的左行速度。反向运动时，因单向阀 3 开启，活塞杆可快速缩回，液压缸无阻尼。油箱 4 的作用是克服液压缸两腔面积差和补充泄漏。

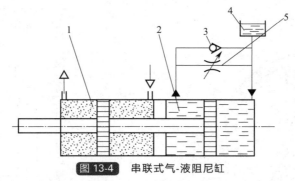

图 13-4　串联式气-液阻尼缸

1—气缸；2—液压缸；3—单向阀；4—油箱；5—节流阀

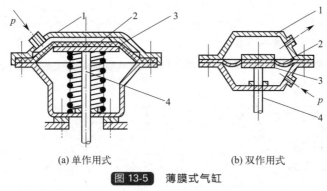

(a) 单作用式　　　(b) 双作用式

图 13-5　薄膜式气缸

1—缸体；2—膜片；3—膜盘；4—活塞杆

（2）薄膜式气缸　如图 13-5 所示为薄膜式气缸。它是一种利用膜片在压缩空气作用下产生变形来推动活塞杆做直线运动的气缸，有单作用式[如图 13-5(a)所示]和双作用式[如图 13-5(b)所示]两种。薄膜式气缸中的膜片有平膜片和盘形膜片两种，一般用夹织物橡胶制成，厚度为 5~6mm，也可用钢片、锡磷青铜片制成，金属膜片只用于小行程气缸中。

这种气缸的特点是结构紧凑，重量轻，维修方便，密封性能好，制造成本较低，广泛应用于化工生产过程的调节器上。

（3）摆动式气缸　摆动式气缸是将压缩空气的压力能转变成气缸输出轴的有限回转的机械能，多用于安装位置受到限制，或转动角度小于 360°的回转工作部件。例如夹具的回转、阀门的开启、转塔车床转塔的转位以及自动线上物料的转位等场合。

如图 13-6 所示为单叶片式摆动气缸的工作原理。定子 3 与缸体 4 固定在一起，叶片 1 和转子 2（输出轴）连接在一起。当左腔进气时，转子顺时针转动；反之，转子则逆时针转动。转子可做成图示的单叶片式，也可做成双叶片式。这种气缸的耗气量一般都较大。

（4）冲击气缸　如图 13-7 所示为普通型冲击气缸的结构示意图。它与普通气缸相比增加了储能腔以及带有喷嘴和具有排气小孔的中盖。它的工作原理及工作过程可简述为如下三个阶段，如图 13-8 所示。

第一阶段：如图 13-8(a) 所示，气缸控制阀处于原始位置，压缩空气由 A 孔进入冲击气孔头腔，储能腔与尾腔通大气，活塞上移，处于上限位置，封住中盖上的喷嘴口，中盖与活塞间的环形空间（即尾腔）经小孔口与大气相通。

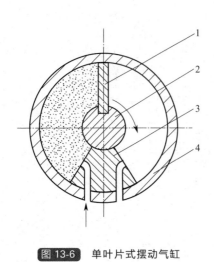

图 13-6　单叶片式摆动气缸

1—叶片；2—转子；3—定子；4—缸体

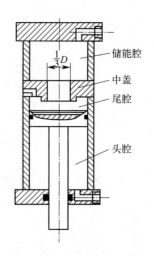

图 13-7　普通型冲击气缸

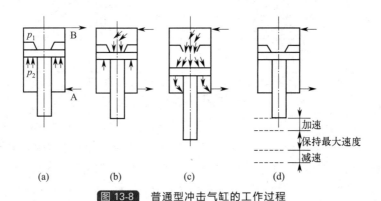

图 13-8　普通型冲击气缸的工作过程

第二阶段：如图 13-8(b) 所示，控制阀切换，储能腔进气，压力如逐渐上升，作用在与中盖喷嘴口相密封接触的活塞侧一小部分面积（通常设计为活塞面积的 1/9）上的力也逐渐增大，与此同时头腔排气，压力 p_2 逐渐降低，使作用在头腔侧活塞面上的力逐渐减小。

第三阶段：如图 13-8(c) 所示，当活塞上下两边的力不能保持平衡时，活塞即离开喷嘴口向下运动，在喷嘴打开的瞬间，储能腔的气压突然加到尾腔的整个活塞面上，于是活塞在很大的压差作用下加速向下运动，使活塞、活塞杆等运动部件在瞬间达到很高的速度（为同样条件下普通气缸速度的 10～15 倍），以很高的动能冲击工件。

如图 13-8(d) 所示为冲击气缸活塞向下自由冲击运动的三个阶段。经过上述三个阶段后，控制阀复位，冲击气缸开始另一个循环。

13.1.5　气缸的选用

① 根据工作任务对机构运动的要求选择气缸的结构形式及安装方式。
② 根据工作机构所需力的大小来确定活塞杆的推力和拉力。
③ 根据工作机构任务的要求确定行程，一般不使用满行程。
④ 推荐气缸工作速度在 0.5～1m/s，并按此原则选择管路及控制元件。

13.2 气动马达

13.2.1 气动马达的工作原理

气动马达是将压缩空气的压力能转换成机械能的能量转换装置。其输出转速和转矩，驱动机构做旋转运动，相当于液压马达或电动机。如图 13-9 所示是叶片式气动马达工作原理图。叶片式气动马达一般有 3~10 个叶片，它们可以在转子的径向槽内活动。转子和输出轴固联在一起，装入偏心的定子中。当压缩空气从 A 口进入定子腔后，一部分进入叶片底部，将叶片推出，使叶片在气压推力和离心力综合作用下抵在定子内壁上；另一部分进入密封工作腔作用在叶片的外伸部分，产生力矩。由于叶片外伸面积不等，转子受到不平衡力矩而逆时针旋转。做功后的气体由定子孔 C 排出，剩余残余气体经孔 B 排出。改变压缩空气输入的进气孔（B 孔进气），气动马达则反向旋转。

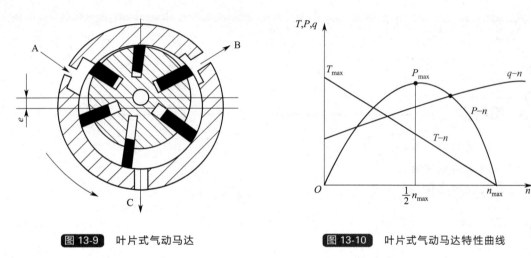

图 13-9　叶片式气动马达

图 13-10　叶片式气动马达特性曲线

13.2.2 气动马达的特性

如图 13-10 所示是在一定工作压力下做出的叶片式气动马达的特性曲线。由图可知，气动马达具有软特性的特点。当外加转矩 $T=0$ 时，即为空转，此时转速达到最大值 n_{max}，气动马达输出的功率等于 0；当外加转矩等于气动马达的最大转矩 T_{max} 时，气动马达停止转动，此时功率也等于零；当外加转矩等于最大转矩的一半时，气动马达的速度也为最大转速的 1/2，此时气动马达的输出功率 P 最大。

叶片式气动马达主要用于风动工具、高速旋转机械及矿山机械等。

13.2.3 气动马达的特点

① 具有防爆性能。由于气动马达的工作介质空气本身的特性和结构设计上的考虑，能够在工作中不产生火花，故适合于有爆炸、高温、多尘的场合，并能用于空气极潮湿的环境，而无漏电的危险。

② 气动马达本身的软特性使之能长期满载工作，温升较小，且有过载保护的性能。

③ 有较高的启动转矩，能带载启动。

④ 换向容易，操作简单，可以实现无级调速。

⑤ 与电动机相比，单位功率尺寸小，重量轻，适于安装在位置狭小的场合及手工工具上。但气动马达也具有输出功率小、耗气量大、效率低、噪声大和易产生振动等缺点。

在气压传动中，使用最广泛的是叶片式和活塞式气动马达。

【例 13-1】 气缸如何维护保养？

解：使用中应定期检查气缸各部位有无异常现象，发现问题及时处理。

① 检查各连接部位有无松动等，轴销式安装的气缸等活动部位应定期加润滑油。

② 气缸正常工作条件：工作压力 0.4～0.6MPa，普通气缸运动速度范围 50～500mm/s，环境温度 5～60℃。在低温下，需采取防冻措施，防止系统中的水分冻结。

③ 气缸检查重新装配时，零件必须清洗干净，不得将脏物带入气缸内。特别要防止密封圈被剪切、损害，注意动密封圈的安装方向。

④ 气缸拆下的零部件长时间不使用时，所有加工表面需涂防锈油，进、排气口应加防尘堵塞。

⑤ 制定出气缸月、季、年的维护保养制度。

思考题

1. 气缸是如何分类的？
2. 气动马达有何特点？
3. 普通气缸由哪几部分组成？

14 气动控制元件

14.1 方向控制阀

方向控制阀是改变气体流动方向或通断的控制阀。

方向控制阀按其作用特点可以分为单向型和换向型两种；按其阀芯结构不同可以分为截止式、滑阀式（又称滑柱式、柱塞式）、平面式（又称滑块式）、旋塞式和膜片式等几种。其中以截止式和滑阀式换向阀应用较多。

14.1.1 单向型控制阀

单向型控制阀中包括单向阀、或门型梭阀、与门型梭阀（双压阀）和快速排气阀。

(1) 单向阀　单向阀是指气流只能向一个方向流动而不能反向流动的阀。单向阀的工作原理、结构和图形符号与液压阀中的单向阀基本相同，只不过在气动单向阀中，阀芯和阀座之间有一层胶垫（软质密封）。

(2) 或门型梭阀　或门型梭阀相当于两个单向阀的组合。如图14-1所示为或门型梭阀结构，有两个输入口 P_1、P_2，一个输出口 A，阀芯在两个方向上起单向阀的作用。当 P_1 口进气时，阀芯将 P_2 口切断，P_1 口与 A 口相通，A 口有输出。当 P_2 口进气时，阀芯将 P_1 口切断，P_2 口与 A 口相通，A 口也有输出。如 P_1 口和 P_2 口都有进气时，活塞移向低压侧，使高压侧进气口与 A 口相通。如两侧压力相等，则先加入压力一侧与 A 口相通，后加入一侧关闭。如图14-2所示是或门型梭阀应用回路。该回路应用或门型梭阀实现手动和电动操作方式的转换。

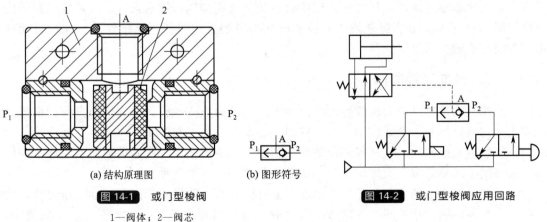

图14-1　或门型梭阀
1—阀体；2—阀芯
(a) 结构原理图　(b) 图形符号

图14-2　或门型梭阀应用回路

(3) 与门型梭阀（双压阀） 与门型梭阀又称双压阀，它也相当于两个单向阀的组合。如图 14-3 所示为与门型梭阀。它有 P_1 和 P_2 两个输入口和一个输出口 A。只有当 P_1、P_2 同时有输入时，A 口才有输出，否则 A 口无输出，当 P_1 和 P_2 口压力不等时，则关闭高压侧，低压侧与 A 口相通。如图 14-4 所示为该阀在互锁回路中的应用。行程阀 1 为工件定位信号，行程阀 2 为夹紧工件信号。只有在工件定位并夹紧后，即只有当 1、2 两个信号同时存在时，双压阀 3 才有输出，换向阀 4 切换，钻孔缸进给，钻孔开始。

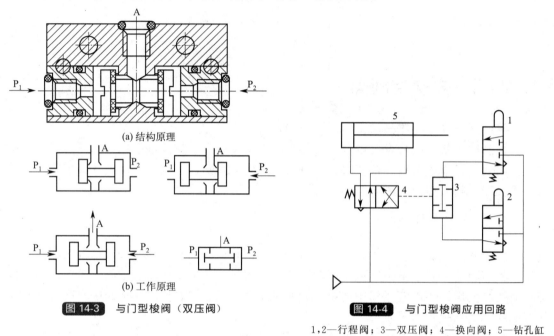

图 14-3 与门型梭阀（双压阀）

图 14-4 与门型梭阀应用回路
1,2—行程阀；3—双压阀；4—换向阀；5—钻孔缸

(4) 快速排气阀 快速排气阀的作用是使气动元件或装置快速排气。如图 14-5 所示为膜片式快速排气阀结构。当 P 口进气时，膜片被压下封住排气口，气流经膜片四周小孔、A 口流出；当气流反向流动时，A 口气压将膜片顶起封住 P 口，A 口气体经 O 口迅速排掉。

快速排气阀主要用于气缸排气，以加快气缸动作速度。通常，气缸的排气是从气缸的腔室经管路及换向阀而排出的，若气缸到换向阀的距离较长，排气时间也较长，气缸的动作速度缓慢。采用快速排气阀后，气缸内的气体就直接从快速排气阀排向大气。快速排气阀的应用回路如图 14-6 所示。在实际使用中，快速排气阀应配置在需要快速排气的气动执行元件附近，否则会影响快排效果。

14.1.2 换向型控制阀

换向型控制阀是通过改变压缩空气的流动方向，从而改变执行元件的运动方向。根据其控制方式分为气压控制、电磁控制、机械控制、手动控制和时间控制。

(1) 气压控制换向阀 气压控制换向阀是利用气体压力来使主阀芯运动而使气体改变流向的，按控制方式不同可分为加压控制、卸压控制和差压控制三种。

加压控制是指所加的控制信号压力是逐渐上升的，当气压增加到阀芯的动作压力时，主阀便换向；卸压控制指所加的气控信号压力是减小的，当减小到某一压力值时，主阀换向；差压控制是使主阀芯在两端压力差的作用下换向。

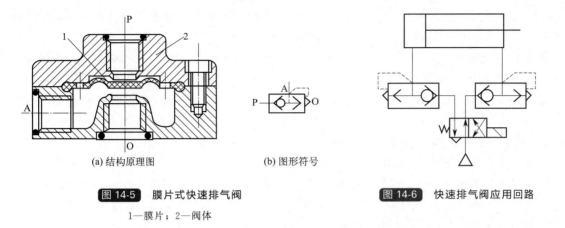

(a) 结构原理图 (b) 图形符号

图 14-5 膜片式快速排气阀
1—膜片；2—阀体

图 14-6 快速排气阀应用回路

气控换向阀按主阀结构不同，又可分为截止式和滑阀式两种主要形式，滑阀式气控阀的结构和工作原理与液动换向阀基本相同，在此仅介绍截止式换向阀的工作原理。

如图 14-7 所示为单气控截止式换向阀的工作原理，如图 14-7(a) 所示为没有控制信号 K 时的状态，阀芯在弹簧及 P 腔压力作用下关闭，阀处于排气状态；当输入控制信号 K [图 14-7（b）] 时，主阀芯下移，打开阀口使 P 与 A 相通。故该阀属常闭型二位三通阀，当 P 与 O 换接时，即成为常通型二位三通阀，如图 14-7(c) 所示为其图形符号。

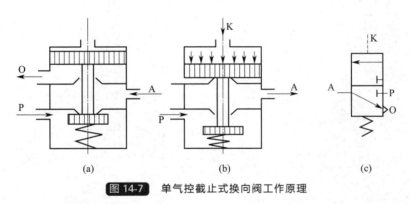

图 14-7 单气控截止式换向阀工作原理

(2) 电磁控制换向阀　气压传动中的电磁控制换向阀和液压传动中的电磁控制换向阀一样，也由电磁铁控制部分和主阀两部分组成，按控制方式不同分为电磁铁直接控制（直动）式电磁阀和先导式电磁阀两种。它们的工作原理分别与液压阀中的电磁阀和电液动阀相类似，只是二者的工作介质不同而已。

(3) 时间控制换向阀　时间控制换向阀是使气流通过气阻（如小孔、缝隙等）节流后到气容（储气空间）中，经一定时间气容内建立起一定压力后，再使阀芯换向的阀。在不允许使用时间继电器（电控）的场合（如易燃、易爆、粉尘大等），用气动时间控制就显示出其优越性。

14.2 压力控制阀

14.2.1 减压阀

减压阀的作用是降低由空气压缩机来的压力，以适于每台气动设备的需要，并使这一部分压力保持稳定。按调节压力方式不同，减压阀有直动型和先导型两种。

(1) 直动型减压阀　如图 14-8 所示为 QTY 型直动型减压阀。其工作原理是：阀处于工作状态时，压缩空气从左侧入口流入，经阀口 11 后再从阀出口流出。当顺时针旋转手柄 1，压缩弹簧 2、3 推动膜片 5 下凹，再通过阀杆 6 带动阀芯 9 下移，打开进气阀口 11，压缩空气通过阀口 11 的节流作用，使输出压力低于输入压力，实现减压作用。与此同时，有一部分气流经阻尼孔 7 进入膜片室 12，在膜片下部产生一向上的推力。当推力与弹簧的作用相互平衡后，阀口开度稳定在某一值上，减压阀就输出一定压力的气体。阀口 11 开度越小，节流作用越强，压力下降也越多。

若输入压力瞬时升高，经阀口 11 以后的输出压力随之升高，使膜片气室内的压力也升高，破坏了原有的平衡，使膜片上移，有部分气流经溢流阀 4、排气口 13 排出。在膜片上移的同时，阀芯在弹簧 10 的作用下也随之上移，减小进气阀口 11 开度，节流作用加大，输出压力下降，直至达到膜片两端作用力重新平衡为止，输出压力基本上又回到原数值上。

相反，输入压力下降时，进气节流阀口开度增大，节流作用减小，输出压力上升，使输出压力基本回到原数值上。

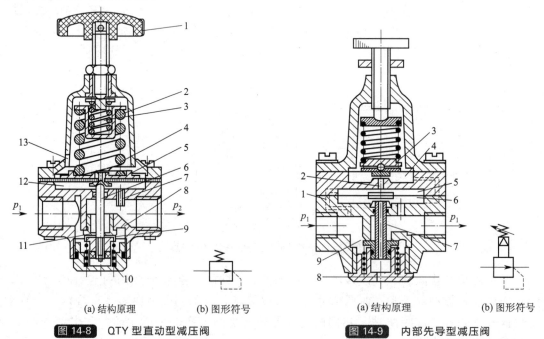

(a) 结构原理　(b) 图形符号　　　　　(a) 结构原理　(b) 图形符号

图 14-8　QTY 型直动型减压阀　　　　图 14-9　内部先导型减压阀

1—手柄；2,3—调压弹簧；4—溢流阀；5—膜片；　　1—固定节流孔；2—喷嘴；3—挡板；4—上气室；
6—阀杆；7—阻尼孔；8—阀座；9—阀芯；10—复位弹簧；　5—中气室；6—下气室；7—阀杆；8—排气孔；9—进气阀口
11—阀口；12—膜片室；13—排气口

(2) 先导型减压阀　如图 14-9 所示为先导型减压阀，它由先导阀和主阀两部分组成。当气流从左端流入阀体后，一部分经阀口 9 流向输出口，另一部分经固定节流孔 1 进入中气室 5，经喷嘴 2、挡板 3、孔道反馈至下气室 6，再经阀杆 7 中心孔及排气孔 8 排至大气。

把手柄旋到一定位置，使喷嘴挡板的距离在工作范围内，减压阀就进入工作状态。中气室 5 的压力随喷嘴与挡板间距离的减小而增大，于是推动阀芯打开进气阀口 9，即有气流流到出口，同时经孔道反馈到上气室 4，与调压弹簧相平衡。

若输入压力瞬时升高,输出压力也相应升高,通过孔口的气流使下气室 6 的压力也升高,破坏了膜片原有的平衡,使阀杆 7 上升,节流阀口减小,节流作用增强,输出压力下降,使膜片两端作用力重新平衡,输出压力恢复到原来的调定值。

当输出压力瞬时下降时,经喷嘴挡板的放大也会引起中气室 5 的压力较明显升高,而使阀芯下移,阀口开大,输出压力升高,并稳定到原数值上。

减压阀选择时应根据气源压力确定阀的额定输入压力,气源的最低压力应高于减压阀最高输出压力 0.1MPa 以上。减压阀一般安装在空气过滤器之后,油雾器之前。

14.2.2 溢流阀

溢流阀的作用是当系统压力超过调定值时,便自动排气,使系统的压力下降,以保证系统安全,故也称其为安全阀。按控制方式分,溢流阀有直动型和先导型两种。

(1) 直动型溢流阀 如图 14-10 所示,将阀口与系统相连接,O 口通大气,当系统中空气压力升高,一旦大于溢流阀调定压力时,气体推开阀芯,经阀口从 O 口排至大气,使系统压力稳定在调定值,保证系统安全。当系统压力低于调定值时,在弹簧的作用下阀口关闭。开启压力的大小与调整弹簧的预压缩量有关。

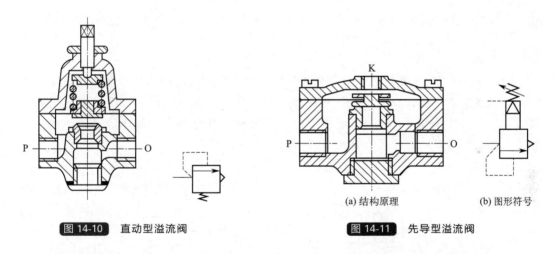

图 14-10 直动型溢流阀

图 14-11 先导型溢流阀
(a) 结构原理　(b) 图形符号

(2) 先导型溢流阀 如图 14-11 所示为先导型溢流阀的结构原理和图形符号。

溢流阀的先导阀为减压阀,由它减压后的空气从上部 K 口进入阀内,以代替直动型的弹簧控制溢流阀。先导型溢流阀适用于管道通径较大及远距离控制的场合。溢流阀选用时其最高工作压力应略高于所需控制压力。

14.2.3 顺序阀

顺序阀的作用是依靠气路中压力的大小来控制执行机构按顺序动作。顺序阀常与单向阀并联结合成一体,称为单向顺序阀。

如图 14-12 所示为单向顺序阀的工作原理。当压缩空气由 P 口进入腔 4 后,作用在活塞 3 上的力小于弹簧 2 上的力时,阀处于关闭状态。而当作用于活塞上的力大于弹簧力时,活塞被顶起,压缩空气经腔 4 流入腔 5 由 A 口流出,然后进入其他控制元件或执行元件,此时单向阀关闭。当切换气源时,腔 4 压力迅速下降,顺序阀关闭,此时腔 5 压力高于腔 4 压力,在气体压力差作用下,打开单向阀,压缩空气由腔 5 经单向阀 6 流入腔

4 向外排出。

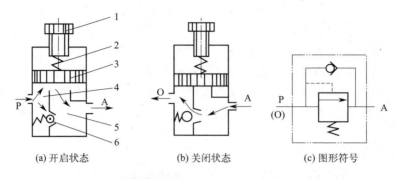

(a) 开启状态　　(b) 关闭状态　　(c) 图形符号

图 14-12　单向顺序阀工作原理

1—调压手柄；2—调压弹簧；3—活塞；4—阀左腔；5—阀右腔；6—单向阀

【例 14-1】 气压传动系统中如何选用溢流阀（安全阀）？

解：根据需要的最高使用压力和排放流量来选定溢流阀（安全阀）的形式规格。

① 管径（如通径 15mm 以上）及远距离操作时，宜采用先导式溢流阀（先导式安全阀）。

② 溢流阀（安全阀）希望气动回路刚超过调定压力时，阀门便立即排气，而一旦压力稍低于调定压力便能立即关闭阀门。这种从阀门打开到关闭过程中，气动回路中的压力变化越小，溢流特性越好。在一般情况下，应选用调定压力接近最高压力的溢流阀，比如用最高 0.3MPa 的溢流阀使用在调定压力为 0.2MPa 的场合。

③ 溢流阀（安全阀）用于高低压转换回路，需用安全阀和减压阀组合来实现，如图 14-13 所示。溢流阀用于缓冲回路，需与快速排气阀组合来实现，如图 14-14 所示。

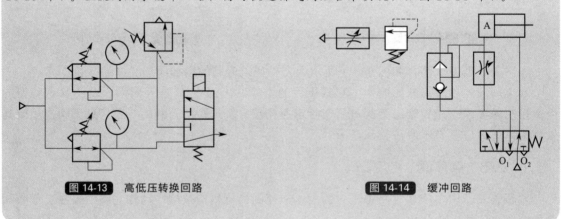

图 14-13　高低压转换回路　　　　图 14-14　缓冲回路

14.3　流量控制阀

在气压传动系统中，经常要求控制气动执行元件的运动速度，这要靠调节压缩空气的流量来实现，凡用来控制气体流量的阀，称为流量控制阀。流量控制阀是通过改变阀的通流截面积来实现流量控制的元件,它包括节流阀、单向节流阀和排气节流阀等。

14.3.1 节流阀

节流阀的作用是通过改变阀的通流面积来调节流量。如图 14-15 所示为节流阀。气体由输入口 P 进入阀内,经阀座与阀芯间的节流通道从输出口 A 流出,通过调节螺杆使阀芯上下移动,改变节流口通流面积,实现流量的调节。

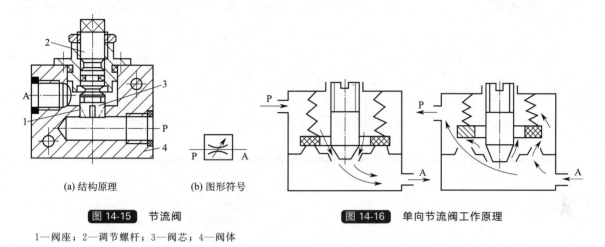

图 14-15 节流阀　　　　　　　　　　图 14-16 单向节流阀工作原理

1—阀座；2—调节螺杆；3—阀芯；4—阀体

14.3.2 单向节流阀

单向节流阀是由单向阀和节流阀并联组合而成的组合式控制阀。如图 14-16 所示为单向节流阀的工作原理,当气流由 P 至 A 正向流动时,单向阀在弹簧和气压作用下关闭,气流经节流阀节流后流出,而当由 A 至 P 反向流动时,单向阀打开,不节流。如图 14-17 所示为单向节流阀的结构原理及图形符号。

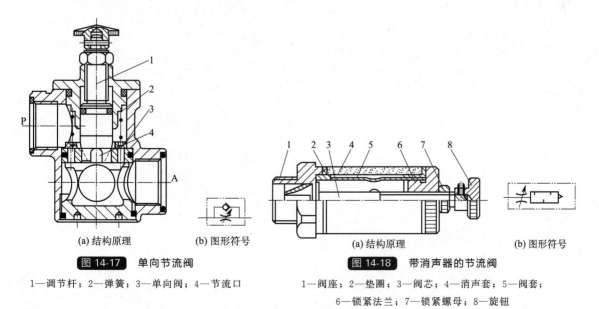

图 14-17 单向节流阀　　　　　　　　图 14-18 带消声器的节流阀

1—调节杆；2—弹簧；3—单向阀；4—节流口　　1—阀座；2—垫圈；3—阀芯；4—消声套；5—阀套；
　　　　　　　　　　　　　　　　　　　　　　6—锁紧法兰；7—锁紧螺母；8—旋钮

14.3.3 排气节流阀

排气节流阀是节流阀和消声器的组合,常用于执行元件或换向阀的排气口,在排气节流调速的同时,由消声套减少排气噪声。图 14-18 所示为带消声器的节流阀。

1. 梭阀的工作原理是什么?
2. 双压阀的工作原理是什么?
3. 直动型和先导型减压阀的工作原理是什么?
4. 单向节流阀工作原理是什么?

15 气动基本回路

15.1 换向控制回路

气缸、摆动气缸的换向主要是利用方向控制阀来实现的。方向控制阀按其通路数来分,有二通阀、三通阀、四通阀、五通阀等,利用这些方向控制阀可以构成单作用执行元件和双作用执行元件的各种换向控制回路。

15.1.1 单作用气缸的换向回路

单作用气缸通常采用二位三通阀来实现方向控制,如图 15-1 所示。当电磁阀 1 得电时,活塞杆伸出;失电时,活塞杆在回程弹簧的作用下自动返回。

此外,也可以采用三位三通阀来实现单作用气缸的换向控制,如图 15-2(a) 所示。该回路能实现单作用气缸简单的中间停止。实际上,三位三通阀的功能可通过一个二位三通阀和一个二位二通阀的组合来代替,如图 15-2(b) 所示。

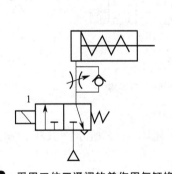

图 15-1　采用二位三通阀的单作用气缸换向回路

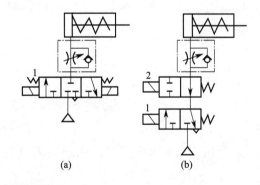

图 15-2　采用三位三通阀的单作用气缸换向回路

15.1.2 双作用气缸的换向回路

双作用气缸通常采用二位五通阀或三位五通阀来实现方向控制,如图 15-3 和图 15-4 所示。其中图 15-3(a) 为采用单电控(单气控)换向阀的控制回路,图 15-3(b) 为采用双电控(双气控)换向阀的控制回路。对采用单电控(单气控)换向阀的回路来说,如果气缸在伸出时突然失电,则单电控阀立即复位,气缸返回。而双电控阀为双稳态阀,具有记忆功能,当气缸在伸出的单作用气缸换向回路时突然失电,气缸仍将保持在原来的状态。如果回路需要考虑失电保护控制,则选用双电控阀为好,但双电控阀应水平安装。

当需要中间定位时，可采用三位五通阀构成的换向回路，如图 15-4 所示。其中，图 15-4(a) 为采用中位封闭型阀的回路。因气体的可压缩性，气缸的定位精度较差，且回路及阀内不允许有泄漏。图 15-4(b) 为双活塞杆气缸采用中位加压型阀的回路。当换向阀 1 处于中位时，由于活塞两侧的压力作用面积相等，如果气缸无轴向外负载力，则活塞保持力平衡，能停留在中间某位置。图 15-4(c) 为单活塞杆气缸采用中位加压型阀的回路。因为活塞两侧的

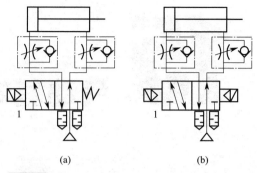

图 15-3　采用二位五通阀的双作用气缸换向回路

压力作用面积不相等，为了使活塞两侧的力平衡，需要在气缸的无杆侧安装单向减压阀 2。中位加压型三位五通阀换向回路适用于中小型气缸，定位速度较快，定位精度较高。图 15-4(d) 为采用中位排气型阀的换向回路。当换向阀处于中位时，气缸可在外力的推动下自由移动。该回路由于受活塞运动惯性的影响，气缸停止位置不易控制，因此不宜用于需中间定位的场合。

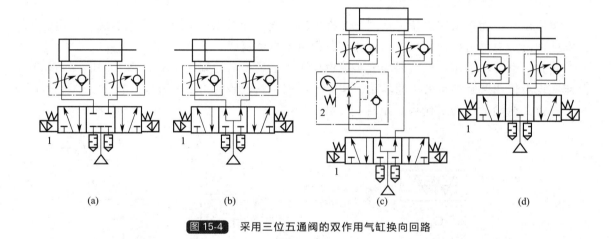

图 15-4　采用三位五通阀的双作用气缸换向回路

1—换向阀；2—减压阀

双作用气缸也可采用二位三通阀来进行换向控制，如图 15-5 所示。其中，图 15-5(a)

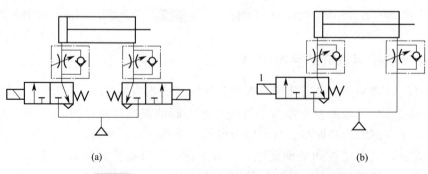

图 15-5　采用二位三通阀的双作用气缸换向回路

为采用两个二位三通阀的换向回路,其功能和图 15-4(d)所示回路的功能相同。实际上,采用两个二位三通阀可以实现三位五通阀的任何一种中位机能。图 15-5(b)为差动气缸采用一个二位三通阀的换向回路,当换向阀得电时,由于活塞两侧的压力作用面积不等,气缸活塞杆在活塞两侧差动力的作用下伸出;当换向阀失电时,气缸在有杆腔压力的作用下缩回。

15.2 压力控制回路

在气动系统中,压力控制不仅是维持系统正常工作所必需的,而且也关系到系统的经济性、安全性及可靠性。作为压力控制方法,可分为气源压力控制、气动系统工作压力控制、双压驱动控制、多级压力控制、增压控制等。

15.2.1 气源压力控制

气源压力控制主要是指使空压机的输出压力保持在储气罐所允许的额定压力以下。这种压力控制适用于对控制精度要求不高,主要注重于动作可靠性的场合。气源压力控制回路通常如图 15-6 所示。在该回路中,空压机的出口连接了一个和溢流阀具有相同功能的卸荷阀(也称为安全阀)。为了确保安全,在卸荷阀的入口注意不要设置可使回路切断的截止阀等元件。

15.2.2 工作压力控制

为使系统正常工作,保持稳定的性能,以及达到安全、可靠、节能等目的,需要对系统压力进行控制。图 15-7 所示为一种最基本的压力控制回路,它可提供给系统一种稳定的工作压力,该压力的设定是通过调节三联件中的减压阀 2 来实现的。应该指出,图 15-7 中的油雾器 3 主要用于对气动换向阀和执行元件的润滑。如果采用无给油润滑气动元件,则不需要油雾器。

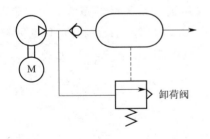

图 15-6 利用卸荷阀的气源压力控制回路

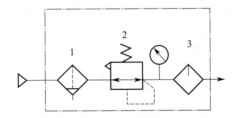

图 15-7 提供一种压力的压力控制回路
1—过滤器;2—减压阀;3—油雾器

15.2.3 双压驱动控制

在气动系统中,有时需要提供两种不同压力,来驱动双作用气缸在不同方向上的运动。图 15-8 为采用带单向阀的减压阀的双压驱动回路。当电磁阀 1 通电时,采用正常压力驱动活塞杆伸出,对外做功;当电磁阀 1 断电时,气体经过单向减压阀 2 后,进入气缸有杆腔,以较低压力驱动气缸缩回，达到节省耗气量的目的。

图 15-9 为采用溢流阀的双压驱动回路。该回路的特点是：系统压力一路通过二位三通电磁阀 1 和气缸的无杆腔相连，另一路则经过减压阀 2 减压后作用在气缸的有杆腔，该低压的作用类似于单作用气缸的复位弹簧。为了使低压稳定在一定的压力值上，在气缸口设置了溢流阀 3。气缸的输出力与单作用气缸不同，不会随着行程的变化而改变。此外，还可采用具有减压阀机能和溢流阀机能的大容量精密减压阀 4 代替减压阀 2 和溢流阀 3，如图 15-10 所示。

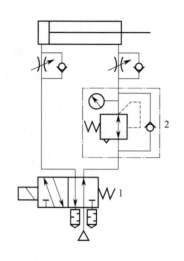

图 15-8　采用单向减压阀双压驱动回路

1—电磁阀；2—单向减压阀

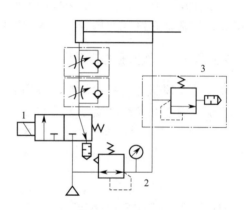

图 15-9　利用溢流阀的双压驱动回路

1—电磁阀；2—减压阀；3—溢流阀

15.2.4　多级压力控制

在一些场合，如在平衡系统中，需要根据工件自重的不同，提供多种平衡压力。这时就需要用到多级压力控制回路。如图 15-11 所示为一种采用远程调压阀的多级压力控制回路。该回路中，远程调压阀 1 的先导压力通过三通电磁换向阀 3 的切换来控制，可根据需要设定低、中、高三种先导压力。在进行压力切换时，必须用电磁阀 2 先将先导压力泄压，再选择新的先导压力。

15.2.5　增压控制

一般的气动系统的工作压力在 0.7MPa 以下，但在有些场合，由于气缸尺寸等的限制需要在某个局部使用高压。如图 15-12 所示为使用增压阀的增压回路。其中，在图 15-12(a)所示的系统中，当五通电磁阀通电时，气缸实现增压驱动；当五通电磁阀断电时，气缸在正常压力作用下返回。在图 15-12(b) 所示系统中，当五通电磁阀通电时，利用气控信号使主换向阀切换，进行增压驱动；电磁阀断电时，气缸在正常压力作用下返回。在气缸耗气量较大的情况下，增压阀和主换向阀之间也应使用储气罐。

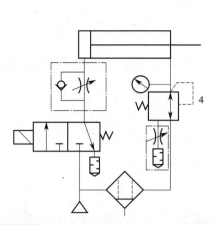

图 15-10 利用大容量减压阀的双压驱动回路

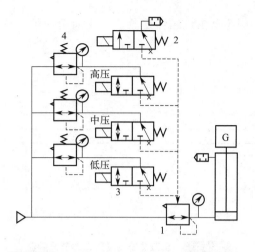

图 15-11 采用远程调压阀的多级压力控制回路

1—远程调压阀;2,3—电磁阀;4—减压阀

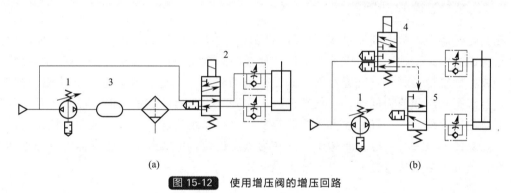

图 15-12 使用增压阀的增压回路

1—增压阀;2,4—五通电磁阀;3—储气罐;5—三通电磁阀

15.3 速度控制回路

15.3.1 入口节流调速与出口节流调速回路

通常气缸的速度控制是指电磁换向阀通电后,气缸到达其行程端点的时间在所要求的时间范围之内的平均速度控制。这种气缸的速度控制方法大多采用节流调速。气动系统中使用的调速阀主要有两大类,即出口节流调速阀和入口节流调速阀,如图 15-13 所示。

由于出口节流调速的调速特性和低速平稳性较好,因此,在实际应用中大多采用出口节流调速方法。但对于防止气缸启动"冲出"现象来说,入口节流调速比出口节流调速更有效。

15.3.2 高速驱动回路

气动系统的优点之一是执行机构能实现高速运动,这一点对于提高生产效率是很重要的。最常用的气缸高速驱动方法是采用快速排气阀,尽量减少排气延时和排气背压,以实现高速驱动,如图 15-14 所示。在该回路中,气缸运动速度可通过排气节流阀 3 来调节。对高速驱动回路来说,为了防止气缸损坏,应注意速度不要太高,负载不要太大。此外,快速排气阀容易出现结露现象，使用时也应给予注意，防止快速排气阀冻结。

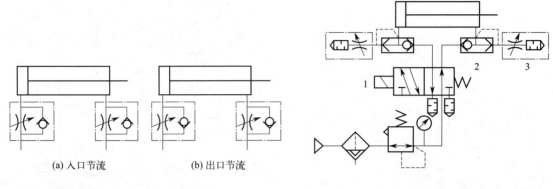

图 15-13　出口节流调速和入口节流调速

图 15-14　采用快速排气阀的气缸高速驱动回路
1—换向阀；2—快速排气阀；3—排气节流阀

15.3.3　双速驱动回路

在实际应用中，常遇到要求实现气缸高低速驱动的情况。如图 15-15 所示为采用中间释放回路构成的双速驱动回路。该回路采用三通电磁阀 2 实现把气缸排气侧的空气直接排放到大气中或将气缸排气侧的空气通过换向阀 1 排出的切换，从而实现高速或低速驱动的转换。其中，节流阀 4 应调节为低速，排气节流阀 3 应调节为高速。在使用时应注意的是，如果高速和低速的速度差太大，气缸速度转换时容易产生"弹跳"现象。当气缸伸出快接近行程终点时，如果使电磁阀 2 断电，希望由高速转为低速运动，但实际上由于气体的压缩性和气缸的惯性，气缸不会很快减速，所以最好提早减速。

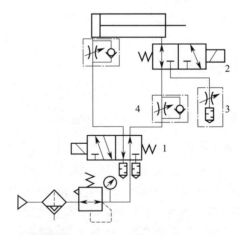

图 15-15　采用中间释放回路的双速驱动
1—换向阀；2—电磁阀；3—排气节流阀；4—节流阀

▶▶ 15.4　位置控制回路

气动系统中，气缸通常只有两个固定的定位点。如果要求气缸在运动过程中的某个中间位置停下来，则要求气动系统具有位置控制功能。由于气体具有压缩性，因此只利用三位五通换向阀对气缸两腔进行给排气操作的纯气动方法难以得到高精度的位置控制。对于定位精度要求较高的场合，应采用机械辅助定位或气-液转换器等控制方法。

15.4.1 利用机械挡块的位置控制

为了使气缸在行程中间定位，最可靠的方法是采用如图15-16所示的方法，即在定位点设置机械挡块。该方法的定位精度取决于机械挡块的设置精度。为了维持高的定位精度，挡块的设置既要有较高的刚度，又要具有吸收冲击的缓冲能力。

15.4.2 利用气缸结构的位置控制

使用多位气缸，可实现多点位置控制，其基本构成如图15-17所示。气缸A、B、C的行程各不相同，当三通换向阀1通电时，气缸A的活塞杆推动活塞B、C伸出，到达气缸A的行程终点。当三通电磁阀2通电时，活塞A保持不动，活塞B向右前进，到达气缸B的行程端点时停止。当五通电磁换向阀3通电时，活塞A、B保持不动，活塞C向右移动。因此，适当选择各气缸的行程，最多可实现8个点的位置控制。

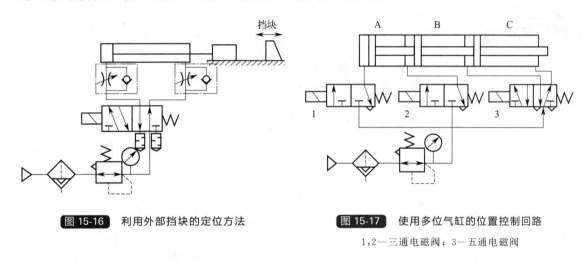

图 15-16 利用外部挡块的定位方法

图 15-17 使用多位气缸的位置控制回路

1,2—三通电磁阀；3—五通电磁阀

15.4.3 利用气-液转换器的位置控制

通过在规定位置设置位移传感器或行程开关，根据行程信号控制三位阀的切换，可实现简单的中间定位控制。但在气缸运动速度较快的场合，由于气体的压缩性，难以获得高的定位精度。为了保证定位精度，可以在一定程度上牺牲运动速度，采用气-液转换器来实现，如图15-18所示的直线气缸的中间定位控制回路。

15.4.4 利用制动气缸的位置控制

利用制动气缸可以实现中间定位控制，其回路如图15-19所示。该回路中，三位五通电磁换向阀1的中位机能应为中位加压型。电磁阀2用来控制制动活塞的动作，因为制动气缸4的制动活塞有双作用型和单作用型两种，所以若制动活塞为双作用型，电磁阀2应采用二位五通阀；若制动活塞为单作用型，电磁阀2应采用二位三通阀。利用带单向阀的减压阀3对来进行负载的压力进行补偿。当电磁阀1、2不通电时，气缸在行程中间定位并制动；当电磁阀 2 通电时，解除制动。

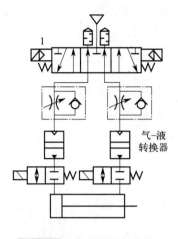

图 15-18　使用气-液转换器的气缸中间定位控制回路

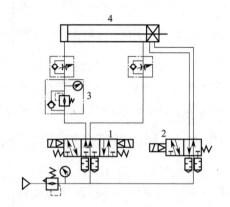

图 15-19　使用制动气缸的中间定位控制回路

1,2—电磁阀；3—减压阀；4—气缸

1. 设计能完成快进→工进→快退自动工作循环回路。
2. 设计一个双作用缸动作之后单作用缸才能动作的联锁回路。

16 典型气压系统

16.1 射芯机气动系统

如图 16-1 所示为某型号射芯机（射芯工位）气动系统原理图，其动作程序为：工作台上升→夹紧芯盒→射砂→排气→工作台下降→打开砂闸门→加砂→关闭闸门。试说明各工作过程的工作原理，并列电磁铁动作顺序表。

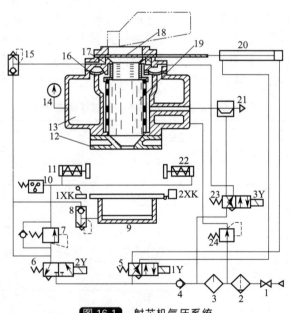

图 16-1 射芯机气压系统

1—截止阀；2—分水滤气器；3—油雾器；4—单向阀；5,6,23—电磁阀；7—单向顺序阀；8,15—快速排气阀；9—顶升气缸；10—压力继电器；11,22—夹紧气缸；12—射砂头；13—贮气包；14—压力表；16—快速射砂阀；17—阀门密封圈；18—加砂闸门；19—射砂筒；20—闸门气缸；21—排气阀；24—减压阀

射芯工位气动系统的工作过程分成以下四个步骤。

(1) 工作台上升和夹紧芯盒　空芯盒随工作台送到顶升气缸 9 的上方，压合行程开关 1XK，电磁铁 2Y 得电，使电磁阀 6 换至右位工作，气源来的压缩空气经电磁阀 6 右位分成三路：一路经快速排气阀 15 进入阀门密封圈 17 的下腔（唇边），以提高其密封性；一路经快速排气阀 8 进入顶升气缸 9，举升工作台，并将芯盒压紧在射砂头 12 的下面，将芯盒在垂直方向夹紧；当顶升气缸 9 上升到顶点夹紧芯盒后，进气管路气压上升，达到 0.5MPa 时，单向顺序阀 7 开启，压缩空气经顺序阀进入夹紧气缸 11、22，将芯盒在水平方向夹紧。

(2) 射砂　当夹紧缸管路气压达到 0.5MPa 后，压力继电器 10 压合，发令电磁铁 3Y 得电，阀 23 换至右位，气源压缩空气经电磁阀 23 右位关闭排气阀 21，关闭射砂筒的外腔与大气相通的气路。同时使快速射砂阀 16 的上腔经电磁阀 23 右位通大气，贮气包 13 的气体将快速射砂阀 16 的薄膜顶起，贮气包与射砂筒 19 的外腔接通，压缩空气快速进入射砂筒向芯盒射砂。射砂时间由时间继电器按工艺要求控制。射砂结束后，3Y 失电，电磁阀 23 复位，射砂阀 16 关闭，排气阀 21 敞开排除射砂筒中的余气。同时压缩空气经减压阀 24 向贮气包 13 充气。

(3) 工作台下降　在射砂筒排气后，2Y 失电，电磁阀 6 复位，夹紧气缸 11、22 退回原位，顶升气缸 9 开始下降，阀门密封圈 17 下腔排气。当顶升气缸下降到最低位置后，射好砂的芯盒被送到硬化起模工位。

(4) 加砂　当顶升缸下降到最低位置压下行程开关 2XK 时，1Y 得电，电磁阀 5 换至右位，压缩空气经电磁阀 5 右位进入闸门气缸 20，将闸门 18 打开，砂斗（双点画线所示）向射砂筒加砂，加砂时间由时间继电器控制。到预定时间后，1Y 失电，阀 5 复位，加砂停止。

到此，气动系统完成一个工作循环。系统由快速排气回路、顺序动作回路、换向回路、调压回路等基本回路组成，采用了气-电控制，自动化程度高，安全保护较完善。其动作程序、电磁铁得电情况如表 16-1 所示。

表 16-1　射芯机动作程序、电磁铁得电情况

动作名称	电磁铁		
	1Y	2Y	3Y
工作台上升	—	+	—
夹紧芯盒	—	+	—
射砂	—	+	+
排气	—	+	—
工作台下降	—	—	—
闸门开	+	—	—
加砂	+	—	—
闸门关	—	—	—

16.2　气液动力滑台气动系统

气液动力滑台是采用气-液阻尼缸作为执行元件。由于在它的上面可安装单轴头、动力箱或工件，因而在机床上常用来作为实现进给运动的部件。

如图 16-2 所示为气液动力滑台的回路原理。图中阀 1、2、3 和阀 4、5、6 实际上分别被组合在一起，成为两个组合阀。

该种气液滑台能完成以下的两种工作循环。

(1) 快进→慢进→快退→停止　当图中手动阀 4 处于图示状态时，就可实现上述循环的

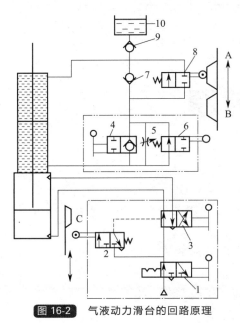

图 16-2 气液动力滑台的回路原理

1,3,4—手动阀；2,6,8—行程阀；5—节流阀；7,9—单向阀；10—油箱

进给程序。其动作原理如下。

当手动阀 3 切换至右位时，实际上就是给予进刀信号，在气压作用下，气缸中活塞开始向下运动，液压缸中活塞下腔油液经行程阀 6 的左位和单向阀 7 进入液压缸活塞的上腔，实现了快进；当快进到活塞杆上的挡铁 B 切换行程阀 6（使它处于右位）后，油液只能经节流阀 5 进入活塞上腔，调节节流阀的开度，即可调节气-液阻尼缸运动速度。所以，这时开始慢进（工作进给）。当慢进到挡铁 C 使机控阀 2 切换至左位时，输出气信号使阀 3 切换至左位，这时气缸活塞开始向上运动。液压缸活塞上腔的油液经行程阀 8 至图示位置而使油液通道被切断，活塞停止运动。所以改变挡铁 A 的位置，就能改变"停"的位置。

（2）快进→慢进→慢退→快退→停止　把手动阀 4 关闭（处于左位）时就可实现上述的双向进给程序，其动作原理如下。

其动作循环中的快进→慢进的动作原理与上述相同。当慢进至挡铁 C 切换行程阀 2 至左位时，输出气信号使阀 3 切换至左位，气缸活塞开始向上运动，这时液压缸上腔的油液经行程阀 8 的左位和节流阀 5 进入液压活塞缸下腔，也即实现了慢退（反向进给）；当慢退到挡铁 B 离开行程阀 6 的顶杆而使其复位（处于左位）后，液压缸活塞上腔的油液就经行程阀 8 的左位、再经行程阀 6 的左位进入液压活塞缸下腔，开始快退；当快退到挡铁 A 时，切换行程阀 8 至图示位置时，油液通路被切断，活塞停止运动。

图中补油箱 10 和单向阀 9 仅仅是为了补偿系统中的漏油而设置的，因而一般可用油杯来代替。

综合练习题

（参考答案免费提供，请见前言说明）

一、选择题

1. 选择液压油时，主要考虑油液的（　　）。
   A. 密度　　　　　B. 成分　　　　　C. 黏度

2. 在（　　）工作的液压系统容易发生气蚀。
   A. 洼地　　　　　B. 高原　　　　　C. 平原

3. 液压系统的工作压力取决于（　　）。
   A. 泵的额定压力　　B. 溢流阀的调定压力
   C. 负载

4. 设计合理的液压泵的吸油管应该比压油管（　　）。
   A. 长些　　　　　B. 粗些　　　　　C. 细些

5. 液压系统利用液体的（　　）来传递动力。
   A. 位能　　　　　B. 动能　　　　　C. 压力能　　　　D. 热能

6. 高压系统宜采用（　　）。
   A. 齿轮泵　　　　B. 叶片泵　　　　C. 柱塞泵

7. 双作用叶片泵具有（　　）的结构特点；而单作用叶片泵具有（　　）的结构特点。
   A. 作用在转子和定子上的液压径向力平衡
   B. 所有叶片的顶部和底部所受液压力平衡
   C. 不考虑叶片厚度，瞬时流量是均匀的
   D. 改变定子和转子之间的偏心可改变排量

8. 一水平放置的双伸出杆液压缸，采用三位四通电磁换向阀，要求阀处于中位时，液压泵卸荷，且液压缸浮动，其中位机能应选用（　　）；要求阀处于中位时，液压泵卸荷，且液压缸闭锁不动，其中位机能应选用（　　）。
   A. O型　　　　　B. M型　　　　　C. Y型　　　　　D. H型

9. 有两个调整压力分别为5MPa和10MPa的溢流阀串联在液压泵的出口，泵的出口压力为（　　）；并联在液压泵的出口，泵的出口压力又为（　　）。
   A. 5MPa　　　　B. 10MPa　　　　C. 15MPa　　　　D. 20MPa

10. 在下面几种调速回路中，（　　）中的溢流阀是安全阀，（　　）中的溢流阀是稳压阀。
    A. 定量泵和调速阀的进油节流调速回路

B. 定量泵和旁通型调速阀的节流调速回路
C. 定量泵和节流阀的旁路节流调速回路
D. 定量泵和变量马达的闭式调速回路

11. 为平衡重力负载，使运动部件不会因自重而自行下落，在恒重力负载情况下，采用（　　）顺序阀作平衡阀，而在变重力负载情况下，采用（　　）顺序阀作限速锁。
    A. 内控内泄式　　　B. 内控外泄式　　　C. 外控内泄式　　　D. 外控外泄式

12. 顺序阀在系统中作卸荷阀用时，应选用（　　），作背压阀时，应选用（　　）。
    A. 内控内泄式　　　B. 内控外泄式　　　C. 外控内泄式　　　D. 外控外泄式

13. （　　）蓄能器的输出压力恒定。
    A. 重锤式　　　　　B. 弹簧式　　　　　C. 充气式

14. （　　）系统效率较高。
    A. 节流调速　　　　B. 容积调速　　　　C. 容积-节流调速

15. 用过一段时间之后，滤油器的过滤精度略有（　　）。
    A. 提高　　　　　　B. 降低

16. 分流阀能基本上保证两液压缸运动（　　）同步。
    A. 位置　　　　　　B. 速度　　　　　　C. 加速度

17. 液压系统的故障大多数是由（　　）引起的。
    A. 油液黏度不适应　B. 油温过高　　　　C. 油液污染　　　　D. 系统漏油

18. 野外工作的液压系统，应选用黏度指数（　　）的液压油。
    A. 高　　　　　　　B. 低

19. 当负载流量需求不均衡时，拟采用（　　）油源。
    A. 泵-溢流阀　　　B. 泵-蓄能器

20. 双伸出杆液压缸，采用活塞杆固定安装，工作台的移动范围为缸筒有效行程的（　　）；采用缸筒固定安置，工作台的移动范围为活塞有效行程的（　　）。
    A. 1倍　　　　　　B. 2倍　　　　　　C. 3倍　　　　　　D. 4倍

21. 对于速度高、换向频率高、定位精度要求不高的平面磨床，采用（　　）液压操纵箱；对于速度低、换向次数不多、定位精度高的外圆磨床，则采用（　　）液压操纵箱。
    A. 时间制动控制式　　　　　　　　B. 行程制动控制式
    C. 时间、行程混合控制式　　　　　D. 其他

22. 要求多路换向阀控制的多个执行元件实现两个以上执行机构的复合动作，多路换向阀的连接方式为（　　），多个执行元件实现顺序单动，多路换向阀的连接方式为（　　）。
    A. 串联油路　　　　B. 并联油路　　　　C. 串并联油路　　　D. 其他

23. 在下列调速回路中，（　　）为流量适应回路，（　　）为功率适应回路。
    A. 限压式变量泵和调速阀组成的调速回路
    B. 差压式变量泵和节流阀组成的调速回路
    C. 定量泵和旁通型调速阀（溢流节流阀）组成的调速回路
    D. 恒功率变量泵调速回路

24. 容积调速回路中，（　　）的调速方式为恒转矩调节；（　　）的调节为恒功率调节。
   A. 变量泵-变量马达　　　　　　　　B. 变量泵-定量马达
   C. 定量泵-变量马达

25. 已知单活塞杠液压缸的活塞直径 D 为活塞直径 d 的两倍，差动连接的快进速度等于非差动连接前进速度的（　　）；差动连接的快进速度等于快退速度的（　　）。
   A. 1 倍　　　　B. 2 倍　　　　C. 3 倍　　　　D. 4 倍

26. 有两个调整压力分别为 5MPa 和 10MPa 的溢流阀串联在液压泵的出口，泵的出口压力为（　　）；有两个调整压力分别为 5MPa 和 10MPa 内控外泄式顺序阀串联在液泵的出口，泵的出口压力为（　　）。
   A. 5MPa　　　　B. 10MPa　　　　C. 15MPa

27. 存在超越负载（动力性负载）时，应采用（　　）调速。
   A. 进油节流　　　B. 回油节流　　　C. 旁路节流

28. 容积调速系统的速度刚度比采用调速阀节流调速系统的速度刚度（　　）。
   A. 高　　　　B. 低

29. 图 1 为一换向回路，如果要求液压缸停位准确，停止后液压泵卸荷，那么换向阀中位机能应选择（　　）。
   A. O 型　　　　B. H 型　　　　C. P 型　　　　D. M 型

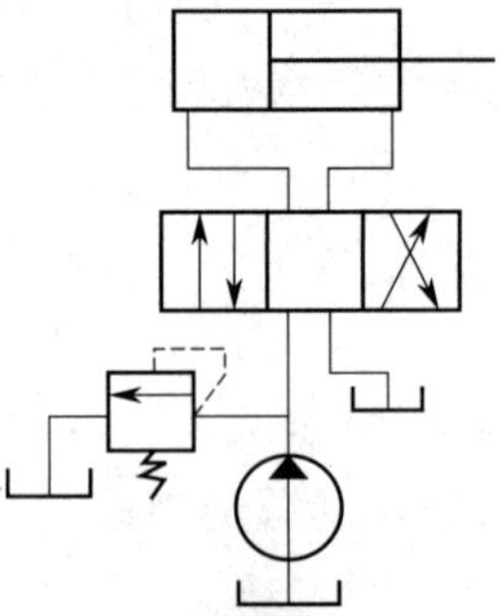

图 1

30. 图 2 为轴向柱塞泵和轴向柱塞马达的工作原理图。当缸体如图示方向旋转时，请判断各油口压力高低，选择正确答案。
   (1) 作液压泵用时（　　）；
   (2) 作油马达用时（　　）。
   A. a 为高压油口，b 为低压油口　　　B. b 为高压油口，a 为低压油口
   C. c 为高压油口，d 为低压油口　　　D. d 为高压油口，c 为低压油口

31. 如图 3 所示变量泵-定量马达容积调速系统。当系统工作压力不变时，该回路是（　　）。
   A. 恒转矩调速　　　　　　　　B. 恒功率调速
   C. 恒压力调速　　　　　　　　D. 恒功率和恒转矩组合调速

32. 图 3 回路中，阀 1 和阀 2 的作用是（　　）。
   A. 阀 1 起溢流作用，阀 2 起安全作用　　B. 阀 1 起安全作用，阀 2 起溢流作用
   C. 均起溢流作用　　　　　　　　　　　D. 均起安全作用

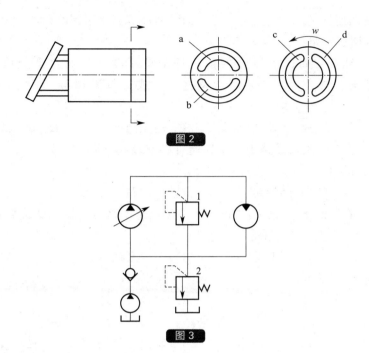

图2

图3

33. 图4所示回路,液压缸B进退所需压力均为2MPa,各阀调定压力如图所示。试确定在下列工况时C缸的工作压力。

(1) 在图示状况下,C缸压力是(　　);

(2) 在图示状况下,当B缸活塞顶上死挡块时,C缸压力是(　　);

(3) 当A阀通电后,B缸活塞退回不动时,C缸压力是(　　)。

A. 1.5MPa　　　　B. 3MPa　　　　C. 5MPa　　　　D. 4MPa

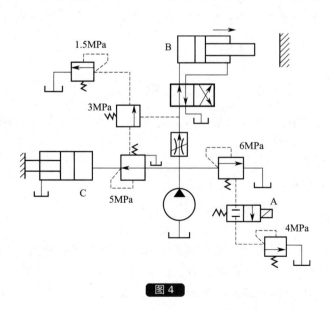

图4

34. 用同样定量泵、节流阀、溢流阀和液压缸组成下列几种节流调速回路,(　　)能够承受负值负载,(　　)的速度刚性最差,而回路效率最高。

A. 进油节流调速回路　　　　　　　　B. 回油节流调速回路
C. 旁路节流调速回路

35. 为保证负载变化时，节流阀的前后压力差不变，即通过节流阀的流量基本不变，往往将节流阀与（　　）串联组成调速阀，或将节流阀与（　　）并联组成旁通型调速阀。

A. 减压阀　　　　B. 定差减压阀　　　　C. 溢流阀　　　　D. 差压式溢流阀

36. 在定量泵节流调速阀回路中，调速阀可以安放在回路的（　　），而旁通型调速回路只能安放在回路的（　　）。

A. 进油路　　　　B. 回油路　　　　C. 旁油路

37. 差压式变量泵和（　　）组成的容积节流调速回路与限压式变量泵和（　　）组成的调速回路相比较，回路效率更高。

A. 节流阀　　　　B. 调速阀　　　　C. 旁通型调速阀

38. 液压缸的种类繁多，（　　）可作双作用液压缸，而（　　）只能作单作用液压缸。

A. 柱塞缸　　　　B. 活塞缸　　　　C. 摆动缸

39. 下列液压马达中，（　　）为高速马达，（　　）为低速马达。

A. 齿轮马达　　　B. 叶片马达　　　C. 轴向柱塞马达　　　D. 径向柱塞马达

40. 三位四通电液换向阀的液动滑阀为弹簧对中型，其先导电磁换向阀中位必须是（　　）机能，而液动滑阀为液压对中型，其先导电磁换向阀中位必须是（　　）机能。

A. H 型　　　　B. M 型　　　　C. Y 型　　　　D. P 型

41. 根据每小题系统图和假定条件，选择属于该小题的正确答案。

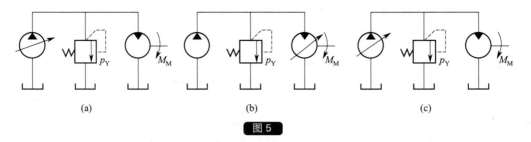

图 5

(1) 图 5(a) 所示系统，当施加某一恒定负载 M_M 时，其引起主油路压力未送到溢流阀调整压力 p_Y，在进行调速时，（　　）。

A. 输出功率为恒定
B. 输出转矩随液压泵排量的增大而减小
C. 主油路的工作压力随液压泵排量的增大而增大
D. 液压马达输出功率随液压泵排量的增大而增大

(2) 图 5(b) 所示系统，在每一次调速时，施加的负载所引起的主油路的压力都刚好达到溢流阀的调整压力值 p_Y。在进行调速时，（　　）。

A. 液压马达转速随排量的增加而增加
B. 输出转矩随液压马达排量的增大而增大
C. 输出功率随液压马达排量的增大而增大
D. 当液压马达排量调整到最大时，则输出转速为最大值

(3) 图 5(c) 所示系统,当施加的负载是不断变化的（即 M_M 为变量）,但其最大值所引起的主油路压力还未达到溢流阀的调整压力 p_Y,在进行调速时,（　　）。

A. 液压马达的转速随负载的增加而减小
B. 液压马达输出功率随负载和液压泵排量的增加而增加
C. 液压马达输出转矩随液压泵排量的增加而增加
D. 主油路的压力随负载的增加而增加

42. 叶片泵和叶片马达工作时,如突然发生一叶片卡在转子叶片槽内而不能外伸的故障,试分析它们的工作状况将分别发生什么变化。
(1) 对于叶片泵,转子转速（　　）,输出压力（　　）,输出流量（　　）;
(2) 对于叶片马达,转子转速（　　）,输出转矩（　　）,输入流量（　　）。

A. 降低为零　　　　B. 呈不稳定的波动
C. 保持不变

43. 某液压泵不直接从液面为大气压的油箱中吸油,而是采用压力为 p_2 的辅助低压系统向该泵供油。假设泵转速、效率及外负载均不变,试分析下列参数如何变化:
(1) 泵的输出压力（　　）;
(2) 泵的输出流量（　　）;
(3) 泵的输出功率（　　）。

A. 增大　　　　B. 减小　　　　C. 不变

44. 限制齿轮泵压力提高的主要因素是（　　）。
A. 流量脉动　　B. 困油现象　　C. 泄漏　　D. 径向不平衡力

45. 根据外反馈限压式变量泵的工作原理,试分析调整以下环节后,下述参数将发生什么变化:
(1) 流量调节螺钉向内旋进：空载流量 q_0（　　）,限定压力 p_c（　　）,最大压力 p_{max}（　　）;
(2) 压力调节螺钉向外旋出,减小弹簧压缩量：空载流量 q_0（　　）,限定压力 p_c（　　）,最大压力 p_{max}（　　）,BC 曲线斜率（　　）;
(3) 更换原有弹簧,放置刚性系数较小的弹簧,拆装后其他条件（弹簧预压缩量、流量和压力调节螺钉位置）均不变：空载流量 q_0（　　）,限定压力 p_c（　　）,最大压力 p_{max}（　　）,BC 曲线斜率（　　）。

A. 增大　　　　B. 减小　　　　C. 不变

46. 为保证锁紧迅速、准确,采用了双向液压锁的换向阀应选用（　　）中位机能；要求采用液控单向阀的压力机保压回路,在保压工况液压泵卸载,其换向阀应选用（　　）中位机能。

A. H 型　　　B. M 型　　　C. Y 型　　　D. D 型

47. 液压泵单位时间内排出油液的体积称为泵的流量。泵在额定转速和额定压力下的输出流量称为（　　）；在没有泄漏的情况下,根据泵的几何尺寸计算而得到的流量称为（　　）,它等于排量和转速的乘积。

A. 实际流量　　B. 理论流量　　C. 额定流量

48. 在实验或工业生产中,常把零压差下的流量（即负载为零时泵的流量）视为（　　）；有些液压泵在工作时,每一瞬间的流量各不相同,但在每转中按同一规律重复变化,这就是泵的流量脉动。瞬时流量一般指的是瞬时（　　）。

A. 实际流量　　　　B. 理论流量　　　　C. 额定流量

49. 对于双作用叶片泵，如果配油窗口的间距角小于两叶片间的夹角，会导致（　　）；又（　　），配油窗口的间距角不可能等于两叶片间的夹角，所以配油窗口的间距夹角必须大于等于两叶片间的夹角。

　　A. 由于加工安装误差，难以在工艺上实现
　　B. 不能保证吸、压油腔之间的密封，使泵的容积效率太低
　　C. 不能保证泵连续平稳的运动

50. 在双作用叶片泵中，当配油窗口的间隔夹角＞定子圆弧部分的夹角＞两叶片的夹角时，存在（　　），当定子圆弧部分的夹角＞配油窗口的间隔夹角＞两叶片的夹角时，（　　）。

　　A. 闭死容积大小在变化，有困油现象
　　B. 虽有闭死容积，但容积大小不变化，所以无困油现象
　　C. 不会产生闭死容积，所以无困油现象

51. 当配油窗口的间隔夹角＞两叶片的夹角时，单作用叶片泵（　　），当配油窗口的间隔夹角＜两叶片的夹角时，单作用叶片泵（　　）。

　　A. 闭死容积大小在变化，有困油现象
　　B. 虽有闭死容积，但容积大小不变化，所以无困油现象
　　C. 不会产生闭死容积，所以无困油现象

52. 双作用叶片泵的叶子在转子槽中的安装方向是（　　），限压式变量叶片泵的叶片在转子槽中的安装方向是（　　）。

　　A. 沿着径向方向安装
　　B. 沿着转子旋转方向前倾一角度
　　C. 沿着转子旋转方向后倾一角度

53. 当限压式变量泵工作压力 $p > p_{拐点}$ 时，随着负载压力上升，泵的输出流量（　　）；当恒功率变量泵工作压力 $p > p_{拐点}$ 时，随着负载压力上升，泵的输出流量（　　）。

　　A. 增加　　　　　　　　　　B. 呈线性规律衰减
　　C. 呈双曲线规律衰减　　　　D. 基本不变

54. 已知单活塞杆液压缸两腔有效面积 $A_1 = 2A_2$，液压泵供油流量为 q，如果将液压缸差动连接，活塞实现差动快进，那么进入大腔的流量是（　　），如果不差动连接，则小腔的排油流量是（　　）。

　　A. 0.5q　　　　B. 1.5q　　　　C. 1.75q　　　　D. 2q

55. 在泵—缸回油节流调速回路中，三位四通换向阀处于不同位置时，可使液压缸实现快进—工进—端点停留—快退的动作循环。试分析：在（　　）工况下，泵所需的驱动功率为最大；在（　　）工况下，缸输出功率最小。

　　A. 快进　　　　B. 工进　　　　C. 端点停留　　　　D. 快退

56. 系统中中位机能为 P 型的三位四通换向阀处于不同位置时，可使单活塞杆液压缸实现快进—慢进—快退的动作循环。试分析：液压缸在运动过程中，如突然将换向阀切换到中间位置，此时缸的工况为（　　）；如将单活塞杆缸换成双活塞杆缸，当换向阀切换到中位置时，缸的工况为（　　）。（不考虑惯性引起的滑移运动）

　　A. 停止运动　　　B. 慢进　　　C. 快退　　　D. 快进

57. 在减压回路中，减压阀调定压力为 p_J，溢流阀调定压力为 p_Y，主油路暂不工作，二次回路的负载压力为 p_L。若 $p_Y > p_J > p_L$，减压阀进、出口压力关系为（　　），若 $p_Y > p_L > p_J$，减压阀进、出口压力关系为（　　）。

   A. 进口压力 $p_1 = p_Y$，出口压力 $p_2 = p_J$
   B. 进口压力 $p_1 = p_Y$，出口压力 $p_2 = p_L$
   C. $p_1 = p_2 = p_J$，减压阀的进口压力、出口压力、调定压力基本相等
   D. $p_1 = p_2 = p_L$，减压阀的进口压力、出口压力与负载压力基本相等

58. 叶片泵的叶片数量增多后，双作用式叶片泵输出流量（　　），单作用式叶片泵输出流量（　　）。

   A. 增大　　　　B. 减小　　　　C. 不变

59. 消防队员手握水枪喷射压力水时，消防队员（　　）。

   A. 不受力　　　B. 受推力　　　C. 受拉力

60. 在减压回路中，减压阀调定压力为 p_J，溢流阀调定压力为 p_Y，主油路暂不工作，二次回路的负载压力为 p_L。若 $p_Y > p_J > p_L$，减压阀阀口状态为（　　）；若 $p_Y > p_L > p_J$，减压阀阀口状态为（　　）。

   A. 阀口处于小开口的减压工作状态
   B. 阀口处于完全关闭状态，不允许油流通过阀口
   C. 阀口处于基本关闭状态，但仍允许少量的油流通过阀口流至先导阀
   D. 阀口处于全开启状态，减压阀不起减压作用

61. 系统中采用了内控外泄顺序阀，顺序阀的调定压力为 p_X（阀口全开时损失不计），其出口负载压力为 p_L。当 $p_L > p_X$ 时，顺序阀进、出口压力 p_1 和 p_2 之间的关系为（　　）；当 $p_L < p_X$ 时，顺序阀进出口压力 p_1 和 p_2 之间的关系为（　　）。

   A. $p_1 = p_X$，$p_2 = p_L$（$p_1 \neq p_2$）
   B. $p_1 = p_2 = p_L$
   C. p_1 上升至系统溢流阀调定压力 $p_1 = p_Y$，$p_2 = p_L$
   D. $p_1 = p_2 = p_X$

62. 当控制阀的开口一定，阀的进、出口压力差 $\Delta p < (3 \sim 5) \times 10^5 \text{Pa}$ 时，随着压力差 Δp 变小，通过节流阀的流量（　　）；通过调速阀的流量（　　）。

   A. 增加　　　B. 减少　　　C. 基本不变　　　D. 无法判断

63. 当控制阀的开口一定，阀的进、出口压力差 $\Delta p > (3 \sim 5) \times 10^5 \text{Pa}$ 时，当负载变化导致压力差 Δp 增加时，压力差的变化对节流阀流量变化的影响（　　）；对调速阀流量变化的影响（　　）。

   A. 增大　　　B. 减小　　　C. 基本不变　　　D. 无法判断

64. 当控制阀的开口一定，阀的进、出口压力相等时，通过节流阀的流量为（　　）；通过调速阀的流量为（　　）。

   A. 0　　　B. 某调定值　　　C. 某变值　　　D. 无法判断

65. 在回油节流调速回路中，节流阀处于节流调速工况，系统的泄漏损失及溢流阀调压偏差均忽略不计。当负载 F 增加时，泵的输入功率（　　），缸的输出功率（　　）。

   A. 增加　　　B. 减少　　　C. 基本不变　　　D. 可能增加也可能减少

66. 电液比例阀电磁力马达的弹簧在理论上刚度应该是（　　）。

A. 很小 B. 一般 C. 无限大

67. 电液位置伺服系统中采用滞后校正可以（　　）；采用速度校正可以（　　）；采用加速度校正可以（　　）。

A. 提高频宽 B. 提高稳定性 C. 提高阻尼比

68. 在调速阀旁路节流调速回路中，调速阀的节流开口一定，当负载从 F_1 降到 F_2 时，若考虑泵内泄漏变化因素，液压缸的运动速度 v（　　）；若不考虑泵内泄漏变化的因素，缸运动速度 v 可视为（　　）。

A. 增加 B. 减少 C. 不变 D. 无法判断

69. 在定量泵-变量马达的容积调速回路中，如果液压马达所驱动的负载转矩变小，若不考虑泄漏的影响，试判断马达转速（　　）；泵的输出功率（　　）。

A. 增大 B. 减小 C. 基本不变 D. 无法判断

70. 在限压式变量泵与调速阀组成的容积节流调速回路中，若负载从 F_1 降到 F_2 而调速阀开口不变，泵的工作压力（　　）；若负载保持定值而调速阀开口变小，泵工作压力（　　）。

A. 增加 B. 减小 C. 不变

二、填空题

1. 我国油液牌号以（　　）℃时油液的平均（　　）黏度的（　　）数来表示。
2. 油液黏度因温度升高而（　　），因压力增大而（　　）。
3. 动力黏度 μ 的物理意义是（　　）。
4. 运动黏度的定义是（　　），其表达式为（　　）。
5. 相对黏度又称（　　）。
6. 液体的可压缩性系数 β 表示（　　）。
7. 雷诺数是（　　）；液体流动时，由层流变为紊流的条件由（　　）决定。
8. 液体流动中的压力损失可分为（　　）压力损失和（　　）压力损失。
9. 油液中混入的空气泡越多，则油液的体积压缩系数 β 越（　　）。
10. 容积式液压泵是靠（　　）来实现吸油和排油的。
11. 液压系统中的压力取决于（　　），执行元件的运动速度取决于（　　）。
12. 液压传动装置由（　　）、（　　）、（　　）和（　　）四部分组成，其中（　　）和（　　）为能量转换装置。
13. 液体在管道中存在两种流动状态，（　　）时黏性力起主导作用，（　　）时惯性力起主导作用，液体的流动状态可用（　　）来判断。
14. 在研究流动液体时，把假设既（　　）又（　　）的液体称为理想流体。
15. 变量泵是指（　　）可以改变的液压泵，常见的变量泵有（　　）、（　　）、（　　），其中（　　）和（　　）是通过改变转子和定子的偏心距来实现变量，（　　）是通过改变斜盘倾角来实现变量。
16. 液压泵的实际流量比理论流量（　　）；而液压马达实际流量比理论流量（　　）。
17. 斜盘式轴向柱塞泵构成吸、压油密闭工作腔的三对运动摩擦副为（　　）与（　　）、（　　）与（　　）、（　　）与（　　）。
18. 液压泵的额定流量是指泵在额定转速和（　　）压力下的输出流量。
19. 液压泵的机械损失是指液压泵在（　　）上的损失。

20. 齿轮泵的泄漏一般有三个渠道：（　　）；（　　）；（　　）。其中以（　　）最为严重。

21. 液压缸的（　　）效率是缸的实际运动速度和理想运动速度之比。

22. 在工作行程很长的情况下，使用（　　）液压缸最合适。

23. 柱塞式液压缸的运动速度与缸筒内径（　　）。

24. 对额定压力为 2.5MPa 的齿轮泵进行性能试验，当泵输出的油液直接通向油箱时，不计管道阻力，泵的输出压力为（　　）。

25. 为防止产生（　　），液压泵距离油箱液面不得太高。

26. 滑阀机能为（　　）型的换向阀，在换向阀处于中间位置时液压泵卸荷；而（　　）型的换向阀处于中间位置时可使液压泵保持压力（每格空白只写出一种类型）。

27. 如果顺序阀用阀进口压力作为控制压力，则该阀称为（　　）式。

28. 调速阀是由（　　）阀和节流阀串联而成的。

29. 溢流节流阀是由差压式溢流阀和节流阀（　　）构成的。

30. 采用出口节流的调速系统，若负载减小，则节流阀前的压力就会（　　）。

31. 外啮合齿轮泵的排量与（　　）的平方成正比，与（　　）的一次方成正比。因此，在齿轮节圆直径一定时，增大（　　），减少（　　）可以增大泵的排量。

32. 外啮合齿轮泵位于轮齿逐渐脱开啮合的一侧是（　　）腔，位于轮齿逐渐进入啮合的一侧是（　　）腔。

33. 为了消除齿轮泵的困油现象，通常在两侧盖板上开（　　），使闭死容积由大变小时与（　　）腔相通，闭死容积由小变大时与（　　）腔相通。

34. 齿轮泵产生泄漏的间隙为（　　）间隙和（　　）间隙，此外还存在（　　）间隙。对无间隙补偿的齿轮泵，（　　）泄漏占总泄漏量的 80%～85%。

35. 双作用叶片泵的定子曲线由两段（　　）、两段（　　）及四段（　　）组成，吸、压油窗口位于（　　）段。

36. 调节限压式变量叶片泵的压力调节螺钉，可以改变泵的压力流量特性曲线上（　　）的大小，调节最大流量调节螺钉，可以改变（　　）。

37. 溢流阀的进口压力随流量变化而波动的性能称为（　　），性能的好坏用（　　）或（　　）、（　　）评价。显然（　　）小好，（　　）和（　　）大好。

38. 溢流阀为（　　）压力控制，阀口常（　　），先导阀弹簧腔的泄漏油与阀的出口相通。定值减压阀为（　　）压力控制，阀口常（　　），先导阀弹簧腔的泄漏油必须（　　）。

39. 调速阀是由（　　）和节流阀（　　）而成，旁通型调速阀是由（　　）和节流阀（　　）而成。

40. 为了便于检修，蓄能器与管路之间应安装（　　），为了防止液压泵停车或泄载时蓄能器内的压力油倒流，蓄能器与液压泵之间应安装（　　）。

41. 如图 6 所示，设溢流阀的调整压力为 p_Y，关小节流阀 a 和 b 的节流口，得节流阀 a 的前端压力为 p_1，后端压力为 p_2，且 $p_Y > p_1$；若再将节流口 b 完全关死，此时节流阀 a 的前端压力为（　　），后端压力为（　　）。

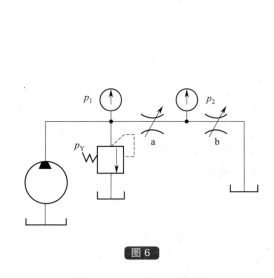

图 6

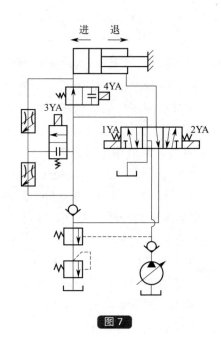

图 7

42. 图 7 所示液压系统，能实现"快进—Ⅰ工进—Ⅱ工进—快退—停止及卸荷"工序，填写电磁铁动作（通电为"＋"，断电为"－"）于表 1 中。

表 1 电磁铁动作顺序表

工序	1YA	2YA	3YA	4YA
快进				
Ⅰ工进				
Ⅱ工进				
快退				
停止、卸荷				

43. 选用过滤器应考虑（   ）、（   ）、（   ）和其他功能，它在系统中可安装在（   ）、（   ）、（   ）和单独的过滤系统中。

44. 两个液压马达主轴刚性连接在一起组成双速换接回路，两马达串联时，其转速为（   ）；两马达并联时，其转速为（   ），而输出转矩（   ）。串联和并联两种情况下回路的输出功率（   ）。

45. 在变量泵-变量马达调速回路中，为了在低速时有较大的输出转矩、在高速时能提供较大功率，往往在低速段，先将（   ）调至最大，用（   ）调速；在高速段，（   ）为最大，用（   ）调速。

46. 限压式变量泵和调速阀的调速回路，泵的流量与液压缸所需流量（   ），泵的工作压力（   ）；而差压式变量泵和节流阀的调速回路，泵输出流量与负载流量（   ），泵的工作压力等于（   ）加节流阀前后压力差，故回路效率高。

47. 顺序动作回路的功用在于使几个执行元件严格按预定顺序动作，按控制方式不同，分为（   ）控制和（   ）控制。同步回路的功用是使相同尺寸的执行元件在运动上同步，同步运动分为（   ）同步和（   ）同步两大类。

48. 按图 8 填写实现"快进—Ⅰ工进—Ⅱ工进—快退—原位停、泵卸荷"工作循环的电磁铁动作顺序表（见表2）。

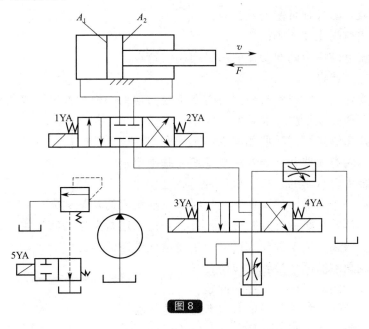

图8

表2 电磁铁动作顺序表

工序	1YA	2YA	3YA	4YA	5YA
快进					
Ⅰ工进					
Ⅱ工进					
快退					
停止、卸荷					

三、问答题

1. 液压油黏度的选择与系统工作压力、环境温度及工作部件的运动速度有何关系？
2. 在考虑液压系统中液压油的可压缩性时，应考虑哪些因素才能真正说明实际情况？
3. 什么是理想流体？
4. 对于层流和紊流两种不同流态，其沿程压力损失与流速的关系有何不同？
5. 轴向柱塞泵的柱塞数为什么都取奇数？
6. 如果与液压泵吸油口相通的油箱是完全封闭的，不与大气相通，液压泵能否正常工作？

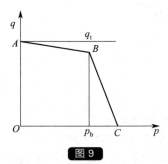

图9

7. 为什么称单作用叶片泵为非卸荷式叶片泵，称双作用叶片泵为卸荷式叶片泵？
8. 限压式变量叶片泵适用于什么场合？有何优缺点？（流量压力特性曲线见图9）
9. 什么是双联泵？什么是双级泵？
10. 什么是困油现象？外啮合齿轮泵、双作用叶片泵和轴向柱塞泵存在困油现象吗？它们是如何消除困油现象的影响的？
11. 哪些阀在液压系统中可以作背压阀使用？
12. 流量阀的节流口为什么通常要采用薄壁孔而不采用细

长小孔？

13. 举出滤油器的各种可能安装位置。
14. 为什么调速阀比节流阀的调速性能好？
15. 说明直流电磁换向阀和交流电磁换向阀的特点。
16. 柱塞缸有何特点？
17. 液压缸为什么要密封？哪些部位需要密封？常见的密封方法有哪几种？
18. 液压缸为什么要设缓冲装置？
19. 液压马达和液压泵有哪些相同点和不同点？
20. 液压控制阀有哪些共同点？应具备哪些基本要求？
21. 液压系统中溢流阀的进口、出口接错后会发生什么故障？
22. 采用节流阀进油节流调速回路，何时液压缸输出的功率最大？
23. 确定双作用叶片泵的叶片数应满足什么条件？通常采用的叶片数为多少？
24. 为什么柱塞泵一般比齿轮泵或叶片泵能达到更高的压力？
25. 何谓溢流阀的启闭特性？请说明含义。
26. 使用液控单向阀时应注意哪些问题？
27. 选择三位换向阀的中位机能时应考虑哪些问题？
28. 使用顺序阀应注意哪些问题？
29. 为什么顺序阀的弹簧腔泄漏油分内泄和外泄两种？可否全部采用外泄？
30. 为什么调速阀能够使执行元件的运动速度稳定？
31. 多缸液压系统中，如果要求以相同的位移或相同的速度运动时，应采用什么回路？这种回路通常有几种控制方法？哪种方法同步精度最高？
32. 液压系统中为什么要设置背压回路？背压回路与平衡回路有何区别？
33. 调速阀和旁通型调速阀（溢流节流阀）有何异同点？
34. 图 10 所示为三种不同形式的平衡回路，试从消耗功率、运动平稳性和锁紧作用比较三者在性能上的区别。

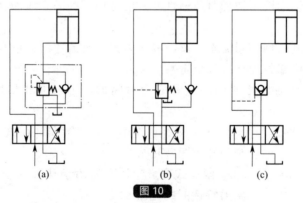

图 10

35. 阐述双作用叶片泵定子曲线的组成及对曲线的要求。
36. 阐述双作用叶片马达的工作原理，并指出其结构与叶片泵的区别。
37. 试说明溢流阀中的调压弹簧刚度强弱和阻尼孔大小对溢流阀的工作特性的影响。
38. 液压系统的噪声主要来自液压泵，试结合齿轮泵、叶片泵、轴向柱塞泵分析说明液压泵的噪声来源。

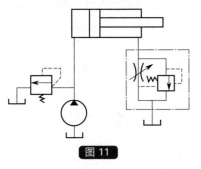

图 11

39. 分析并说明直动式和先导式溢流阀中阻尼孔的作用有何不同,当溢流阀的阻尼孔堵塞时,先导式和直动式溢流阀各会出现什么现象。

40. 在图 11 所示回路中,溢流节流阀装在液压缸回油路上,其能否实现调速,为什么?

四、分析题

1. 分析图 12 所示液压系统,说明下列问题:
(1) 阀 1、阀 2 和阀 3 组成什么回路?
(2) 本系统中阀 1 和阀 2 可用液压元件中哪一种阀来代替?
(3) 系统正常工作时,为使柱塞能够平稳右移,在系统的工作压力 p_1、阀 2 的调整压力 p_2 和阀 3 的调整压力 p_3 这三者中,哪个压力值最大,哪个最小或者相等,请予以说明。

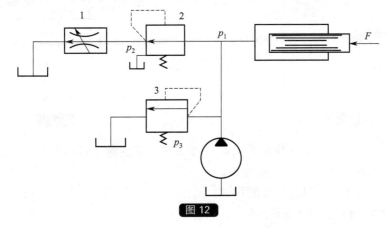

图 12

2. 图 13 为一个压力分级调压回路,回路中有关阀的压力值已调整好,试问:
(1) 该回路能够实现多少个压力级?
(2) 每个压力级的压力值是多少?是如何实现的?
请分别回答并说明。

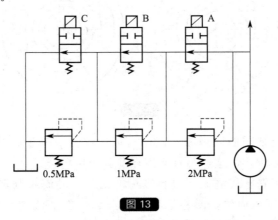

图 13

3. 在图 14 所示的回路中,旁通型调速阀(溢流节流阀)装在液压缸的回油路上,通过分析其调速性能判断下面哪些结论是正确的。(A)缸的运动速度不受负载变化的影响,调速性能较好；(B) 溢流节流阀相当于一个普通节流阀，只起回油路节流调速的作用，缸的运动速度受负载变化的影响；(C) 溢流节流阀两端压差很小，液压缸回油腔背压很小，不能进行调速。

4. 图 15 所示的回路为带补油装置的液压马达制动回路，说明图中三个溢流阀和单向阀的作用。

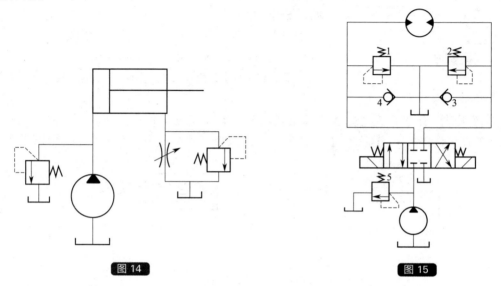

图 14　　　　　图 15

5. 图 16 表示一个双作用叶片泵的吸油、排油两个配油盘，试分析说明以下问题：
（1）标出配油盘的吸油窗口和排油窗。
（2）盲槽 a，环槽 b 和凹坑 c 有何用途？
（3）三角形浅槽 d 的作用是什么？
（4）图中的四个三角形浅沟槽有画错处，请改正。

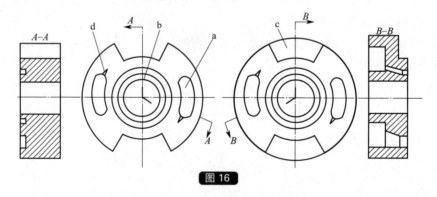

图 16

6. 图 17 表示何种控制阀的原理图？图中有何错误？请改正，并说明其工作原理和 1、2、3、4、5、6 各点应接何处，这种阀有何特点及其应用场合。

7. 图 18 所示是利用先导式溢流阀进行卸荷的回路。溢流阀调定压力 $p_Y = 30 \times 10^5 \mathrm{Pa}$。要求考虑阀芯阻尼孔的压力损失，回答下列问题：(1) 在溢流阀开启或关闭时，控制油路 E、F 段与泵出口处 B 点的油路是否始终是连通的？(2) 在电磁铁 1Y 断电时，若泵的工作压力 $p_B = 30 \times 10^5 \mathrm{Pa}$，$B$ 点和 E 点压力哪个压力大？若泵的工作压力 $p_B = 15 \times 10^5 \mathrm{Pa}$，$B$ 点和 E 点哪个压力大？(3) 在电磁铁吸合时，泵的流量是如何流到油箱中去的？

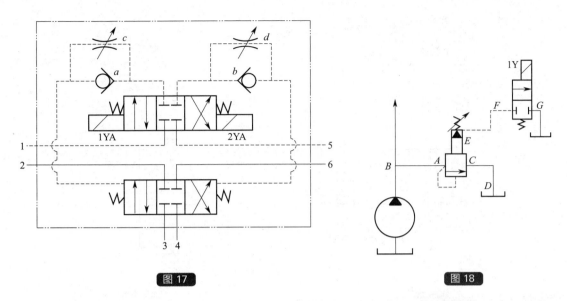

图 17 图 18

8. 如图 19 所示的系统中，主工作缸Ⅰ负载阻力 $F_1=2000\text{N}$，夹紧缸Ⅱ在运动时负载阻力很小可忽略不计。两缸大小相同，大腔面积 $A_1=20\text{cm}^2$，小腔有效面积 $A_2=10\text{cm}^2$，溢流阀调整值 $p_Y=30\times10^5\text{Pa}$，减压阀调整值 $p_J=15\times10^5\text{Pa}$。试分析：(1) 当夹紧缸Ⅱ运动时：$p_a$ 和 p_b 分别为多少？(2) 当夹紧缸Ⅱ夹紧工件时：p_a 和 p_b 分别为多少？(3) 夹紧缸Ⅱ最高承受的压力 $p_{\max}$ 为多少？

9. 如图 20 所示为液动阀换向回路。在主油路中接一个节流阀，当活塞运动到行程终点电磁铁 1Y 得电，切换控制油路的电磁阀 3，然后利用节流阀的进油口压差来切换液动阀 4，实现液压缸的换向。试判断图示两种方案是否都能正常工作？

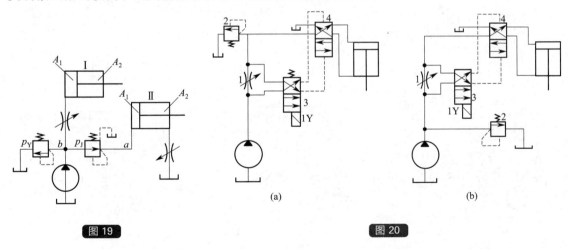

图 19 图 20

10. 图 21 为组合机床液压系统，用以实现"快进—工进—快退—原位停止、泵卸荷"工作循环。试分析油路有无错误，简要说明理由并加以改正。

11. 根据图 22 回答下列问题：
(1) 说明这是一种什么阀，试标出进口和出口，并画出其职能符号；
(2) 说明此种阀可用于哪几种节流调速回路，试画出其中的一种原理图，将此阀接入回路；

(3) 说明阀1和阀3起什么作用。

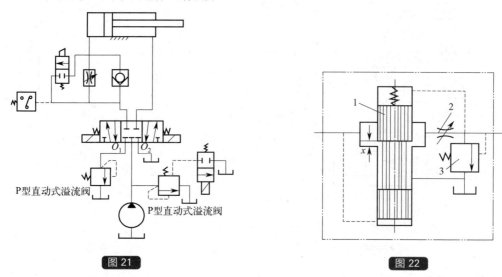

图21　　　　　图22

12. 试分析节流调速系统的能量利用效率。在设计和使用节流调速系统时，应如何尽量提高其效率？

13. 在如图23所示的夹紧系统中，已知定位压力要求为 $10 \times 10^5 \mathrm{Pa}$，夹紧力要求为 $3 \times 10^4 \mathrm{N}$，夹紧缸无杆腔面积 $A_1 = 100 \mathrm{cm}^2$，试回答下列问题：(1) A、B、C、D各件名称、作用及其调整压力；(2) 系统的工作过程。

14. 如图24所示采用蓄能器的压力机系统的两种方案，其区别在于蓄能器和压力继电器的安装位置不同。试分析它们的工作原理，并指出图24(a)、(b)的系统分别具有哪些功能。

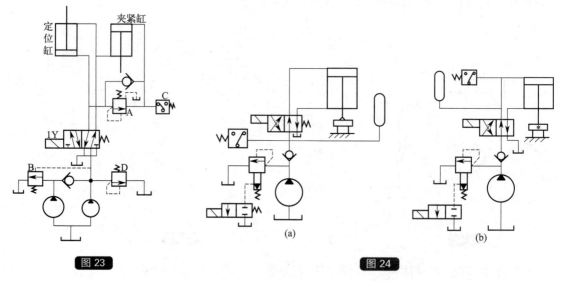

图23　　　　　图24

15. 在如图25所示的系统中，两溢流阀的调定压力分别为 $60 \times 10^5 \mathrm{Pa}$、$20 \times 10^5 \mathrm{Pa}$。

(1) 当 $p_{Y1} = 60 \times 10^5 \mathrm{Pa}$，$p_{Y2} = 20 \times 10^5 \mathrm{Pa}$，1Y吸合和断电时泵最大工作压力分别为多少？

(2) 当 $p_{Y1} = 20 \times 10^5 \mathrm{Pa}$，$p_{Y2} = 60 \times 10^5 \mathrm{Pa}$，1Y吸合和断电时泵最大工作压力分别为多少？

16. 有一台液压传动的机床，其工作台在运动中产生爬行，试分析应如何寻找产生爬行的原因。

17. 试分析说明液压泵入口产生气蚀的物理过程及其危害。

18. 如图 26 为一顺序动作回路，两液压缸有效面积及负载均相同，但在工作中发生不能按规定的 A 先动、B 后动顺序动作，试分析其原因，并提出改进的方法。

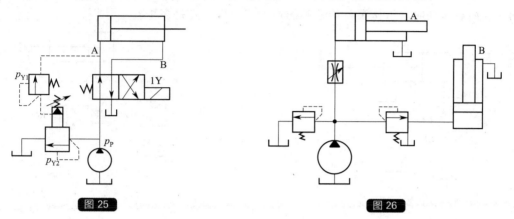

图 25　　　　　　　　　　　图 26

19. 如图 27 所示的外控内泄三位四通电液换向阀安装在某系统中，按通电按钮令先导电磁滑阀电磁铁得电后，发现液动换向阀不能换向。试分析原因并指出解决方法。

20. 如图 28 为起重机支腿双向锁紧回路。已知支腿液压缸直径 $D=63$mm，杆径 $d=50$mm，承受负载 $F=3\times10^4$N，液控单向阀内控制活塞面积 A_k 与单向阀阀芯承压面积 A 的比值为 $A_k/A=3$。

(1) 试分析双向液控单向阀（液压锁）的工作原理；

(2) 若活塞内缩（即支腿收回），试计算液控单向阀 B 的开启压力 p_k 及开启之前液压缸大腔压力 p_B。

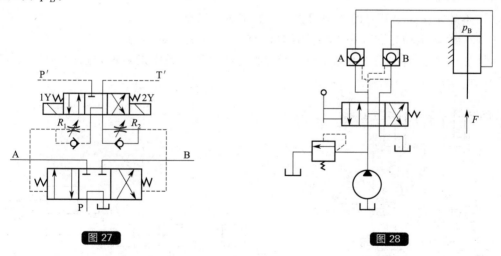

图 27　　　　　　　　　　　图 28

21. 试分析内控式顺序阀出口处负载压力 p_L 调定压力 p_X 和阀的进口压力 p_1 之间的关系。

22. 图 29 回路，减压阀调定压力为 p_J，负载压力为 p_L，试分析下述各情况下，减压阀进、出口压力的关系及减压阀口的开启状况：

(1) $p_Y<p_J$，$p_J>p_L$；

(2) $p_Y > p_J$, $p_J > p_L$;

(3) $p_Y > p_J$, $p_J = p_L$;

(4) $p_Y > p_J$, $p_L = \infty$。

23. 图 30 系统中，已知两溢流阀的调整压力分别为 $p_{Y1} = 5\text{MPa}$，$p_{Y2} = 2\text{MPa}$，试问活塞向左和向右运动时，液压泵可能达到的最大工作压力各是多少？

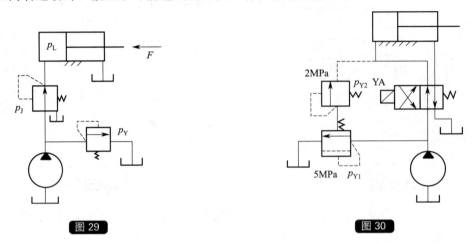

图 29　　　　　　　　　　　图 30

24. 图 31 定位夹紧系统，要求定位压力为 1MPa，夹紧力为 $3 \times 10^4 \text{N}$，夹紧缸无杆腔面积 $A_1 = 100 \text{cm}^2$。试回答下列问题：

(1) 系统的工作过程；

(2) A、B、C、D 各元件名称、作用及其调整压力。

25. 两个减压阀串联如图 32 所示。已知减压阀的调整值分别为：$p_{J1} = 3.5\text{MPa}$，$p_{J2} = 2\text{MPa}$，溢流阀调整值 $p_Y = 4.5\text{MPa}$。活塞运动时，负载力 $F = 1200\text{N}$，活塞面积 $A_1 = 15 \text{cm}^2$，不计减压阀全开时的局部损失及管路损失。试确定：

(1) 活塞在运动时和到达终端位置时，A、B、C 各点的压力；

(2) 若负载力增加到 $F = 4200\text{N}$，所有阀的调整值仍为原来数值，这时 A、B、C 各点的压力。

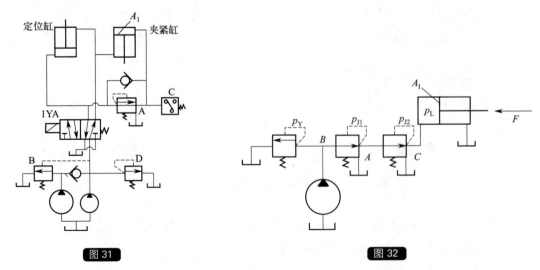

图 31　　　　　　　　　　　图 32

26. 图 33 液压系统，液压缸有效面积 $A_1=A_2=100\text{cm}^2$，缸 I 负载 $F=35000\text{N}$，缸 II 运动时负载为零。溢流阀、顺序阀和减压阀的调整压力分别为 4MPa、3MPa 和 2MPa。若不计摩擦阻力、惯性力和管路损失，求在下列三种工况下 A、B、C 三点的压力：

(1) 液压泵启动后，两换向阀处于中位；

(2) 1YA 通电，液压缸 I 活塞运动时及活塞运动到终端后；

(3) 1YA 断电，2YA 通电，液压缸 II 活塞运动时及活塞碰到固定挡块时。

27. 如图 34 所示，将两个规格相同、调定压力分别为 p_1 和 p_2 ($p_1 > p_2$) 的定值减压阀并联使用，若进口压力为 p_i，不计管路损失，试分析出口压力 p_0 如何确定。

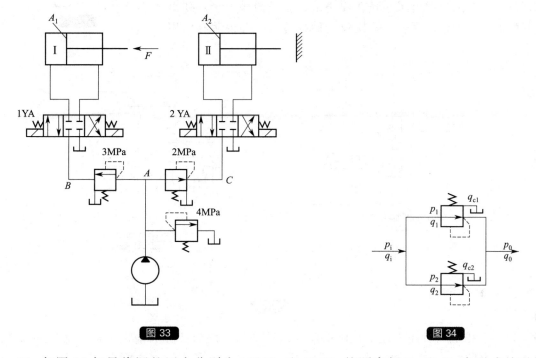

图 33

图 34

28. 如图 35 如果将调整压力分别为 10MPa 和 5MPa 的顺序阀 F_1 和 F_2 串联或并联使用，试分析进口压力为多少。

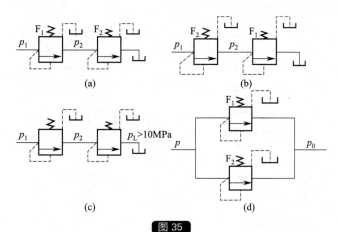

图 35

29. 试比较溢流阀、减压阀、内腔外泄式顺序阀三者之间的异同。

30. 如将调速阀的进出口油接反，调速阀能否正常工作，为什么？

31. 图 36 为用行程阀的速度换接回路，要求运动时能实现"快进—工进—死挡铁停留—快退"的工作循环，压力继电器控制换向阀切换。试改正图中错误，并分析出现错误的原因。

32. 图 37 所示为实现机床两次进给速度的两种方案：两个调速阀串联或两个调速阀并联在油路上，用换向阀换接。列出它们的电磁铁动作顺序表，试比较它们的特点，并说明其应用场合。

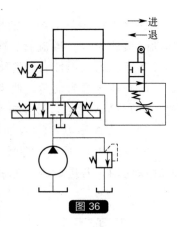

图 36

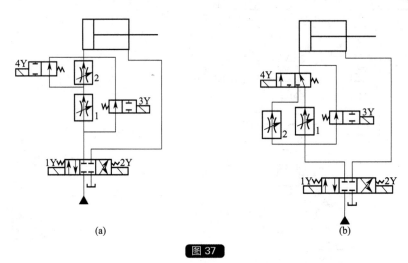

图 37

33. 图 38 为一种压力控制顺序动作回路，动作顺序为"缸 2 前进—缸 1 前进—缸 2 退回—缸 1 退回"，试分析回路：

（1）说明回路工作原理；

（2）阀 5 的调定压力如何确定？

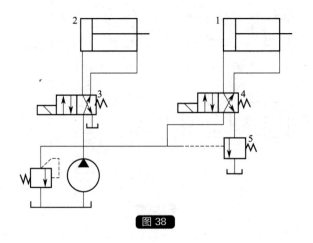

图 38

34. 图 39 为一动力滑台液压系统。根据其工作循环，编制电磁铁动作顺序表。

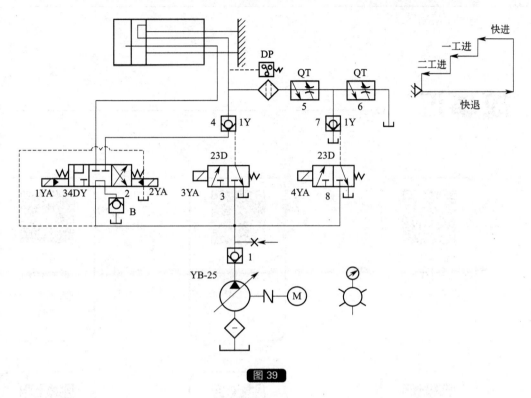

图 39

故事汇

1. 牢记嘱托,努力培养新时代的钢铁脊梁——百炼成钢攀高峰

2. 集结!坚决打赢关键核心技术攻坚战

3. 流体传动与控制研究领域的开拓者——史维祥

4. 精密流体控制设备行业发展概括及面临的前景与挑战

5. 数字液压托起中国制造升级梦想

6. 液压技术的发展趋势

项目设计

1. 设计并实际搭建回路

一、题目：设计并搭建一顺序动作回路

二、要求

(1) 用德国 FESTO（费斯托）软件设计回路（30min）；
(2) 用德国 FESTO（费斯托）试验台搭建设计的回路（20min）；
(3) 用最少的元件完成。

三、设计回路

四、具体要求及评分标准

序号	评分要素	配分	评分标准	扣分	得分	备注
1	设计控制回路	30 分	设计控制回路正确	设计控制回路中用错元件，应酌情减分		
2	搭建实际回路	40 分	组装实际回路正确	搭建实际回路不能一次成功，应酌情扣分		
3	回路讲解	20 分	正确讲解回路	不能正确运行，应酌情扣分		
4	运行回路	5 分	正确运行	不能正确运行，应酌情扣分		
5	卫生状况	5 分	及时擦净实训台	不能及时擦净实训台		
	合计					

测试时间为：_____

评分人：_____

2. 设计液压系统

一、设计项目（在下列项目中选一个，也可自己拟定项目。要求 4 位同学一个项目，24

个课时完成）

(1) $2000m^3$ 高炉炉顶料钟液压传动系统

工艺参数：

小钟自重	12.5t
小钟料重	24t
小钟开启或关闭时间	6s
大钟自重	43t
大钟料重	58t
大钟开启或关闭时间	10s
大、小钟的开启行程	750mm
煤气压差	0.01MPa

系统参数：

系统工作压力	10～12MPa

轴向柱塞泵（3台）：

公称压力	32MPa
流量（每台）	160L/min
大钟液压缸	$\phi 160mm \times 750mm$
小钟液压缸	$\phi 125mm \times 750mm$
活塞式蓄能器容积	$4 \times 39L$
氮气瓶容积	$6 \times 40L$

(2) $1200m^3$ 高炉炉顶料钟液压传动系统

工艺参数：

大钟拉杆最大总负荷	52t
小钟拉杆最大总负荷	21t
大钟行程	750mm
小钟行程	850mm
大钟开启时间	5s
大钟关闭时间	8～11s
小钟开启时间	6s
小钟关闭时间	6～7s
均压、放散阀行程	650～800mm
均压、放散阀开启时间	3s
均压、放散阀关闭时间	5～6s
均压、放散阀液压缸负荷	1.2t

系统参数：

系统最大工作压力	11MPa

轴向柱塞泵（2台）：

流量（每台）	100L/min
压力	32MPa
电动机功率	22kW

转速	1460r/min
大钟液压缸	ϕ125mm×750mm
小钟液压缸	ϕ125mm×850mm
小钟事故液压缸	ϕ125mm×850mm
均压阀液压缸	ϕ125mm×800mm
放散阀液压缸	ϕ125mm×800mm

(3) 550m³ 高炉炉顶料钟液压传动系统

工艺参数：

小钟自重	6t
料重	11t
配重	4.2t
开启时间	8s
关闭时间	6s
大钟自重	15t
料重	22t
开启或关闭时间	8s
大、小钟的升降行程	750mm

系统参数：

系统最高工作压力	12MPa
系统最大平均流量	53L/min

轴向柱塞泵（手动变量，2台）：

额定工作压力	32MPa
额定流量（每台）	63L/min
转速	1000r/min
大钟液压缸（柱塞式）	ϕ100mm×750mm
小钟液压缸（活塞式）	ϕ(140/80)mm×750mm
大钟均压阀液压缸	ϕ80mm×400mm
小钟放散阀液压缸	ϕ80mm×400mm

(4) 255m³ 高炉炉顶料钟液压传动系统

工艺参数：

大钟漏斗内料重	11.5t
大钟自重	6.3t
煤气对大钟浮力	2.8t
大钟行程	600mm
大钟行程时间	7~10s
小钟漏斗内料重	5t
小钟自重	1.45t
小钟行程	650mm
小钟行程时间	7~10s

系统参数：

系统工作压力	9～11MPa

齿轮泵（两台，一台工作，一台备用）：

最高工作压力	14MPa
流量（每台）	24.5L/min
转速	1440r/min
大钟液压缸	ϕ（80/45）mm×600mm
小钟液压缸	ϕ（100/56）mm×650mm
活塞式蓄能器容积	3×25L
氮气瓶容积	4×40L
油箱有效容积	0.48m³

（5）1500kN泥炮液压传动系统

工艺参数：

打泥机构：

泥缸容积	0.23m³
泥缸直径	500mm
总推力（最大）	150kN
活塞推进速度	0.0144m/s
吐泥速度	0.16m/s

压炮机构：

压炮力，运动时	8.7t
打泥时	24.5t

回转机构：

最大转角	170°
回转时间	9s

系统参数：

打泥回路工作压力	17MPa
压炮回路工作压力，运动时	7MPa
打泥时	17MPa
回转和锚钩回路工作压力	7MPa

柱塞泵：

额定压力	32MPa
流量	100L/min
传动功率	40kW
转速	1470r/min
打泥缸	ϕ350mm×1170mm
压炮缸	ϕ130mm×900mm
锚钩缸	ϕ40mm×100mm

摆动液压马达：

输出转矩	12kN·m
叶片内径	190mm

叶片外径	350mm
叶片宽度	200mm

(6) 2380kN 泥炮液压传动系统

工艺参数：

打泥机构：

泥缸容量	$0.25m^3$
泥缸直径	550mm
总推力（最大）	2380kN
活塞速度	0.8m/min
吐泥速度	0.18m/s

压炮机构：

压炮力，最初	4t
最大	35t
送炮小车组大行程	900mm

回转机构：

最大转矩	65kN·m
转速	5r/min
最大转角	230°
工作角	<180°

系统参数：

打泥回路工作压力	20MPa
压炮回路工作压力	10MPa
回转回路工作压力	4MPa

柱塞泵（2台）：

流量（每台）	100L/min
最高工作压力	32MPa
传动功率	40kW
转数	1460r/min
打泥缸	ϕ380mm×1330mm
压炮缸	ϕ150mm×1030mm

摆动液压马达：

叶片内径	ϕ270mm
叶片外径	ϕ450mm
叶片宽度	200mm

(7) 2380kN 矮式泥炮液压传动系统

工艺参数：

打泥机构：

泥缸容积	$0.25m^3$
泥缸直径	540mm
总推力（最大）	2380kN

	炮身倾角	19°
	炮嘴出口直径	150mm
	炮嘴吐泥速度	0.2m/s
压炮机构：		
	最大压炮力	21t
	送炮时间	10s
	回程时间	6.85s
回转机构：		
	最大回转力矩	17.5kN·m
	回转角度	180°
	回转时间	10～15s
系统参数：		
	打泥回路工作压力	21MPa
	压炮回路工作压力	14MPa
	开锁回路工作压力	4MPa
	回转回路工作压力	14MPa
轴向柱塞泵（手动变量式，2台）：		
	额定压力	32MPa
	额定流量（每台）	160L/min
	传动功率	55kW
	转速	1000r/min
	打泥缸	$\phi 380mm \times 1100mm$
	压炮缸	$\phi 125mm \times 700mm$
	开锁缸	$\phi 50mm \times 100mm$
回转液压马达（径向柱塞式）：		
	单位流量	1.608L/r
	额定转速	0～150r/min
	工作压力，额定	16MPa
	最大	22MPa
	转矩，额定	3.75kN·m
	最大	5.16kN·m
	溢流阀1预调压力	8MPa
	溢流阀2预调压力	15MPa
	溢流阀3预调压力	0.5MPa

(8) 1000m³高炉热风炉阀门液压传动系统

系统参数：

	系统工作压力	5MPa
	流量	25L/min
	蓄能器容积	4×39L
	热风阀液压缸	$\phi(125/70)mm \times 710mm$

冷风大阀液压缸	$\phi(125/70)$mm×710mm
倒流休风阀液压缸	$\phi(125/70)$mm×125mm
煤气切断阀液压缸	$\phi(80/45)$mm×630mm
燃烧阀液压缸	$\phi(100/55)$mm×630mm
烟道阀（一）液压缸	$\phi(100/55)$mm×630mm
烟道阀（二）液压缸	$\phi(100/55)$mm×630mm
废风阀液压缸	$\phi(80/45)$mm×450mm
冷风阀液压缸	$\phi(100/55)$mm×630mm
冷风旁通阀液压缸	$\phi(80/45)$mm×450mm

(9) 550m^3 高炉热风炉阀门液压传动系统

系统参数：

系统工作压力	4～5MPa
系统流量	20～30L/min

叶片泵：

最高工作压力	7MPa
流量（每台）	32.2L/min
蓄能器容积	2×25L
氮气瓶容积	3×40L
废气旁通阀液压缸	ϕ100mm×120mm
烟道阀液压缸	ϕ80mm×380mm
煤气阀液压缸	ϕ80mm×380mm
热风阀液压缸	ϕ100mm×950mm
冷风阀液压缸	ϕ100mm×950mm
燃烧阀液压缸	ϕ80mm×380mm

(10) 20t 电弧炼钢炉液压传动系统

工艺参数：

容许最大出钢量	35t
熔池面直径	3700mm
熔池最大深度	730mm
炉池面到炉盖高度	1800mm
电极直径	400mm
电极升降最大行程	3100mm
电极升降速度，上升	0.15m/s
下降	0.1m/s
炉体倾翻最大角度，出钢	45°
出渣	15°
炉体倾翻时间	75s
炉盖顶起高度	500mm
炉盖顶起时间	60s
炉盖旋开最大角度	80°

炉盖旋开时间	60s
炉体最大旋转角度	±30°
炉体旋转时间	60s

系统参数：

系统工作压力	4MPa

工作泵（高压离心泵，2台）：

流量	90L/min，167L/min，250L/min
压力	6.3MPa，6MPa，5.9MPa
功率	55kW，55kW，55kW

工作介质：乳化液

高压蓄能器总容积	3800L
低压蓄能器总容积	1050L

电极升降伺服阀控制泵：

流量	60L/min
压力	0.6~0.8MPa

炉盖顶起缸：

顶力	140t
最大行程	1150mm

炉盖旋转缸：

推力	20t
最大行程	922mm

炉体旋转缸：

最大牵引力	18t
最大行程	1350mm

(11) 12500kV·A铁合金电炉液压传动系统

系统参数：

叶片泵（2台）：

最高工作压力	10MPa
流量（每台）	112.5L/min
转数	1470r/min

蓄能器（气液直接接触式）总容积（包括两个氮气罐在内）	3×250L
蓄能器最高工作压力	7MPa
油箱容积	2.9m³

电极升降回路：

电极升降缸	ϕ250mm×1400mm
工作压力	5MPa
电极升降工作行程	1200mm
电极升降最高速度	500mm/min

电极压放回路：

抱闸缸：

直径	140mm
工作压力	5MPa
工作行程	120mm

电极压放缸：

直径	ϕ160mm
工作压力	3MPa
工作行程	180mm
工作速度	20～100mm/min

把持器回路：

　把持缸：

主缸直径	ϕ240mm
最高工作压力	3MPa
辅缸直径	ϕ80mm

(12) 25000kV·A 铁合金电炉液压传动系统

叶片泵（3台）：

工作压力	10MPa
额定流量（每台）	87.5L/min
传动功率	18.27kW
蓄能器（包括三个氮气罐）总容积：	4×500L
最高工作压力	10MPa
最低工作压力	9MPa

电极升降回路：

工作压力	5MPa
电极升降缸	ϕ270mm×1600mm
电极升降速度	250～500mm/min

电极压放回路：

工作压力	4MPa
上、下抱闸缸	ϕ70mm×100mm
抱闸缸速度	100mm/min

把持器回路：

工作压力，放松时	7MPa
夹紧时	3MPa
把持缸	ϕ130mm×80mm
工作行程	60mm

(13) 35000kV·A 电石炉液压传动系统

电极升降装置和把持器供油泵1、2（2台）

工作压力	10MPa
额定流量（每台，当1500r/min时）	171.3L/min

电极压放及抱闸装置供油泵：

工作压力	10MPa

　　　　　额定流量（当1500r/min时）　　　　　　　　　　　　15.6L/min
事故用柱塞式手摇泵：
　　　　　工作压力　　　　　　　　　　　　　　　　　　　　10MPa
　　　　　流量　　　　　　　　　　　　　　　　　　　　　　13.3mm/冲程
　　　　　电极压放系统蓄能器容积　　　　　　　　　　　　　25L
　　　　　电极升降系统蓄能器容积　　　　　　　　　　　　　3×55L
电极把持器液压马达（叶片式）：
　　　　　工作压力　　　　　　　　　　　　　　　　　　　　3MPa
　　　　　转矩　　　　　　　　　　　　　　　　　　　　　　0.01kN·m
　　　　　转速　　　　　　　　　　　　　　　　　　　　　　800r/min
电极升降缸：
　　　　　规格　　　　　　　　　　　　　　　　　　　　　　ϕ250mm×1600mm
　　　　　工作压力　　　　　　　　　　　　　　　　　　　　4MPa
　　　　　工作速度　　　　　　　　　　　　　　　　　　　　50～250mm/min
电极抱闸缸：
　　　　　规格　　　　　　　　　　　　　　　　　　　　　　ϕ150mm
　　　　　工作行程　　　　　　　　　　　　　　　　　　　　130mm
　　　　　工作压力　　　　　　　　　　　　　　　　　　　　3MPa
　　　　　工作速度　　　　　　　　　　　　　　　　　　　　50～100mm/min
电极压放缸：
　　　　　规格　　　　　　　　　　　　　　　　　　　　　　ϕ200mm×300mm
　　　　　工作压力　　　　　　　　　　　　　　　　　　　　4MPa
　　　　　工作速度　　　　　　　　　　　　　　　　　　　　≤100mm/min
　　　　　每次工作行程　　　　　　　　　　　　　　　　　　25mm
(14) 18t真空处理设备液压传动系统
工艺参数：
　　　　　负荷总重　　　　　　　　　　　　　　　　　　　　40t
　　　　　升降极限行程　　　　　　　　　　　　　　　　　　1760mm
　　　　　提升速度　　　　　　　　　　　　　　　　　　　　50～100mm/s
　　　　　升降振幅　　　　　　　　　　　　　　　　　　　　320～530mm
　　　　　提升顶点停留时间　　　　　　　　　　　　　　　　6s
　　　　　下降底点停留时间　　　　　　　　　　　　　　　　5s
　　　　　每次处理钢水量　　　　　　　　　　　　　　　　　12～18t
系统参数：
工作泵（6台）：
　　　　　工作压力　　　　　　　　　　　　　　　　　　　　6MPa
　　　　　每台流量　　　　　　　　　　　　　　　　　　　　100L/min
　　　　　传动功率　　　　　　　　　　　　　　　　　　　　14kW
　　　　　转速　　　　　　　　　　　　　　　　　　　　　　980r/min
控制泵（1台）：

控制压力	2MPa
流量	18L/min
传动功率	1.7kW
转速	1430r/min
升降缸	ϕ240mm×1760mm

(15) 真空室烘烤站加热罩液压传动系统

系统参数：

系统工作压力	14MPa

齿轮泵：

工作压力	14MPa
流量	11.57L/min
传动功率	4kW
转速	1450r/min

手动泵：

压力	25MPa
流量	15cm^3/行程

液压缸：

规格	ϕ(125/80)mm×1500mm
活塞上升推力	35kN
活塞下降拉力	100kN
油箱容积	40L

(16) 3t 铁合金加热炉液压传动系统

工艺参数：

加热炉容量	3t
炉盖液压缸最大开启力	30t
炉底最大倾动力	17t

系统参数：

系统工作压力	14MPa

齿轮泵：

工作压力	14MPa
流量	30.8L/min
传动功率	13kW
转速	970r/min
炉盖启闭缸	ϕ(200/100)mm×950mm
炉底倾动缸	ϕ(125/80)mm×950mm
油箱有效容积	0.2m^3

(17) 100t 炉底车升降液压传动系统

工艺参数：

顶盘最大顶力	100t
顶盘最大升降行程	1000mm

系统参数：
  顶盘上升速度   0.28m/min
  系统工作压力   4～5MPa

叶片泵：
  最高工作压力   7MPa
  流量   68L/min
  传动功率   10kW
  转速   970r/min
  升降缸（柱塞式） ϕ560mm×1000mm
  油箱容积   0.8m^3

(18) 1600mm×250mm 板坯连铸机主体设备液压传动集中能源系统

系统参数：

能源系统的出口压力有五种：
  p_0（最高）   17MPa
  p_1 8～16MPa
  p_2 5～13MPa
  p_3 20MPa
  p_K（最高）   6MPa

低压供油泵（螺杆式2台）：
  压力   1.5MPa
  流量（每台）   420L/min
  传动功率   15kW
  转速   1450r/min

控制泵（恒压控制变量叶片泵，2台）：
  压力   6MPa
  流量（每台）   60L/min
  传动功率   7.5kW
  转速   1450r/min

高压工作泵（恒压控制轴向柱塞变量泵，4台）：
  压力   24MPa
  流量（每台）   85L/min
  传动功率   37kW
  转速   1450r/min

气囊式蓄能器（6个）：
  总容积   6×50L
  工作压力范围   24～18MPa
  油箱容积   4000L

(19) 1600mm×250mm 板坯连铸机二次冷却扇形段液压传动系统

铸坯尺寸：
  宽   700～1600mm

厚	170mm、210mm、250mm
长，长坯	8～10m
短坯	4～4.8m
坯重	3.62～31.2t/根

系统参数：

系统最高工作压力 p_0	17MPa

扇形段 1～2 上辊架升降缸：

规格	$\phi(220/125)\text{mm}\times240\text{mm}$
升降速度	5mm/s

扇形段 3～7 上辊架升降缸：

规格	$\phi(320/140)\text{mm}\times240\text{mm}$
升降速度	5mm/s

(20) 1600mm×250mm 板坯连铸机拉矫机液压传动系统

铸坯尺寸：

宽	700～1600mm
厚	170mm、210mm、250mm
长，长坯	8～10m
短坯	4～4.8m
坯重	3.62～31.2t/根
送引锭杆速度	0.4～6m/min
拉坯速度	0.7～3m/min
连铸机长度	21930mm

系统参数：

系统工作压力 p_1	8～16MPa
p_2	5～14MPa

(21) 1600mm×250mm 板坯连铸机脱引锭装置、引锭杆存放台斜桥升降与锁定液压传动系统

系统参数：

系统工作压力	20MPa

脱引锭装置升降缸：

规格	$\phi(100/56)\text{mm}\times130\text{mm}$
升降速度	100mm/s

引锭杆存放台斜桥升降缸：

规格	$\phi(160/110)\text{mm}\times2452\text{mm}$
前进（斜桥下降）速度	25mm/s
后退（斜桥上升）速度	50mm/s

引锭杆存放台斜桥锁定缸：

规格	$\phi(63/42)\text{mm}\times150\text{mm}$
前进（锁斜桥紧）、后退（脱开）速度	100mm/s

(22) 1600mm×250mm 板坯连铸机火焰切割区摆动辊升降液压传动系统

工艺参数：

铸坯宽度	700～1600mm
铸坯厚度	170mm，210mm，250mm
铸坯切割长度，长坯	8～10m
短坯	4～4.8m

切割速度：

当坯厚为170mm时	500mm/min
当坯厚为210mm时	420mm/min
当坯厚为250mm时	380mm/min

系统参数：

系统工作压力	20MPa
摆动辊摆动缸	$\phi(125/90)\text{mm}\times315\text{mm}$
摆动缸活塞移动速度	100mm/s

(23) 1600mm×250mm 板坯连铸机出坯设备液压传动集中能源系统

循环泵（螺杆式）：

工作压力	1MPa
流量	355L/min
传动功率	7.5kW
转速	1450r/min

控制泵（带外力补偿器的叶片式）：

工作压力	5MPa
流量	25L/min
传动功率	3kW
转速	1450r/min

工作泵（轴向柱塞式，8台）：

工作压力	16MPa
流量（每台）	325L/min
传动功率	110kW
转速	1450r/min
蓄能器容积	2×20L
蓄能器容积	5L
油箱容积	10000L

(24) 1600mm×250mm 板坯连铸机翻板机液压传动系统

工艺参数：

板坯最大断面	1600mm×250mm
板坯最大长度	10m
板坯最大重量	31.2t/根
系统参数：工作压力 p	16MPa
控制压力 p_K	5MPa
液压缸	$\phi(180/125)\text{mm}\times2320\text{mm}$

(25) 200mm×200mm 连铸机第一组托辊液压传动系统

工艺参数：

  铸坯断面（最大）   200mm×200mm；150mm×450mm
  铸坯长度   1.5～2.8m
  铸坯速度   0.8～1.5m/min
  两个托辊的最大总夹紧力   32t

系统参数：

  系统工作压力   6MPa

叶片泵（2台）：

  压力   6MPa
  流量（每台）   5L/min
  传动功率   1.7kW
  转速   940r/min
  蓄能器容积   3L
  液压缸 $\phi(130/90)mm \times 160mm$
  油箱容积 $0.5m^3$

(26) 70mm×70mm～150mm×150mm 连铸机钢坯推出机液压传动系统

工艺参数：

  钢坯断面   70mm×70mm～150mm×150mm
  钢坯长度   2800～3200mm
  推钢坯总重   15t
  推板行程   704mm

系统参数：

  系统工作压力   13MPa

轴向柱塞泵（2台）：

  工作压力   13MPa
  流量（每台）   90L/min
  传动功率   22kW
  转速   1500r/min
  液压缸 $\phi(80/56)mm \times 470mm$
  油箱容积   800L

(27) 3.5m 半连续铸造机液压传动系统

工艺参数：

  铸造速度（无级调整）   0.5～35m/h
  铸锭最大规格，圆锭 $\phi120～245mm$
        扁锭   150mm×330mm
  长度   3000mm
  柱塞最大行程   3400mm

系统参数：

齿轮泵（2台）：

工作压力	2.5MPa
流量（每台）	25L/min
传动功率	1.7kW
转速	1450r/min

(28) 小型钢坯步进式加热炉液压传动系统

工艺参数：

炉长	19m
炉内宽	5.4m
钢坯断面	110mm×110mm，130mm×130mm
钢坯长度	2200～4400mm
步进梁行程	50～300mm
步进梁动嘴最大周期（其中上升或下降5.5s；前进或后退3.5s）	18s

系统参数：

工作泵（2台）：

工作压力	7MPa
流量（每台）	153L/min
总传动功率	55kW
转速	950r/min
升降缸	ϕ225mm×750mm
行走缸	ϕ125mm×350mm
油箱容积	1m^3

(29) 铝锭步进式加热炉液压传动系统

工艺参数：

铝锭尺寸	ϕ(785～510)mm×1400mm
加热温度	550℃
步进梁最大移动速度	3.5m/min
升降梁沿斜面最大移动速度	2.5m/min
升降行程	210mm

系统参数：

系统工作压力	5MPa
升降缸	ϕ(200/60)mm×1040mm
步进缸	ϕ(100/60)mm×1200mm
炉门升降缸	ϕ(80/35)mm×1100mm

(30) 热扩管步进式加热炉液压传动系统

工艺参数：

钢管喇叭口外径	ϕ320～730mm
钢管外径	ϕ89～560mm
钢管长度	5.5～17m
钢管最大重量	25kN/根
步进梁升降高度	240mm

步进梁步进距离	390mm

系统参数:
液压泵（2台）:

工作压力	11MPa
流量（每台）	32L/min
转速	1450r/min

液压泵（2台）:

工作压力	11MPa
流量（每台）	8L/min
转速	1450r/min
升降缸（4个）	ϕ120mm×385mm
步进缸（2个）	ϕ70mm×400mm
溢流阀的调定压力	11MPa

(31) 1700mm 热连轧步进式加热炉液压传动系统

工艺参数:

活动炉底自重	330t
最大装料量	600t
步进梁行程	600mm
步进梁升降高度	200mm

系统参数:

系统工作压力：最高	14MPa
正常	11MPa

工作泵（双联定量叶片式,3台）:

最高工作压力	17MPa

流量（每台）（当压力为14MPa，转速为960r/min时）:

H 泵	94L/min
S 泵	157L/min
传动功率	75kW
操作回路压力	7MPa
减压阀的二次压力	3.5MPa

操作泵（定量叶片泵）:

最高工作压力	21MPa
流量（当压力为7MPa，转速为960r/min时）	43L/min
传动功率	7.5kW
升降缸（2个）	ϕ(507/265)mm×690mm
步进缸（1个）	ϕ(300/200)mm×660mm
油箱容积	3000L

(32) 8m 环形加热炉液压传动系统

工艺参数:

炉底平均直径	8m

炉底回转部分总重	120t
两链齿间夹角	4°30′
液压缸最大推力	10t
每推进 4°30′ 所需时间	8.5s

系统参数：
叶片泵（2台）：

工作压力	6MPa
流量（每台）	100L/min
传动功率	13kW
转速	970r/min

液压缸：

规格	ϕ180mm×420mm
工作压力	4MPa

(33) 12m 环形加热炉液压传动系统

工艺参数：

炉底平均直径	12m
最大装料量	81t
炉底转动部分总重	295t
液压缸最大推力	15t
液压缸工作行程	218.75mm；436mm；25mm
炉底转角	4°；6°
每转一个角度的时间	5.2；7.7s

系统参数：
叶片泵：

工作压力	7MPa
流量	157L/min
传动功率	22kW
转速	970r/min

液压缸：

规格	ϕ200mm×500mm
工作压力	5MPa
油箱有效容积	600L

(34) 30t 推钢机液压传动系统

工艺参数：

推力	30t
推速	3.5m/s
工作行程	1500mm

系统参数：

工作压力	10MPa

轴向柱塞泵（2台）：

额定压力	32MPa
流量（每台）	63L/min
液压缸	ϕ150mm×1500mm

(35) 50t 推钢机液压传动系统

工艺参数：

推力	50t
最大行程	1500mm
工作行程时间	47s
回程时间	19s

系统参数：

系统工作压力	16MPa

轴向柱塞泵（手动伺服变量，2台）：

最高工作压力	21MPa
流量	40L/min
工作缸（柱塞式）	ϕ200mm×1500mm
回程缸（柱塞式）	ϕ90mm×1500mm

(36) 100t 推钢机液压传动系统

工艺参数：

钢坯长度	9～12m
推力	100t
最大行程	2500mm
推速	3m/min

系统参数：

系统最大工作压力	13MPa

齿轮泵（2台）：

额定压力	14MPa
流量（每台）	125L/min
液压缸	ϕ180mm×2500mm
液压缸	ϕ220mm×2500mm

(37) 1700mm 热连轧步进式加热炉出钢机液压传动系统

板坯尺寸：

厚	150～250mm
宽	500～1600mm
长	4000～10000mm
扒皮最大单重	30t

出料方式：单排或双排

横移最大行程	4950mm

升降行程：

在前进极限位置	460mm（在炉床的固定梁上表面，以上 360mm，以下 100mm）

在后退极限位置	600mm（在炉床固定梁上表面以上500mm，以下100mm）

系统参数：

系统工作压力	14MPa

双级叶片泵（4台）：

工作压力	14MPa
流量（每台）	150L/min
传动功率	55kW
转速	1000r/min

升降缸规格：

1、2号炉（每炉2个）	$\phi(250/140)$mm×775mm
3号炉（每炉4个）	$\phi(200/112)$mm×775mm

蓄能器（7个）：

总容积	7×60L
充氮压力	10MPa
油箱容积	3000L

工作介质水-油型（水包油）乳化液

二、设计步骤与要求

(1) 构思液压系统、确定设计方案

① 根据设计题目的要求，分小组讨论确定设计任务；

② 小组每个成员单独构思液压系统方案；

③ 对每个小组成员的方案进行分析论证，确定最优化方案。

(2) 设计液压系统

① 根据每个同学的特长，由组长进行每个小组成员的任务分工；

② 每个小组成员单独完成自己的设计任务；

③ 小组集中讨论，验收每个成员的设计任务；

④ 形成一个完整的液压工作系统。

(3) 实施对液压工作系统分析

① 小组一起分析设计的液压系统；

② 写出系统分析说明书；

③ 进行压力 p、速度 v、力 f 等参数计算，完成参数计算说明书；

④ 进行资料整理和完成设计任务。

(4) 全班进行设计液压系统分析答辩

① 制作汇报PPT；

② 小组推选裁判员；

③ 小组自己给定每个小组人员基本分数；

④ 由老师现场抽签决定汇报人员；

⑤ 全体人员进行问题答辩；

⑥ 老师根据各位裁判员给出的小组整体分数和每个成员的基本分数，确定每个成员的本次设计任务成绩。

三、答辩评分标准

评分员（_____）

小组	学号	姓名	设计题目	系统设计（精巧7~8分、合理6分、正确5分、基本正确4分、较差1~3分）（满分8分）	系统分析合理讲解清楚答辩流畅（满分4分）	系统参数计算正确（满分3分）	总分（15分）
1							
2							
3							

四、上交资料

（1）液压系统图（电子版）；

（2）设计说明书；

（3）答辩汇报PPT。

附录　常用液压与气动图形符号

（摘自 GB/T 786.1—2009）

附录 A　符号要素、管路

名称	符号	名称	符号
工作管路	 ——	液压	▶
控制管路	 ----	气动	▷
组合元件框线	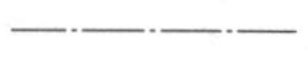 — —	能量转换元件	○
连接管路	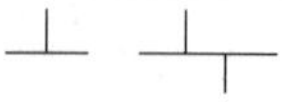 ⊥　⊣	测量仪表	○
交叉管路	 ＋	控制元件	□
柔性管路	 ⌣	调节器件	◇

附录 B　控制机构和控制方法

	名称	符号		名称	符号
机械控制	单向滚轮式	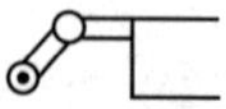	先导控制	电反馈	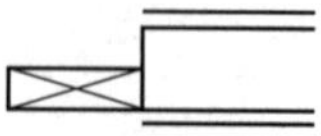
	顶杆式	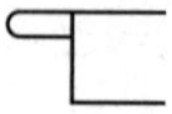		加压或卸压	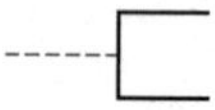
电气控制	单作用电磁铁	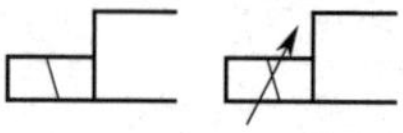	压力控制	内部	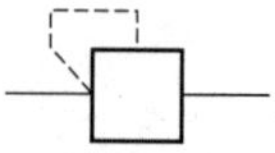
	双作用电磁铁	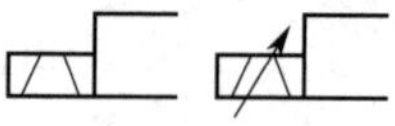		外部	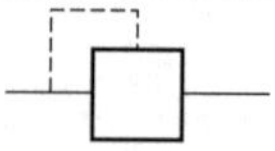
人力控制	按钮式	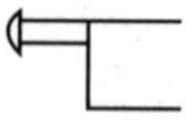	先导控制	液压（加压）	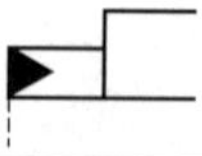
	手柄式	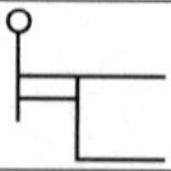		液压（卸压）	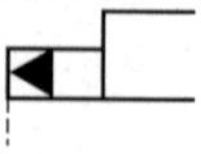
	踏板式	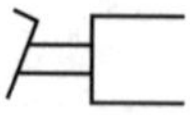		气压（加压）	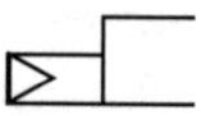

续表

	名称	符号		名称	符号
机械控制	弹簧式		先导控制	电-液（加压）	
	滚轮式			电-气（加压）	

附录 C　泵、马达和缸

	名称	符号		名称	符号
定量泵	单向			摆动马达	
	双向		单作用缸	单活塞杆缸	
变量泵	单向			伸缩缸	
	双向			单活塞杆缸	
定量马达	单向		双作用缸	双活塞杆缸	
	双向			可调缓冲缸（双向、单向）	
变量马达	单向			伸缩缸	
	双向			增压器	

附录 D　控制元件

名称	符号	名称	符号
直动型溢流阀		先导型比例电磁式溢流阀	
先导型溢流阀		双向溢流阀	
先导型电磁溢流阀		单向阀	
		截止阀	
卸荷溢流阀		减速阀	

续表

名称	符号	名称	符号
单向顺序阀		带消声器的节流阀	
不可调节流阀		调速阀	
可调节流阀		温度补偿型调速阀	
单向节流阀		旁通型调速阀	
直动型减压阀		单向调速阀	
先导型减压阀		分流阀	
溢流减压阀		集流阀	
定差减压阀		分流集流阀	
直动型顺序阀		液控单向阀	
先导型顺序阀		双向液压阀	
直动型卸荷阀		二位二通换向阀	
或门型梭阀		二位三通换向阀	
与门型梭阀		二位四通换向阀	
快速排气阀		二位五通换向阀	
三位四通换向阀		四通节流型换向阀	
三位六通换向阀		四通电液伺服阀	

附录 E 辅助元件

名称	符号	名称	符号
过滤器		冷却器	
带磁性滤芯过滤器		加热器	
带污染指示过滤器		快换接头（带单向阀、不带单向阀）	
分水排水器（人工排出、自动排出）		旋转接头（三通路）	
空气过滤器（人工排出、自动排出）		行程开关	
空气干燥器		通大气式油箱	
油雾器		通大气式油箱（带空气滤清器）	
气源调节装置		密闭式油箱	
消声器		蓄能器	
压力继电器		液压源	
压力计		气压源	
温度计		电动机	
液位计		原动机	
流量计		气罐	
转速仪		气-液转换器	
转矩仪			

参 考 文 献

[1] 左建民. 液压与气压传动. 第5版. 北京：机械工业出版社，2023.
[2] 许福玲. 液压与气压传动. 第4版. 北京：机械工业出版社，2023.
[3] 王积伟. 液压与气压传动. 第3版. 北京：机械工业出版社，2023.
[4] 王积伟. 液压与气压传动习题集. 北京：机械工业出版社，2014.
[5] 张群生. 液压与气压传动. 第3版. 北京：机械工业出版社，2019.
[6] 丁树模. 液压传动. 第3版. 北京：机械工业出版社，2019.
[7] 刘会清，李芝. 液压传动. 第3版. 北京：机械工业出版社，2022.
[8] 陈尧明 许福玲. 液压与气压传动学习指导与习题集. 第2版. 北京：机械工业出版社，2023.
[9] 中国机械工程学会设备与维修工程分会，《机械设备维修问答丛书》编委会编. 液压与气动设备维修问答. 北京：机械工业出版社，2004.
[10] 黎少辉，李建松. 液压与气动技术. 北京：化学工业出版社，2021.
[11] 刘忠伟. 液压与气压传动. 第2版. 北京：化学工业出版社，2019.
[12] 张利平. 液压与气动技术. 北京：化学工业出版社，2018.
[13] 张喜瑞. 液压与气压传动控制技术. 北京：化学工业出版社，2016.
[14] 李博洋，陈爱玲. 液压与气压传动技术. 北京：化学工业出版社，2016.
[15] 阎祥安 曹玉平. 液压传动与控制习题集. 天津：天津大学出版社，2004.
[16] 王开松，许贤良. 液压传动习题解析. 北京：国防出版社，2012.
[17] 张平格. 液压传动与控制. 第2版. 北京：冶金工业出版社，2009.